U1000958

高等学校规划教材·数学

计算方法

（第2版）

李信真　车刚明
欧阳洁　封建湖　编

西北工業大學出版社

【内容简介】 本书共分九章，内容包括误差知识，方程的近似解法，线性代数方程组的解法，矩阵的特征值与特征向量的计算方法，插值法与曲线拟合，数值积分与数值微分，常微分方程初值问题的数值解法，偏微分方程的差分解法. 每章末配有适量习题，书末附有习题答案.

本书可作为高等工科院校教材，也可供有关方面工程技术人员参考.

图书在版编目（CIP）数据

计算方法/李信真等编．—2 版．—西安：西北工业大学出版社，2010.1(2022.8 重印)

ISBN 978-7-5612-2743-5

Ⅰ．①计…　Ⅱ．①李…　Ⅲ．①计算方法　Ⅳ．①O241

中国版本图书馆 CIP 数据核字（2010）第 023333 号

出版发行：西北工业大学出版社
通信地址：西安市友谊西路 127 号　　邮编：710072
电　　话：(029)88493844
网　　址：www.nwpup.com
印 刷 者：陕西博文印务有限责任公司
开　　本：850 mm×1 168 mm　1/32
印　　张：8.375
字　　数：225 千字
版　　次：2010 年 1 月第 2 版　2022 年 8 月第 8 次印刷
定　　价：30.00 元

第 2 版前言

本教材自 2000 年出版以来，已经印刷了 12 次，得到了广大同仁和读者的支持和肯定，且被上海交通大学、中国石油大学、河南理工大学等院校选为博士生、硕士生入学考试的参考书目。

本次再版依然保持原书的特色，仅对个别章节作了修改，且增加了适量的例题和习题，以供读者参考。若书中有不妥之处，敬请读者不吝指正。

编　者

2010 年 1 月于西北工业大学

第 1 版前言

本书介绍了计算机上常用的数值计算方法，阐明了算法的基本思想和原理，讨论了算法的收敛性和稳定性。我们编写这本书时，采用由具体到一般，由直观到抽象，由浅入深的方法；力求做到概念准确，推理严谨，条理分明，通俗易懂，便于教学和阅读。

讲授本教材约需 50 学时。书中各章内容有一定的独立性，以便于根据不同的教学要求进行取舍。

本书第一、八章由封建湖编写，第二、六、九章由李信真编写，第三、四章由车刚明编写，第五、七章由欧阳洁编写。全书由李信真负责统稿。

在本书编写过程中，西北工业大学应用数学系的领导和同事给予了极大的关心和帮助，西北工业大学出版社给予了大力的支持。刘启海教授仔细审阅了书稿并提出了许多宝贵的意见。在此一并表示诚挚的感谢。

由于水平所限，书中难免有缺陷和疏漏，敬请广大读者批评指正。

编　者

2000 年 2 月于西北工业大学

目　录

第一章　绪　　论

1.1　计算方法的任务与特点

电子数字计算机的高速发展，为用数值计算方法解决科学技术中的各种数学问题提供了有力的条件，因此，学习计算方法并用它解决实际问题已成为广大科技人员和工程技术人员的需要．在理工科高等院校，很多专业已将计算方法课程作为必修课程．

计算方法（也称数值计算方法，数值方法）的研究对象是从科学与工程问题中归纳出来的数学问题，它是研究用计算工具（现代主要指电子数字计算机，简称计算机）得出数学问题数值解答的方法与算法的学问．由于计算机只能完成加、减、乘、除等算术运算和一些逻辑运算，因此，要用计算机求解各种数学问题，就必须把所求解的数学问题转化为按一定规则进行的一系列四则算术运算．计算机只能机械地执行人们所给定的指令，交给计算机执行的解题方法的每一步，都必须加以准确地规定．我们把对数学问题的解法归结为只有加、减、乘、除等基本运算，并有确定运算次序的完整而准确的描述，称为数值算法或简称算法．但也不能把计算方法课程简单地理解为各种数值算法的简单罗列和堆积．同数学分析一样，它也是一门内容丰富、研究方法深刻、有自身理论体系的课程，既有纯数学的高度抽象性与严密科学性的特点，又有应用的广泛性和实际试验的高度技术性的特点，是一门与计算机使用紧密结合的实用性很强的数学课程．

计算方法所处理的问题都是科学与工程计算中最基本的内

容，具有广泛的物理背景与适用性．

1.2 误差知识

一、误差的来源与分类

在科学与工程计算中，估计计算结果的精确度是十分重要的工作，而影响精确度的因素是各种各样的误差．按照它们的来源，误差可以分为以下4种．

1．模型误差

反映实际问题有关量之间的计算公式，即数学模型，通常只是近似的．数学模型与实际问题之间的误差称为模型误差或描述误差．

2．观测误差

数学模型中包含的某些参数，往往是通过观测而得来的．由观测得到的数据与实际数据之间的误差，称为观测误差．

3．截断误差

在数值求解某个数学问题时，常常用有限过程逼近无限过程，用能计算的问题代替不能计算的问题，这种代替引起的误差称为截断误差或方法误差．例如 $e^{\frac{1}{2}}=1+\frac{1}{2}+\frac{1}{2!}\left(\frac{1}{2}\right)^2+\frac{1}{3!}\left(\frac{1}{2}\right)^3+\cdots+\frac{1}{n!}\left(\frac{1}{2}\right)^n+\cdots$，用有限项 $1+\frac{1}{2}+\frac{1}{2!}\left(\frac{1}{2}\right)^2+\cdots+\frac{1}{n!}\left(\frac{1}{2}\right)^n$ 近似代替 $e^{\frac{1}{2}}$ 时，截去的 $\frac{1}{(n+1)!}\left(\frac{1}{2}\right)^{n+1}+\cdots$ 就是截断误差．

4．舍入误差

由于计算机的字长有限，参加运算的数据以及运算结果在计算机上存放会产生误差，这种误差称为舍入误差或计算误差．如

在 10 位十进制数的限制下，会出现

$$1 \div 3 = 0.333\,333\,333\,3$$

$$(1.000\,002)^2 - 1.000\,004 = 0$$

这两个结果都不是准确的，后者的准确结果应为 4×10^{-12}. 这里所产生的误差就是舍入误差.

观测误差和原始数据的来源虽然不同，但二者对计算结果的影响是一样的. 至于模型误差和观测误差，往往不是计算工作者能独立解决的，因此，本书主要研究截断误差和舍入误差对计算结果的影响.

二、绝对误差、相对误差、有效数字

设某一量的准确值为 x，近似值为 x^*，定义

$$e(x^*) = x - x^* \tag{1.1}$$

为近似值 x^* 的绝对误差.

通常准确值是不知道的，所以误差 $e(x^*)$ 的准确值也不可能求出. 但根据测量工具或计算情况，可以估计出误差的绝对值不超过某个正数 ε，即

$$|e(x^*)| = |x - x^*| \leqslant \varepsilon \tag{1.2}$$

称正数 ε 为近似数 x^* 的绝对误差限，简称误差限或精度. ε 越小，表示近似数 x^* 的精度越高. 显然有

$$x^* - \varepsilon \leqslant x \leqslant x^* + \varepsilon$$

有时也用

$$x = x^* \pm \varepsilon \tag{1.3}$$

来表示近似值 x^* 的精度或准确值 x 所在的范围.

例如测得某一物体长为 5 m，其误差限为 0.01 m，通常将准确长度记为

$$s = 5 \pm 0.01$$

即准确长度在 5 m 左右，但不超过 0.01 m 的误差限. 由这个例子

可以看出，绝对误差是有量纲的．

绝对误差并不足以表示近似值的好坏．例如，设

$$x_1 = 100 \pm 1$$

$$x_2 = 1\,000 \pm 1$$

近似值 $x_1^* = 100$ 的绝对误差限与 $x_2^* = 1\,000$ 的绝对误差限相同．不过在 100 之内差 1 和 1 000 之内差 1 比较，后者比前者精确．可见决定一个量的近似值的精确度除了要看绝对误差的大小之外，还必须考虑到该量本身的大小．这就有必要引入相对误差的概念．

$$e_r(x^*) = \frac{e(x^*)}{x^*} = \frac{x - x^*}{x^*} \tag{1.4}$$

为 x^* 的相对误差．

显然，上例中 x_2^* 的相对误差为 1/1 000，而 x_1^* 的相对误差为 1/100．

类似于绝对误差的情况，如果存在正数 ε_r，使得

$$|e_r(x^*)| = \left|\frac{x - x^*}{x^*}\right| \leqslant \varepsilon_r \tag{1.5}$$

则把 ε_r 称为 x^* 的相对误差限，或简称相对误差．可以看出，相对误差是没有量纲的．

为了能给出一种数的表示法，使之既能表示其大小，又能表示其精确程度，下面引进有效数字的概念．在实际计算中，常按四舍五入的原则得到数 x^* 的前几位近似值，例如设

$$x = \pi = 3.141\,592\,653\,5\cdots$$

按四舍五入法，若取 3 位，得

$$x^* = 3.14, \quad \varepsilon = 0.002 < 0.005 = \frac{1}{2} \times 10^{-2}$$

若取 5 位，得

$$x^* = 3.141\,6, \quad \varepsilon = 0.000\,008 < 0.000\,05 = \frac{1}{2} \times 10^{-4}$$

它们的绝对误差限都不超过末位数的半个单位，即

$$|\pi - 3.14| \leqslant \frac{1}{2} \times 10^{-2}$$

$$|\pi - 3.141\,6| \leqslant \frac{1}{2} \times 10^{-4}$$

若近似数 x^* 的绝对误差限是某一位的半个单位，从该位到 x^* 的左边第一位非零数字共有几位，就说 x^* 有几位有效数字，或说 x^* 准确到该位. 如上述 $\pi^* = 3.14$ 作为 π 的近似值，π^* 就有 3 位有效数字，而当 $\pi^* = 3.141\,6$ 时，π^* 具有 5 位有效数字. 一般来说，若 x^* 有 n 位有效数字，则写成标准形式为

$$x^* = \pm 10^m (a_1 \times 10^{-1} + a_2 \times 10^{-2} + \cdots + a_n \times 10^{-n}) \tag{1.6}$$

其中 a_1 是 1 到 9 中的一个数字，$a_2, a_3, \cdots, a_n$ 均为 0 到 9 中的一个数字，m 为整数，n 为正整数，且

$$|x - x^*| \leqslant \frac{1}{2} \times 10^{m-n} \tag{1.7}$$

如果一个近似数的每一位都是有效数字，则称该近似数为有效数.

注意，在有效数字的记法中，0.156×10^{-3} 和 $0.156\,0 \times 10^{-3}$ 是有区别的，前者只有 3 位有效数字，而后者有 4 位有效数字. 同样，如果只知道 $x^* = 300\,000$ 的绝对误差限不超过 $500 = \frac{1}{2} \times 10^3$，则应把它写成 300×10^3 或 3.00×10^5. 如果仍记为 300 000，则表示它的误差限不超过 0.5. 这是因为

$$|x - 300 \times 10^3| = |x - 3.00 \times 10^5| \leqslant 500 = \frac{1}{2} \times 10^{6-3}$$

即 $m = 6, n = 3$，而

$$300\,000 = 10^6 \times (3 \times 10^{-1} + 0 \times 10^{-2} + \cdots + 0 \times 10^{-6})$$

且

$$|x - 300\,000| \leqslant \frac{1}{2} \times 10^{6-6}$$

即 $m = 6, n = 6$，所以前者有 3 位有效数字，后者有 6 位有效数字.

需要指出的是，一个准确数字的有效位数，应当说有无穷多位．例如 $1/4 = 0.25$ 不能说只有两位有效数字．

根据有效数字的概念可以推知，当 m 一定时，有效数字位数越多，其绝对误差越小．关于有效数字与相对误差的关系，有如下结论．

定理 1.1 用式(1.6)表示的近似数 x^*，如果它具有 n 位有效数字，则其相对误差限为

$$|e_r(x^*)| \leqslant \frac{1}{2a_1} \times 10^{-(n-1)} \tag{1.8}$$

反之，若 x^* 的相对误差限满足

$$|e_r(x^*)| \leqslant \frac{1}{2(a_1+1)} \times 10^{-(n-1)} \tag{1.9}$$

则 x^* 至少具有 n 位有效数字．

事实上，由式(1.6)知

$$a_1 \times 10^{m-1} \leqslant |x^*| \leqslant (a_1+1) \times 10^{m-1}$$

所以

$$|e_r(x^*)| = \frac{|x - x^*|}{|x^*|} \leqslant \frac{\frac{1}{2} \times 10^{m-n}}{a_1 \times 10^{m-1}} = \frac{1}{2a_1} \times 10^{-(n-1)}$$

反之，由

$$|x - x^*| = |x^*| \times |e_r(x^*)| \leqslant (a_1+1) \times 10^{m-1} \times \frac{1}{2(a_1+1)} \times 10^{-(n-1)} = \frac{1}{2} \times 10^{m-n}$$

知，x^* 具有 n 位有效数字．

该定理表明，有效数字的位数越多，相对误差越小．

例 1.1 为使 $\sqrt{20}$ 的近似值的相对误差小于 1%，问至少应取几位有效数字？

解 $\sqrt{20}$ 的近似值的首位非零数字是 $a_1 = 4$，由式(1.8)有

$$|e_r(x^*)| \leqslant \frac{1}{2 \times 4} \times 10^{-(n-1)} < 1\%$$

解之，得 $n>2$ 即可，可取 $n=3$，即$\sqrt{20}\approx 4.47$.

三、数值运算的误差估计

讨论计算 $y=f(x_1,x_2,\cdots,x_n)$ 时的误差问题. 设 $x_1^*,x_2^*,\cdots,x_n^*$ 依次是 $x_1,x_2,\cdots,x_n$ 的近似值，则 y 的近似值 $y^*=f(x_1^*,x_2^*,\cdots,x_n^*)$. 函数值 y^* 的误差可利用泰勒展开式来得到，即

$$e(y^*)=y-y^*=f(x_1,x_2,\cdots,x_n)-f(x_1^*,x_2^*,\cdots,x_n^*)\approx \sum_{i=1}^{n}\frac{\partial f(x_1^*,x_2^*,\cdots,x_n^*)}{\partial x_i}(x_i-x_i^*)$$

若记$\dfrac{\partial f(x_1^*,x_2^*,\cdots,x_n^*)}{\partial x_i}=\left(\dfrac{\partial f}{\partial x_i}\right)^*$，则上式可简记为

$$e(y^*)\approx\sum_{i=1}^{n}\left(\frac{\partial f}{\partial x_i}\right)^*(x_i-x_i^*)=\sum_{i=1}^{n}\left(\frac{\partial f}{\partial x_i}\right)^*e(x_i^*) \tag{1.10}$$

而函数 y 的近似值 y^* 的相对误差为

$$e_r(y^*)=\frac{e(y^*)}{y^*}\approx\sum_{i=1}^{n}\left(\frac{\partial f}{\partial x_i}\right)^*\frac{x_i^*e_r(x_i^*)}{y^*} \tag{1.11}$$

利用式(1.10)、式(1.11)，可得到两数和、差、积、商的误差估计.

例 1.2 和式 $y=f(x_1,x_2,\cdots,x_n)=x_1+x_2+\cdots+x_n$ 的误差估计.

解 因为$\dfrac{\partial f}{\partial x_i}=1$，所以由式(1.10)知

$$e(y^*)\approx\sum_{i=1}^{n}e(x_i^*),\quad |e(y^*)|\leqslant\sum_{i=1}^{n}|e(x_i^*)|$$

即和的绝对误差不超过各加数的绝对误差之和. 为估计相对误差，再假设 $x_i^*>0\ (i=1,2,\cdots,n)$，可得

$$|e_r(y^*)|\leqslant\max_{1\leqslant i\leqslant n}|e_r(x_i^*)|$$

即和的相对误差不超过相加各项中最不准确的一项的相对误差.

例 1.3 测得某桌面的长 a 的近似值为 $a^*=120$ cm，宽 b 的

近似值 $b^*=60$ cm，若已知 $|a-a^*|\leqslant 0.2$ cm，$|b-b^*|\leqslant 0.1$ cm，试求近似面积 $S^*=a^*b^*$ 的绝对误差限与相对误差限．

解 因为 $S=ab,\dfrac{\partial S}{\partial a}=b,\dfrac{\partial S}{\partial b}=a$，由式(1.10)知

$$e(S^*)\approx\left(\frac{\partial S}{\partial a}\right)^*e(a^*)+\left(\frac{\partial S}{\partial b}\right)^*e(b^*)=$$

$$b^*e(a^*)+a^*e(b^*)$$

故
$$|e(S^*)|\leqslant|60\times 0.2|+|120\times 0.1|=24\ \text{cm}^2$$

而相对误差限为

$$|e_r(S^*)|=\left|\frac{e(S^*)}{S^*}\right|=\frac{|e(S^*)|}{a^*b^*}\leqslant\frac{24}{7\,200}\approx 0.33\%$$

1.3 选用算法时应遵循的原则

解决一个计算问题往往有多种算法，用不同算法计算的结果其精确度是不同的．人们自然希望选用那些计算量小而精度又高的算法．但如何给出最好的算法并没有什么固定的办法，这里只是按照一般的情况，指出选用算法时应遵循的一般原则．

1．*要尽量简化计算步骤以减少运算次数*

减少运算次数，既可以提高解题速度，又有可能使计算中的舍入误差积累降低．

例如，计算多项式

$$P_n(x)=a_nx^n+a_{n-1}x^{n-1}+\cdots+a_1x+a_0$$

的值，若采用逐项计算然后相加的算法

$$\begin{cases}S_0=a_0\\S_k=a_kx^k\quad(k=1,2,\cdots,n)\\P_n(x)=S_0+S_1+\cdots+S_n\end{cases}$$

所需的乘法次数为

$$1+2+\cdots+(n-1)+n=\frac{1}{2}n(n+1)$$

加法次数为 n. 如果采用递推算法（又称秦九韶算法）

$$\begin{cases} u_n=a_n \\ u_k=xu_{k+1}+a_k \quad (k=n-1,n-2,\cdots,2,1,0) \\ P_n(x)=u_0 \end{cases}$$

则只需 n 次乘法和 n 次加法，就可算出 $P_n(x)$ 的值．

又如要计算和式 $\sum\limits_{n=1}^{1\,000}\frac{1}{n(n+1)}$ 的值，如果直接逐项求和，其运算次数多且误差积累也不小．但该和式可以简化为

$$\sum_{n=1}^{1\,000}\frac{1}{n(n+1)}=\sum_{n=1}^{1\,000}\left(\frac{1}{n}-\frac{1}{n+1}\right)=1-\frac{1}{1\,001}$$

则整个计算只要一次除法和一次减法．

2. 要防止大数“吃掉”小数

大数“吃掉”小数，是指计算机在计算过程中，较小的数加不到较大的数中．这种现象有时会产生严重的后果．例如在 10 位十进制数的限制下，求解一元二次方程

$$x^2+10^4x-0.01=0$$

并且使用求根公式

$$x=\frac{-b\pm\sqrt{b^2-4ac}}{2a}$$

时，按照加法运算的对阶规则，应有

$$b^2-4ac=10^8+0.04=$$
$$0.1\times10^9+0.000\,000\,000\,04\times10^9$$

由于假设计算机只能存放 10 位十进制数，所以上式中的 $0.000\,000\,000\,04\times10^9$ 被当作是零，因而

$$b^2-4ac=0.1\times10^9=10^8$$

于是，得到

$$x_1=0,\quad x_2=-10^4$$

对所求的根中，$x_2=-10^4$ 是合理的，可接受的．但 $x_1=0$ 是不可接受的，其不好的后果是严重的．要避免后一种情况的出现，计算 x_1 时，可利用关系式

$$x_1x_2=-0.01$$

得

$$x_1=-\frac{0.01}{-10^4}=10^{-6}$$

3．尽量避免相近的数相减

在数值计算中，两个相近的近似数相减时，有效数字的位数将会大大减少．例如 $x=1.232$，$y=1.231$ 是两个有效数，它们都有 4 位有效数字．但 $x-y=0.001$ 只有一位有效数字．这说明应当尽量避免出现这类运算，最好是改变计算方法，防止这种现象产生．通常是根据不同情况分别通过因式分解、分子分母有理化、三角函数恒等式、其他恒等式、Taylor 展开式等计算公式．如当 x 很大时

$$\sqrt{x+1}-\sqrt{x}=\frac{1}{\sqrt{x+1}+\sqrt{x}}$$

$$\frac{1}{x}-\frac{1}{x+1}=\frac{1}{x(x+1)}$$

4．除法运算中应尽量避免除数的绝对值远远小于被除数的绝对值

当 a,b 中有近似值时，由

$$\left|e\left(\frac{a}{b}\right)\right|\approx\frac{|a|\times|e(b)|+|b|\times|e(a)|}{b^2}\quad(b\neq 0)$$

可知，如果 $|b|\ll|a|$，则 $e\left(\frac{a}{b}\right)$ 可能很大．当 a,b 都是准确值时，由于 $\left|\frac{a}{b}\right|$ 很大，会使其他较小的数加不到 $\frac{a}{b}$ 中而引起严重后果，或者会发生计算机“溢出”，导致计算无法进行下去．如当 x 较

大时

$$\frac{1}{\sqrt{x+1}-\sqrt{x}}=\sqrt{x+1}+\sqrt{x}$$

5. 选用数值稳定性好的公式，以控制舍入误差的传播

把运算过程中舍入误差不增长的计算公式称为数值稳定的，否则称为不稳定的．例如在 4 位十进制的限制下计算积分

$$I_n=\int_0^1 \frac{x^n}{x+5}\mathrm{d}x \quad (n=0,1,2,\cdots,100)$$

由 $I_n=\int_0^1 \frac{x^{n-1}(x+5-5)}{x+5}\mathrm{d}x=\int_0^1 x^{n-1}\mathrm{d}x-5I_{n-1}=\frac{1}{n}-5I_{n-1}$

得递推公式

$$\begin{cases} I_0=\int_0^1 \frac{1}{x+5}\mathrm{d}x=\ln\frac{6}{5}\approx 0.182\ 5 \\ I_n=\frac{1}{n}-5I_{n-1} \quad (n=1,2,\cdots,100) \end{cases}$$

分析递推公式的误差．设 $I_0^*=0.182\ 5$，其误差为 ε_0，则 $I_0=I_0^*+\varepsilon_0$，有 $I_1=I_1^*-5\varepsilon_0$，$I_2=I_2+(-5)^2\varepsilon_0$，$\cdots$，$I_n=I_n^*+(-5)^n\varepsilon_0$，$\cdots$，$I_{100}=I_{100}^*+(-5)^{100}\varepsilon_0$，一般 $|I_n-I_n^*|=5^n|\varepsilon_0|$，可见，该递推公式随着计算次数的增加误差在增大．因此，该递推公式是数值不稳定的公式．仅计算 $I_1^*,I_2^*,\cdots,I_{10}^*$，并列出误差，见表 1.1．从表 1.1 可看出 I_1^* 到 I_5^* 还可以使用，I_5^* 以后的数值则不能使用．为此，将递推公式变形为

$$\begin{cases} I_{100}=I_{100}^*+\varepsilon_{100} \\ I_{n-1}=\frac{1}{5n}-\frac{1}{5}I_n \quad (n=100,99,\cdots,1) \end{cases}$$

误差分析同上，有 $I_n=I_n^*+\left(-\frac{1}{5}\right)^{100-n}\varepsilon_{100}$，$|I_n-I_n^*|=\left(\frac{1}{5}\right)^{100-n}|\varepsilon_{100}|$，可见，该递推公式随着计算次数的增加误差在减小．因此，该递推公式是数值稳定的公式．仅计算 $I_9^*,I_8^*,\cdots,I_0^*$，

并列出误差，见表 1.1. 计算 I_9^* 要用到 I_{10}^*，而 I_{10}^* 怎样得到呢？下面给出 I_{10}^* 的估算方法．

因为 $0 \leqslant x \leqslant 1$，所以有 $5 \leqslant x+5 \leqslant 6$，故

$$\frac{1}{6(n+1)}=\int_0^1 \frac{x^n}{6}\mathrm{d}x \leqslant I_n=\int_0^1 \frac{x^n}{x+5}\mathrm{d}x \leqslant \int_0^1 \frac{x^n}{5}\mathrm{d}x=\frac{1}{5(n+1)}$$

取
$$I_n^*=\frac{1}{2}\left[\frac{1}{6(n+1)}+\frac{1}{5(n+1)}\right]$$

得
$$I_{10}^*=\frac{1}{2}\left(\frac{1}{66}+\frac{1}{55}\right)\approx 0.016\ 7$$

表 1.1　两种计算积分方法的计算结果比较

n	$I_n^*=1/n-5I_{n-1}^*$		$I_{n-1}^*=(1/n-I_n^*)/5$	
	I_n^*	$\lvert I_n^*-I_n\rvert$ ↓	I_n^*	$\lvert I_n^*-I_n\rvert$ ↑
0	0.182 3	0.000 02	0.182 3	$0.215\ 6\times10^{-6}$
1	0.088 5	0.000 1	0.088 4	$0.778\ 4\times10^{-7}$
2	0.057 5	0.000 5	0.058 0	$0.389\ 2\times10^{-6}$
3	0.045 8	0.002 7	0.043 1	$0.387\ 3\times10^{-6}$
4	0.020 8	0.013 5	0.034 3	$0.633\ 0\times10^{-7}$
5	0.095 8	0.067 3	0.028 5	$0.316\ 5\times10^{-6}$
6	−0.312 5	0.336 8	0.024 3	$0.249\ 1\times10^{-6}$
7	1.705 4	1.684 2	0.021 2	$0.326\ 2\times10^{-6}$
8	−8.401 8	8.420 6	0.018 9	$0.630\ 8\times10^{-6}$
9	42.120 0	42.103 1	0.016 7	$0.226\ 5\times10^{-5}$
10	−210.500 2	210.515 6	0.016 7	$0.133\ 2\times10^{-4}$

习　题　一

1. 下列各近似数的绝对误差限是最末位的半个单位，试指出它们各有几位有效数字．

$$x_1^* = -3.105,\quad x_2^* = 0.001,\quad x_3^* = 0.100$$
$$x_4^* = 253.48,\quad x_5^* = 6\times 10^3,\quad x_6^* = 6\,000$$

2. 利用上题所给数据，求下列各近似数的相对误差限.

(1) $x_1^* + x_2^* + x_3^*$； (2) $x_1^* x_2^* x_3^*$； (3) x_1^* / x_2^*.

3. 设下列近似数均为有效数，试求各数的绝对误差、相对误差和有效数字的位数.

(1) 3 580；(2) 0.004 76；(3) $0.143\,0\times 10^3$；(4) $2\,958\times 10^{-2}$；(5) 5.850 00.

4. 取3.15，$\frac{22}{7}$，$\frac{355}{113}$作为π的近似值，求各近似数的绝对误差、相对误差和有效数字.

5. 要使$\sqrt{10}$的近似值的相对误差限小于0.1%，至少要取几位有效数字？

6. 设$S=\frac{1}{2}gt^2$，假定g是准确的，但对t的测量有± 0.1 s的误差. 证明：当t增加时，S的绝对误差限增大，而相对误差限却减小.

7. 设$y_0=28$，按递推关系式$y_n = y_{n-1} - \frac{1}{100}\sqrt{783}\quad (n=1,2,\cdots)$计算$y_{100}$. 若取$\sqrt{783}\approx 27.982$（5位有效数字），试问$y_{100}$的绝对误差限是多少？这个过程是否稳定？

8. 已知

$$(\sqrt{2}-1)^6 = (3-2\sqrt{2})^3 = 99-70\sqrt{2} =$$
$$\frac{1}{(\sqrt{2}+1)^6} = \frac{1}{(3+2\sqrt{2})^3} = \frac{1}{(99+70\sqrt{2})}$$

试问用这6个公式中的哪一个进行计算时误差最小？（取$\sqrt{2}=1.4$.）

9. 改变下列表达式，使其计算结果比较精确.

(1) $\frac{1-\cos x}{x},\quad x\neq 0,\ |x|\ll 1.$

(2) $\frac{1}{x}-\cot x,\quad x\neq 0,\ |x|\ll 1.$

(3) $\int_N^{N+1}\ln x\,\mathrm{d}x = (N+1)\ln(N+1) - N\ln N - 1$ （N充分大）.

第二章　方程的近似解法

在科学技术中，许多问题常归结为求一元函数方程 $f(x)=0$ 的根．方程按 $f(x)$ 是多项式或超越函数分别称为代数方程或超越方程．例如代数方程

$$x^3-x-1=0$$

超越方程

$$2\cos x-\mathrm{e}^x=0$$

对于不高于 4 次的代数方程已有求根公式，而高于 4 次的代数方程则没有，对于超越方程一般更无求根公式．因此，有必要研究求具有一定准确度的根的近似值的计算方法．本章介绍 4 种近似方法：二分法、迭代法、牛顿法及弦截法．本章仅就求单实根进行讨论．

在用近似方法时，需要知道方程的根所在区间．若在区间 $[a,b]$ 内只有方程 $f(x)=0$ 的一个根，则称区间 $[a,b]$ 为隔根区间．

求隔根区间有如下方法．

(1) 描图法．画出 $y=f(x)$ 的简图，从曲线与 x 轴交点的位置确定出隔根区间，或者将方程等价变形为 $g_1(x)=g_2(x)$，画出函数 $y=g_1(x)$ 和 $y=g_2(x)$ 的简图，从两条曲线交点的横坐标的位置确定隔根区间．

(2) 逐步搜索法．先确定方程 $f(x)=0$ 的所有实根所在区间 $[a,b]$，再按照选定的步长 $h=\dfrac{b-a}{n}$（n 为正整数），取点 $x_k=a+kh$ $(k=0,1,\cdots,n)$，逐次计算函数值 $f(x_k)$，依据函数值异号及实根的个数确定隔根区间，必要时可调整步长 h，总可以把隔根区间全

部找出．

对于 m 次代数方程

$$f(x)=x^m+a_{m-1}x^{m-1}+\cdots+a_1x+a_0=0$$

其根的模的上下界有如下结论．

(1) 若 $\mu=\max\{|a_{m-1}|,\cdots,|a_1|,|a_0|\}$，则方程根的模小于$\mu+1$.

(2) 若 $\nu=\dfrac{1}{|a_0|}\max\{1,|a_{m-1}|,\cdots,|a_1|\}$，则方程根的模大于$\dfrac{1}{1+\nu}$.

利用该结论可以求得实根的范围．

例 2.1 求方程 $3x-1-\cos x=0$ 的隔根区间．

解 用作图法．将方程等价变形为

$$3x-1=\cos x$$

令 $y=3x-1$，$y=\cos x$，作两个函数的图形，如图 2.1 所示．由图 2.1 知，方程仅有一实根，隔根区间为[0.5,1].

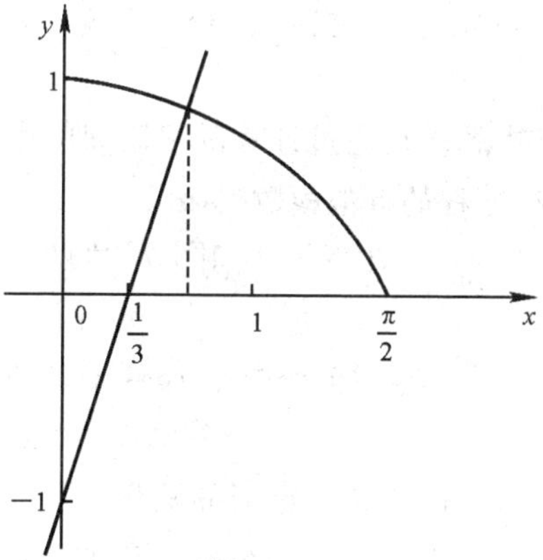

图 2.1

例 2.2 求方程 $x^3-3.2x^2+1.9x+0.8=0$ 的隔根区间．

解　用逐步搜索法. 设方程根为 α.

$$\mu = \max\{|-3.2|, |1.9|, |0.8|\} = 3.2$$

$$\nu = \frac{1}{0.8}\max\{1, |-3.2|, |1.9|\} = 4$$

所以

$$0.2 < |\alpha| < 4.2$$

即隔根区间为

$$-4.2 < \alpha < -0.2 \quad 和 \quad 0.2 < \alpha < 4.2$$

由表 2.1 计算 $f(x_k)$. 取 $n=8, h=0.5$.

表　2.1

x_k	-4.2	…	-0.7	-0.2	0.2	0.7	1.2	1.7	2.2	…	4.2
$f(x_k)$	-137.72	…	-2.44	0.28	1.06	0.91	0.20	-0.31	0.14	…	26.42

从表 2.1 看出隔根区间为$[-0.7, -0.2]$,$[1.2, 1.7]$,$[1.7, 2.2]$.

2.1　二　分　法

二分法的基本思想是通过计算隔根区间的中点,逐步将隔根区间缩小,从而得方程的近似根数列$\{x_n\}$.

设 α 是方程 $f(x)=0$ 在隔根区间$[a,b]$内的根. 二分法的步骤如下.

第一步,将区间$[a,b]$对分得中点 $x_1=(a+b)/2$,计算函数值 $f(x_1)$. 如果 $f(x_1)=0$,则 $\alpha=x_1$,计算结束. 如果 $f(x_1)\neq 0$,可根据 $f(a)$,$f(x_1)$,$f(b)$ 的符号确定新的隔根区间. 如图 2.2 所示,$f(x_1)<0$,$f(b)>0$,记 $a_1=x_1$,$b_1=b$,新的隔根区间为$[a_1,b_1]$.

第二步,将区间$[a_1,b_1]$对分得中点 $x_2=(a_1+b_1)/2$,计算函数值 $f(x_2)$. 如果 $f(x_2)=0$,则 $\alpha=x_2$,计算结束. 如果 $f(x_2)\neq$

0,可根据 $f(a_1)$,$f(x_2)$,$f(b_1)$ 的符号确定新的隔根区间．如图 2.2 所示,$f(a_1)<0$,$f(x_2)>0$,记 $a_2=a_1$,$b_2=x_2$,新的隔根区间为$[a_2,b_2]$.

………………

第 n 步,将区间$[a_{n-1},b_{n-1}]$对分得中点 $x_n=(a_{n-1}+b_{n-1})/2$.

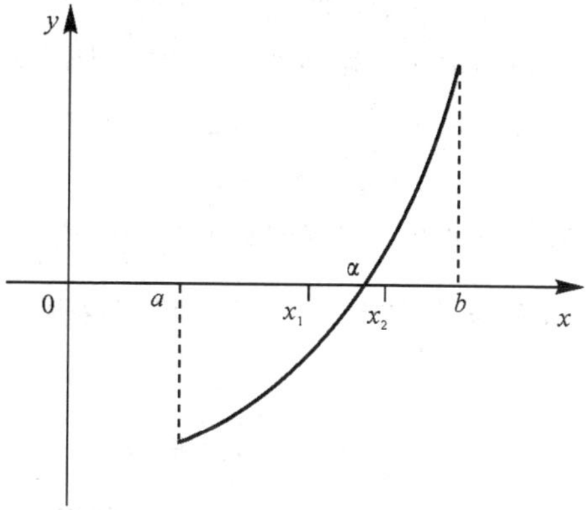

图 2.2

如此进行下去,得数列 $x_1,x_2,\cdots,x_n,\cdots$,从图 2.2 知,该数列以根 α 为极根,因此,可以取数列的某一项作为满足误差要求的方程根的近似值．误差分析见表 2.2.

表 2.2

n	隔根区间	x_n	区间长度	误差分析
1	$[a,b]$	x_1	$b-a$	$\|x_1-\alpha\|\leqslant\frac{b-a}{2}$
2	$[a_1,b_1]$	x_2	$\frac{b-a}{2}$	$\|x_2-\alpha\|\leqslant\frac{b-a}{2^2}$
3	$[a_2,b_2]$	x_3	$\frac{b-a}{2^2}$	$\|x_3-\alpha\|\leqslant\frac{b-a}{2^2}$
⋮	⋮	⋮	⋮	⋮
n	$[a_{n-1},b_{n-1}]$	x_n	$\frac{b-a}{2^{n-1}}$	$\|x_n-\alpha\|\leqslant\frac{b-a}{2^n}$

由误差分析易证：$\lim\limits_{n\to\infty}x_n=\alpha$，即数列 $\{x_n\}$ 收敛于方程的根 α.

综上所述有如下定理.

定理 2.1 设 α 是方程 $f(x)=0$ 在隔根区间 $[a,b]$ 内的根，则由二分法产生的数列 $\{x_n\}$ 收敛于方程的根 α，且有误差估计式

$$|x_n-\alpha|\leqslant\frac{b-a}{2^n}\quad(n=0,1,\cdots)$$

设要求近似根的绝对误差不超过 ε. 误差控制常用如下方法.

方法 1 先计算对分次数，再对分. 令 $\frac{b-a}{2^n}\leqslant\varepsilon$，解得 $n\geqslant\operatorname{lb}\frac{b-a}{\varepsilon}$，于是求得满足误差要求的最少对分次数 n.

方法 2 事后误差估计法. 先对分，再判断所得中点是否满足

$$|x_n-\alpha|\leqslant\frac{b-a}{2^n}\leqslant\varepsilon$$

方法 3 用不等式 $|x_n-x_{n-1}|\leqslant\varepsilon$ 控制误差. 因为可推得 $|x_n-x_{n-1}|=\frac{b-a}{2^n}$，若使得 $|x_n-\alpha|\leqslant\frac{b-a}{2^n}\leqslant\varepsilon$，即就是使得 $|x_n-x_{n-1}|\leqslant\varepsilon$.

二分法的优点是运算简单，对函数 $y=f(x)$ 的要求不高，只要求函数 $y=f(x)$ 在区间 $[a,b]$ 连续. 它的局限性在于不能求偶数重根和复根，且收敛速度较慢. 一般常用该方法求根的初始近似值，再用其他的求根方法精确化.

例 2.3 用二分法求方程 $x^3+4x^2-10=0$ 在区间 $[1,2]$ 内的根，要求绝对误差不超过 $\frac{1}{2}\times10^{-2}$.

解 令

$$\frac{b-a}{2^n}\leqslant\frac{1}{2}\times10^{-2}$$

于是

$$n\geqslant\lg200(b-a)/\lg2\approx7.6$$

所以至少对分 8 次.

$$f(1)=-5,\ f(2)=14.$$

计算结果见表 2.3.

表 2.3

n	隔根区间	x_n	$f(x_n)$ 符号
1	[1,2]	$x_1=1.5$	+
2	[1,1.5]	$x_2=1.25$	−
3	[1.25,1.5]	$x_3=1.375$	+
4	[1.25,1.375]	$x_4=1.3125$	−
5	[1.312 5,1.375]	$x_5=1.34375$	−
6	[1.343 75,1.375]	$x_6=1.359375$	−
7	[1.359 375,1.375]	$x_7=1.3671875$	+
8	[1.359 375,1.367 187 5]	$x_8=1.36328125$	

故 $\alpha \approx x_8=1.36328125$.

2.2 迭 代 法

一、迭代法

迭代法的基本思想：把方程 $f(x)=0$ 化为等价方程 $x=\varphi(x)$，得迭代公式 $x_{n+1}=\varphi(x_n)$，用该公式反复迭代，得方程的近似根数列.

迭代法是一种逐步逼近的方法，它是解代数方程、超越方程、方程组、微分方程等的一种基本而重要的方法.

迭代法的具体做法如下.

设 α 是方程 $f(x)=0$ 在隔根区间 $[a,b]$ 内的根. 先将方程作等

价变形

$$x=\varphi(x) \tag{2.1}$$

在区间$[a,b]$上任取一点x_0作为初始值代入式(2.1)的右端，记为

$$x_1=\varphi(x_0)$$

再将x_1代入式(2.1)的右端，记为

$$x_2=\varphi(x_1)$$

一般地

$$x_{n+1}=\varphi(x_n) \quad (n=0,1,2,\cdots) \tag{2.2}$$

得数列$\{x_n\}$. $\varphi(x)$称为迭代函数，式(2.2)称为迭代公式．如果由迭代公式(2.2)产生的数列$\{x_n\}$收敛，则称迭代法或者迭代公式收敛，数列的极限就是方程的根（见定理2.2). 有极限的数列称为方程的近似根数列，这时，当迭代到一定程度时，才可以把x_n作为方程根的近似值．如果数列$\{x_n\}$发散，则称迭代法或者迭代公式发散．产生发散数列的迭代公式没有任何使用价值．

对迭代法的几何意义可解释为：求方程$x=\varphi(x)$的根，在几何上就是求直线$y=x$与曲线$y=\varphi(x)$交点P的横坐标α. 如图2.3 (a)所示，由初始值x_0得曲线$y=\varphi(x)$上的点$P_0(x_0,\varphi(x_0))$；再在直线$y=x$上找与P_0在同一水平线上的点$Q_0(x_1,x_1)$，得曲线$y=\varphi(x)$上且与Q_0点在同一铅垂线上的点$P_1(x_1,\varphi(x_1))$；再在直线$y=x$上找与P_1点在同一水平线上的点$Q_1(x_2,x_2)$，…… 如此做下去，在曲线$y=\varphi(x)$上得点列$P_0,P_1,P_2,\cdots$，逐渐逼近于交点P，点列的横坐标$x_0,x_1,x_2,\cdots$，逐渐趋于根α，而图2.3(c)，(d)中的数列是发散的．

例2.4 已知方程$x=10^x-2$在区间$[0.3,0.4]$内有一个根，用两种不同的迭代公式

(1) $x_{n+1}=10^{x_n}-2$

(2) $x_{n+1}=\lg(x_n+2)$

进行迭代，观察所得数列的收敛性．

计算结果见表 2.4.

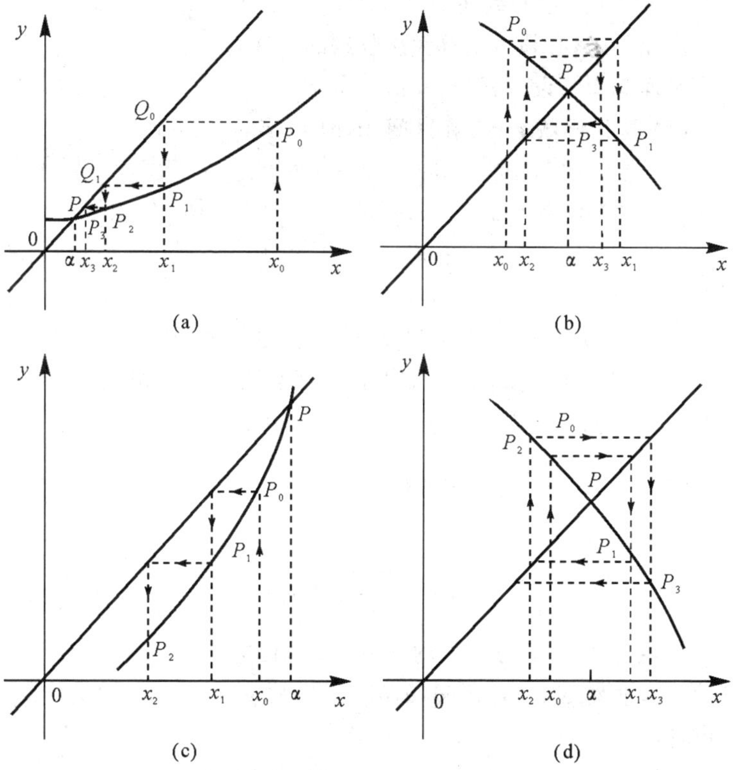

图　2.3

表　2.4

n	(1)	(2)
0	$x_0=0.3$	$x_0=0.3$
1	$x_1=-0.004\,7$	$x_1=0.361\,7$
2	$x_2=-1.010\,8$	$x_2=0.373\,2$
		$x_3=0.375\,3$
		$x_4=0.375\,7$

由计算结果知，该例中的迭代公式(1)产生的数列是发散的，迭代公式(2)产生的数列是收敛的.

由此看来，必须讨论迭代法收敛的条件.

定理 2.2 设方程 $x=\varphi(x)$，如果

(1) 迭代函数 $\varphi(x)$ 在区间 (a,b) 可导

(2) 当 $x\in[a,b]$ 时，$\varphi(x)\in[a,b]$

(3) 对于任意的 $x\in[a,b]$，有

$$|\varphi'(x)|\leqslant L<1 \tag{2.3}$$

则有

① 方程 $x=\varphi(x)$ 在区间 $[a,b]$ 上有唯一的根 α；

② 对任意初值 $x_0\in[a,b]$，由迭代公式 $x_{n+1}=\varphi(x_n)$ $(n=0,1,2,\cdots)$ 产生的数列 $\{x_n\}$ 收敛于方程的根 α；

③ $$|x_n-\alpha|\leqslant\frac{L}{1-L}|x_n-x_{n-1}| \tag{2.4}$$

④ 误差估计

$$|x_n-\alpha|\leqslant\frac{L^n}{1-L}|x_1-x_0| \tag{2.5}$$

证明 ① 先证方程根的存在性. 作函数 $g(x)=x-\varphi(x)$，由条件(1)，显然 $g(x)$ 在区间 (a,b) 可导，故 $g(x)$ 在 $[a,b]$ 上连续. 由条件(2)有

$$g(a)=a-\varphi(a)\leqslant 0,\quad g(b)=b-\varphi(b)\geqslant 0$$

由连续函数性质，至少有一数 $\alpha\in[a,b]$，使 $g(\alpha)=0$，即 $\alpha=\varphi(\alpha)$，因此，α 是方程 $x=\varphi(x)$ 的根.

再证唯一性. 设在区间 $[a,b]$ 上还有一个根 $\bar{x}$，由

$$\bar{x}=\varphi(\bar{x}),\quad \alpha=\varphi(\alpha)$$

并用拉格朗日中值定理，有

$$\bar{x}-\alpha=\varphi(\bar{x})-\varphi(\alpha)=\varphi'(\xi)(\bar{x}-\alpha)$$

$$(\bar{x}-\alpha)[1-\varphi'(\xi)]=0$$

其中ξ在$\bar{x}$与α之间，所以$\xi \in (a,b)$，由条件(3)有$|\varphi'(\xi)|<1$，故$\bar{x}=\alpha$.

② 由$x_n=\varphi(x_{n-1})$，$\alpha=\varphi(\alpha)$，并用拉格朗日中值定理，有

$$x_n-\alpha=\varphi(x_{n-1})-\varphi(\alpha)=\varphi'(\xi)(x_{n-1}-\alpha)$$

其中ξ在x_{n-1}与α之间．因为$x_0\in[a,b]$，由条件(2)有$x_n=\varphi(x_{n-1})\in[a,b]$，所以$\xi\in(a,b)$．利用条件(3)得递推不等式

$$|x_n-\alpha|\leqslant L|x_{n-1}-\alpha| \quad (n=1,2,\cdots) \tag{2.6}$$

反复递推，有

$$|x_n-\alpha|\leqslant L|x_{n-1}-\alpha|\leqslant L^2|x_{n-2}-\alpha|\leqslant\cdots\leqslant L^n|x_0-\alpha|$$

因为$L<1$，所以$\lim\limits_{n\to\infty}L^n|x_0-\alpha|=0$，故$\lim\limits_{n\to\infty}x_n=\alpha$.

③ 由迭代公式(2.2)，并用拉格朗日中值定得，有

$$x_{n+1}-x_n=\varphi(x_n)-\varphi(x_{n-1})=\varphi'(\xi)(x_n-x_{n-1})$$

其中ξ在x_n与x_{n-1}之间．因为$x_0\in[a,b]$，由条件(2)有$x_{n+1}=\varphi(x_n)\in[a,b]$ $(n=0,1,2,\cdots)$，所以$\xi\in(a,b)$．利用条件(3)得递推不等式

$$|x_{n+1}-x_n|\leqslant L|x_n-x_{n-1}| \quad (n=1,2,\cdots) \tag{2.7}$$

因为

$$\begin{aligned}|x_{n+1}-x_n|=&|(x_n-\alpha)-(x_{n+1}-\alpha)|\geqslant\\&|x_n-\alpha|-|x_{n+1}-\alpha|\geqslant\\&|x_n-\alpha|-L|x_n-\alpha|=\\&(1-L)|x_n-\alpha|\end{aligned}$$

所以

$$|x_n-\alpha|\leqslant\frac{1}{1-L}|x_{n+1}-x_n| \tag{2.8}$$

利用式(2.7)，有

$$|x_n-\alpha|\leqslant\frac{L}{1-L}|x_n-x_{n-1}|$$

④ 反复递推式(2.7)，有

$$|x_{n+1}-x_n| \leqslant L^n |x_1-x_0|$$

于是式(2.8)为

$$|x_n-\alpha| \leqslant \frac{L^n}{1-L}|x_1-x_0|$$ 证毕

容易推得例 2.4 中的迭代公式(2)满足定理 2.2 的条件.

例 2.5 求方程 $f(x)=2x-\lg x-7=0$ 的最大根,要求准确到小数点后第 3 位.

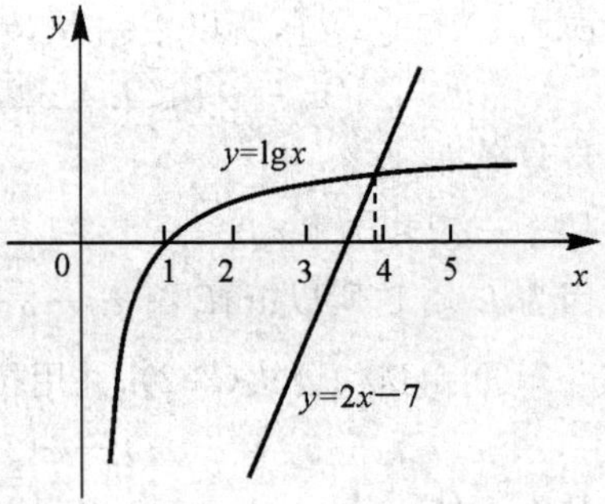

图 2.4

解 (1) 求隔根区间.方程等价形式为

$$2x-7=\lg x$$

作函数 $y=2x-7$ 和 $y=\lg x$ 的图形,如图 2.4 所示.由图知,方程的最大根在区间[3.5,4]内.

(2) 建立迭代公式,判别收敛性.将方程等价变形为

$$x=\frac{1}{2}(\lg x+7)$$

迭代公式为 $$x_{n+1}=\frac{1}{2}(\lg x_n+7)$$

迭代函数 $\varphi(x)=\frac{1}{2}(\lg x+7)$.

因为 $\varphi'(x)=\frac{1}{2\ln 10}\frac{1}{x}$,所以 $\varphi(x)$ 在区间[3.5,4]可导.

因为 $\varphi(x)$ 在区间[3.5,4]上是增函数,且 $\varphi(3.5)\approx 3.77$,$\varphi(4)\approx 3.80$,所以,当 $x\in[3.5,4]$ 时,$\varphi(x)\in[3.5,4]$.

因为 $L=\max\limits_{3.5\leqslant x\leqslant 4}|\varphi'(x)|\approx\varphi'(3.5)\approx 0.06$,所以对于区间[3.5,4]上的一切 x 有

$$|\varphi'(x)|\leqslant 0.06<1$$

由定理 2.2 知，迭代法收敛．

(3) 计算．取 $x_0=3.5$，有

$$x_1=\frac{1}{2}(\lg x_0+7)\approx 3.772\,034$$

$$x_2=\frac{1}{2}(\lg x_1+7)\approx 3.788\,288$$

$$x_3=\frac{1}{2}(\lg x_2+7)\approx 3.789\,222$$

$$x_4=\frac{1}{2}(\lg x_3+7)\approx 3.789\,275$$

因 $|x_4-x_3|\leqslant\frac{1}{2}\times 10^{-3}$，所以方程最大根

$$\alpha\approx x_4=3.789\,275$$

或者

$$\alpha\approx 3.789$$

为了减少舍入误差对小数第 3 位（题中误差要求）的影响，一般计算中多取 2 位到 3 位小数，该题计算过程中取 6 位小数．

由于定理 2.2 中的条件(2)一般不易验证，且对于较大范围的隔根区间此条件也不一定成立，而在根的邻域成立，为此给出下述定理．

定理 2.3（迭代法的局部收敛定理） 设 α 是方程 $x=\varphi(x)$ 的根，如果满足条件

(1) 迭代函数 $\varphi(x)$ 在 α 的邻域可导

(2) 在 α 的某个邻域 $S=\{x \,\|\, x-\alpha\,|\leqslant\delta\}$，对于任意 $x\in S$，有

$$|\varphi'(x)|\leqslant L<1$$

则对于任意的初始值 $x_0\in S$，迭代公式 $x_{n+1}=\varphi(x_n)$ 产生的数列 $\{x_n\}$ 收敛于方程的根 α（这时称迭代法在 α 的 S 邻域具有局部收敛性）．

证明 只要证明在区间 $[\alpha-\delta,\alpha+\delta]$ 上定理 2.2 的条件(2)

成立，本定理就得证．

当 $x \in S$，即 $|x-\alpha| \leqslant \delta$ 时，由拉格朗日中值定理及条件(2)，有

$$|\varphi(x)-\alpha| = |\varphi(x)-\varphi(\alpha)| = |\varphi'(\xi)(x-\alpha)| \leqslant L|x-\alpha| < |x-\alpha| \leqslant \delta$$

其中 $\xi \in S$.

故 $\varphi(x) \in S$. 证毕

定理 2.2 和定理 2.3 中的条件都是充分条件，条件满足则迭代法收敛，不满足则不能判定，这时可用试算来判定数列的收敛性.

误差控制方法如下．

方法 1 先计算满足误差要求的迭代次数 n，再迭代．由

$$|x_n-\alpha| \leqslant \frac{L^n}{1-L}|x_1-x_0| \leqslant \varepsilon$$

有

$$n \geqslant \frac{\ln \dfrac{\varepsilon(1-L)}{|x_1-x_0|}}{\ln L}$$

对于较为复杂的迭代函数，其导函数也较复杂，使得 L 难以取值，所以实际中并不常用此方法．

方法 2 事后误差估计法．由式(2.4)

$$|x_n-\alpha| \leqslant \frac{L}{1-L}|x_n-x_{n-1}|$$

因此只要使 $|x_n-x_{n-1}| \leqslant \varepsilon$，就可使 $|x_n-\alpha| \leqslant \dfrac{L}{1-L}\varepsilon$，所以，可用 $|x_n-x_{n-1}| \leqslant \varepsilon$ 来控制迭代过程．

例 2.6 方程 $x^3+4x^2-10=0$ 在 1.4 附近有一个根，把方程写成 4 种不同的等价形式，并建立相应的迭代公式：

(1) $x^3=10-4x^2$，$x_{n+1}=\sqrt[3]{10-4x_n^2}$；

(2)$4x^2=10-x^3, x_{n+1}=\dfrac{\sqrt{10-x_n^3}}{2}$;

(3)$x^2=\dfrac{10}{x}-4x, x_{n+1}=\sqrt{\dfrac{10}{x_n}-4x_n}$;

(4)$x^2(4+x)=10, x_{n+1}=\sqrt{\dfrac{10}{4+x_n}}$.

判断每种迭代公式的收敛性,并用收敛的迭代公式求方程的根,要求误差不超过$\dfrac{1}{2}\times 10^{-2}$.

解　用定理2.3判定.

(1) 迭代函数 $\varphi(x)=\sqrt[3]{10-4x^2}$.

因为 $\varphi'(x)=\dfrac{-8x}{3\sqrt[3]{(10-4x^2)^2}}$,所以 $\varphi(x)$ 在 1.4 附近可导.

因为 $|\varphi'(1.4)|\approx 2.23>1$,所以用定理2.3不能判定迭代公式的收敛性,故先迭代计算得数列,按数列的收敛性来判定迭代公式的收敛性.依表2.5知,所得数列发散,故迭代公式发散.

(2) 迭代函数 $\varphi(x)=\dfrac{\sqrt{10-x^3}}{2}$.

因为 $\varphi'(x)=\dfrac{-3x^2}{4\sqrt{10-x^2}}$,所以 $\varphi(x)$ 在 1.4 附近可导.

因为 $\varphi'(x)$ 在 1.4 附近连续,且 $|\varphi'(1.4)|\approx 0.55<1$,依连续函数性质,对于 1.4 附近的任一点 x 有

$$|\varphi'(x)|<1$$

故迭代公式收敛.由表2.5,$|x_5-x_4|=0.003\ 69<\dfrac{1}{2}\times 10^{-2}$,故根 $\alpha\approx x_5=1.363\ 98$ 或者 $\alpha=1.36$.

(3) 迭代函数 $\varphi(x)=\sqrt{\dfrac{10}{x}-4x}$.

因为 $\varphi'(x)=-\dfrac{5+2x^2}{x\sqrt{10x-4x^3}}$，所以 $\varphi(x)$ 在 1.4 附近可导．

因为 $|\varphi'(1.4)|\approx 3.66>1$，所以用定理 2.3 不能判定迭代公式的收敛性．与(1) 的方法相同，依表 2.5 知，所得数列发散，故迭代公式发散．

(4) 迭代函数 $\varphi(x)=\sqrt{\dfrac{10}{4+x}}$．

因为 $\varphi'(x)=-\dfrac{\sqrt{10}}{2\sqrt{(4+x)^3}}$，所以 $\varphi(x)$ 在 1.4 附近可导．

因为 $\varphi'(x)$ 在 1.4 附近连续，且 $|\varphi'(1.4)|\approx 0.13<1$，依连续函数性质，对于 1.4 附近任一点 x 有

$$|\varphi'(x)|<1$$

故迭代公式收敛．由表 2.5，$|x_2-x_1|=0.004\,96<\dfrac{1}{2}\times 10^{-2}$，故根 $\alpha\approx x_2=1.365\,79$ 或者 $\alpha\approx 1.37$．

表　2.5

x_n	方法 1	方法 2	方法 3	方法 4
x_0	1.4	1.4	1.4	1.4
x_1	1.292 66	1.346 85	1.242 12	1.360 83
x_2	1.491 23	1.374 48	1.755 64	1.365 79
x_3	1.033 82	1.360 45		
x_4	1.788 71	1.367 67	$\sqrt{-1.326\,63}$	
x_5	$\sqrt{-2.797\,93}$	1.363 98		

迭代法的优点是计算程序简单，且可计算复根．

对于收敛的迭代公式，只要迭代足够次数，就可以使结果达到要求的精度．从式(2.5)知，L 越接近于零，迭代过程收敛得越快．如果迭代过程收敛缓慢，就会增大计算量，因此，有必要对迭代过程进行加速．下面介绍两个迭代加速公式．

二、迭代-加速公式

1. 迭代-加速公式

记 $\tilde{x}_{n+1}=\varphi(x_n)$，则由微分中值定理有

$$\tilde{x}_{n+1}-\alpha=\varphi'(\xi)(x_n-\alpha) \tag{2.9}$$

其中 ξ 在 x_n 与 α 之间.

假定 $\varphi'(x)$ 在根 α 附近变化不大，可设 $\varphi'(x)\approx q$，由迭代收敛条件有 $|\varphi'(x)|\approx|q|<1$，故上式为

$$\tilde{x}_{n+1}-\alpha\approx q(x_n-\alpha)$$

整理为

$$\tilde{x}_{n+1}-\alpha\approx\frac{q}{1-q}(x_n-\tilde{x}_{n+1})$$

上式说明，把 $\tilde{x}_{n+1}$ 作为根的近似值时，其绝对误差大致为 $\frac{q}{1-q}(x_n-\tilde{x}_{n+1})$. 如果把该误差值作为对 $\tilde{x}_{n+1}$ 的一种补偿，便得到更好的近似值

$$\alpha\approx\tilde{x}_{n+1}+\frac{q}{1-q}(\tilde{x}_{n+1}-x_n)$$

记

$$x_{n+1}=\tilde{x}_{n+1}+\frac{q}{1-q}(\tilde{x}_{n+1}-x_n)$$

得迭代-加速公式

$$\left.\begin{aligned}&\tilde{x}_{n+1}=\varphi(x_n)\\&x_{n+1}=\frac{1}{1-q}\tilde{x}_{n+1}-\frac{q}{1-q}x_n\end{aligned}\right\}\quad(n=0,1,2,\cdots) \tag{2.10}$$

由该公式可得近似根数列 $\{x_n\}$.

例 2.7 方程 $x^3-x^2-1=0$ 在 1.5 附近有一个根，用迭代-加速公式(2.10)求方程的根，要求误差不超过 $\varepsilon=10^{-4}$.

解 取方程的等价形式 $x=\sqrt[3]{x^2+1}$，迭代公式 $x_{n+1}=$

$\sqrt[3]{x_n^2+1}$,迭代函数 $\varphi(x)=\sqrt[3]{x^2+1}$,由 $\varphi'(x)=\dfrac{2x}{3\sqrt[3]{(x^2+1)^2}}$ 知,$\varphi(x)$ 在 1.5 附近可导,$\varphi'(x)$ 在 1.5 附近连续,又因为 $|\varphi'(1.5)|\approx 0.45=q<1$,故迭代公式收敛.

迭代-加速公式为

$$\begin{cases}\tilde{x}_{n+1}=\sqrt[3]{x_n^2+1} \\ x_{n+1}=\dfrac{1}{11}(20\tilde{x}_{n+1}-9x_n)\end{cases} \quad (n=0,1,2,\cdots)$$

列表计算,见表 2.6.

表　2.6

n	$\tilde{x}_n$	x_n	$\lvert x_n-x_{n-1}\rvert \leqslant 10^{-4}$
0		$x_0=1.5$	
1	$\tilde{x}_1=1.481\ 248$	$x_1=1.465\ 905$	
2	$\tilde{x}_2=1.465\ 746$	$x_2=1.465\ 575$	$\lvert x_2-x_1\rvert\approx 0.000\ 3$
3	$\tilde{x}_3=1.465\ 573$	$x_3=1.465\ 572$	$\lvert x_3-x_2\rvert<10^{-4}$

因此 $\alpha\approx x_3=1.465\ 572$ 或者 $\alpha=1.465\ 6$.

2. 埃特金 (Aitken) 加速方法

记

$$\tilde{x}_{n+1}=\varphi(x_n)$$
$$\bar{x}_{n+1}=\varphi(\tilde{x}_{n+1})$$

用平均变化率

$$\frac{\varphi(\tilde{x}_{n+1})-\varphi(x_n)}{\tilde{x}_{n+1}-x_n}=\frac{\bar{x}_{n+2}-\bar{x}_{n+1}}{\tilde{x}_{n+1}-x_n}$$

代替式(2.9) 中的 $\varphi'(\xi)$,于是有

$$\tilde{x}_{n+1}-\alpha\approx\frac{\bar{x}_{n+2}-\tilde{x}_{n+1}}{\tilde{x}_{n+1}-x_n}(x_n-\alpha)$$

则

$$\alpha \approx \frac{\bar{x}_{n+2} x_n - \tilde{x}_{n+1}^2}{\bar{x}_{n+2} - 2\tilde{x}_{n+1} + x_n} = \bar{x}_{n+2} - \frac{(\bar{x}_{n+2} - \tilde{x}_{n+1})^2}{\bar{x}_{n+2} - 2\tilde{x}_{n+1} + x_n}$$

从上式可看出,第二项是对 $\bar{x}_{n+2}$ 的一种补偿．记

$$x_{n+1} = \frac{\bar{x}_{n+2} x_n - \tilde{x}_{n+1}^2}{\bar{x}_{n+2} - 2\tilde{x}_{n+1} + x_n}$$

得埃特金加速公式

$$\left.\begin{aligned} \tilde{x}_{n+1} &= \varphi(x_n) \\ \bar{x}_{n+2} &= \varphi(\tilde{x}_{n+1}) \\ x_{n+1} &= \frac{\bar{x}_{n+2} x_n - \tilde{x}_{n-1}^2}{\bar{x}_{n+2} - 2\tilde{x}_{n+1} + x_n} \end{aligned}\right\} \quad (n = 0, 1, 2, \cdots) \qquad (2.11)$$

由此得近似根数列$\{x_n\}$.

因为迭代过程 $x_{n+1} = \varphi(x_n)$ 总是在根 α 附近进行,因此用平均变化率代替式(2.9) 中的 $\varphi'(\xi)$ 是有意义的．

下面给出埃特金加速方法的一个定理．

定理 2.4 如果由迭代公式 $x_{n+1} = \varphi(x_n)$ 产生的数列$\{x_n\}$ 满足

(1) 收敛于根 α

(2) $\lim\limits_{n\to\infty} \dfrac{e_{n+1}}{e_n} = c \ (0 < c < 1)$, $\quad e_n = | x_n - \alpha | \neq 0$

$(n = 0, 1, 2, \cdots)$

则由埃特金加速公式(2.11) 产生的数列$\{x_n\}$ 比数列$\{\bar{x}_n\}$ 较快地收敛于根 α,即

$$\lim_{n\to\infty} \frac{x_n - \alpha}{\bar{x}_n - \alpha} = 0$$

证明略．

例 2.8 对例 2.7 用埃特金加速方法求方程的根．

解 埃特金加速公式为

$$\begin{cases} \tilde{x}_{n+1} = \sqrt[3]{x_n^2 + 1} \\ \bar{x}_{n+2} = \sqrt[3]{\tilde{x}_n^2 + 1} \\ x_{n+1} = \dfrac{\bar{x}_{n+2} x_n - \tilde{x}_{n+1}^2}{\bar{x}_{n+2} - 2\tilde{x}_{n+1} + x_n} \end{cases} \quad (n = 0, 1, 2, \cdots)$$

列表计算（见表 2.7).

表 2.7

n	$\tilde{x}_n$	$\bar{x}_{n+1}$	x_n	$\vert x_n - x_{n-1} \vert \leqslant 10^{-4}$
0			$x_0 = 1.5$	
1	$\tilde{x}_1 = 1.481\ 248$	$\bar{x}_2 = 1.472\ 706$	$x_1 = 1.465\ 559$	
2	$\tilde{x}_2 = 1.465\ 565$	$\bar{x}_3 = 1.465\ 569$	$x_2 = 1.465\ 570$	$\vert x_2 - x_1 \vert < 10^{-4}$

故 $\alpha \approx x_2 = 1.465\ 570$ 或者 $\alpha \approx 1.465\ 6$.

2.3 牛顿(Newton) 迭代法

一、牛顿迭代法

牛顿迭代法的基本思想：将非线性方程 $f(x)=0$ 逐步转化为线性方程来求解 .

牛顿迭代法的具体作法：设 α 是非线性方程 $f(x)=0$ 在隔根区间$[a,b]$ 内的根，$f(x)$ 在区间$[a,b]$ 可导，且对于 $x \in [a,b]$ 有 $f'(x) \neq 0$.

任取初始值 $x_0 \in [a,b]$，过曲线 $y=f(x)$ 上的点$(x_0, f(x_0))$ 作切线，如图 2.5 所示，切线方程为

$$y = f(x_0) + f'(x_0)(x - x_0)$$

它与 x 轴交点的横坐标 x_1 为

$$x_1 = x_0 - \frac{f(x_0)}{f'(x_0)}$$

再过曲线 $y=f(x)$ 上的点$(x_1, f(x_1))$ 作切线，切线方程为

$$y=f(x_1)+f'(x_1)(x-x_1)$$

它与 x 轴交点的横坐标 x_2 为

$$x_2=x_1-\frac{f(x_1)}{f'(x_1)}$$

……………………

如此做下去,第 $n+1$ 条切线方程为

$$y=f(x_n)+f'(x_n)(x-x_n)$$

它与 x 轴交点的横坐标 x_{n+1} 为

$$x_{n+1}=x_n-\frac{f(x_n)}{f'(x_n)} \quad (n=0,1,2,\cdots) \tag{2.12}$$

得方程的近似根数列$\{x_n\}$. 式(2.12)称为牛顿迭代公式.

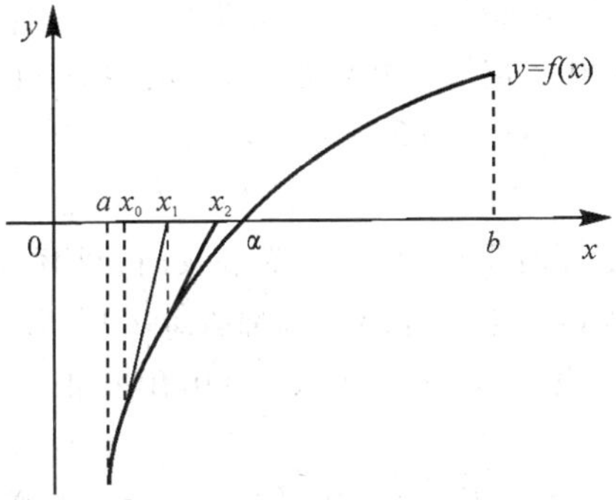

图 2.5

牛顿迭代法的几何意义:依次用切线代替曲线,用线性函数的零点作为函数 $f(x)$ 零点的近似值.

因为方程 $f(x)=0$ 与方程 $x=x-\dfrac{f(x)}{f'(x)}$ $(f'(x)\neq 0)$ 等价,所以牛顿迭代公式也可由等价方程写出,迭代函数为

$$\varphi(x)=x-\frac{f(x)}{f'(x)}$$

因此，牛顿法也是迭代法，可用定理 2.3 判别其收敛性.

定理 2.5(牛顿迭代法局部收敛性定理) 设 α 是方程 $f(x)=0$ 的根，如果

(1) 函数 $f(x)$ 在 α 的邻域具有连续的二阶导数

(2) 在 α 的邻域 $f'(x)\neq 0$

则存在 α 的某个邻域 $S=\{x \mid |x-\alpha|\leqslant\delta\}$，对于任意的初始值 $x_0\in S$，由牛顿迭代公式(2.12) 产生的数列收敛于根 α.

证明 只要证得定理 2.3 的两个条件成立即可.

由迭代函数的导数

$$\varphi'(x)=\frac{f(x)f''(x)}{[f'(x)]^2}$$

及条件(1)，(2) 知，$\varphi(x)$ 在 α 的邻域可导.

由 $\varphi'(\alpha)=0$ 及连续函数的性质，一定存在 α 的某个邻域 $S=\{x \mid |x-\alpha|\leqslant\delta\}$，对于任意 $x\in S$，有

$$|\varphi'(x)|\leqslant L<1$$

证毕

因为上述定理对于初始值 x_0 要求较高，只有 x_0 非常靠近 α，才能保证数列收敛. 下面介绍非局部收敛定理.

定理 2.6 设 α 是方程 $f(x)=0$ 在隔根区间 $[a,b]$ 内的根，如果

(1) 对于 $x\in[a,b]$，$f'(x)$，$f''(x)$ 连续且不变号

(2) 选取初始值 $x_0\in[a,b]$，使 $f(x_0)f''(x_0)>0$

则由牛顿迭代公式(2.12) 产生的数列收敛于根 α.

定理的几何解释如图 2.6 所示，满足定理条件的情况只有4 种.

证明 仅以图 2.6(a) 的情况进行证明.

设对于 $x\in[a,b]$，$f'(x)>0$，$f''(x)>0$，满足条件(2) 的 x_0 应 $\alpha<x_0$.

要证 $\lim\limits_{n\to\infty}=\alpha$，根据情况(a)，应证数列 $\{x_n\}$ 是单调递减下有界

的数列．

(1) 用数学归纳法证明数列下有界，即证 $\alpha < x_n$.

当 $n=0$ 时，$\alpha < x_0$ 成立．

设当 $n=k$ 时，不等式 $\alpha < x_k$ 成立．

将函数 $f(x)$ 在 x_k 处作一阶泰勒展开

$$f(x)=f(x_k)+f'(x_k)(x-x_k)+\frac{f''(\xi_k)}{2!}(x-x_k)^2$$

其中 ξ_k 在 x 与 x_k 之间．因 $x,x_k\in[a,b]$，所以 $\xi_k\in(a,b)$.

将 $x=\alpha$ 代入上式，得

$$f(\alpha)=f(x_k)+f'(x_k)(\alpha-x_k)+\frac{f''(\xi_k)}{2!}(\alpha-x_k)^2=0$$

于是
$$\alpha=x_k-\frac{f(x_k)}{f'(x_k)}-\frac{f''(\xi_k)}{2!\ f'(x_k)}(\alpha-x_k)^2$$

$$\alpha=x_{k+1}-\frac{f''(\xi_k)}{2!\ f'(x_k)}(\alpha-x_k)^2 \tag{2.13}$$

由条件知，上式等号右端的第二项大于零，因此 $\alpha < x_{k+1}$，故 $\alpha < x_n(n=0,1,2,\cdots)$.

(2) 再证数列单调递减．因为 $f'(x)>0$，$\alpha < x_n$，所以 $f(x_n)>0$，$f'(x_n)>0$，于是牛顿迭代公式(2.12) 的第二项大于零，故

$$x_{n+1} < x_n$$

于是

$$\alpha < \cdots < x_{n+1} < x_n < \cdots < x_0$$

即数列$\{x_n\}$ 是单调递减下有界的数列，且下界为 α.

(3) 证$\lim\limits_{n\to\infty}x_n=\alpha$. 由高等数学知，单调递减下有界的数列必有极限．设该数列极限为 $\bar{x}$，对式(2.12) 两边取极限

$$\bar{x}=\bar{x}-\frac{f(\bar{x})}{f'(\bar{x})}$$

得
$$f(\bar{x})=0$$

因方程 $f(x)=0$ 在隔根区间 $[a,b]$ 只有一个根，所以 $\bar{x}=\alpha$，故 $\lim\limits_{n\to\infty}x_n=\alpha$. 证毕

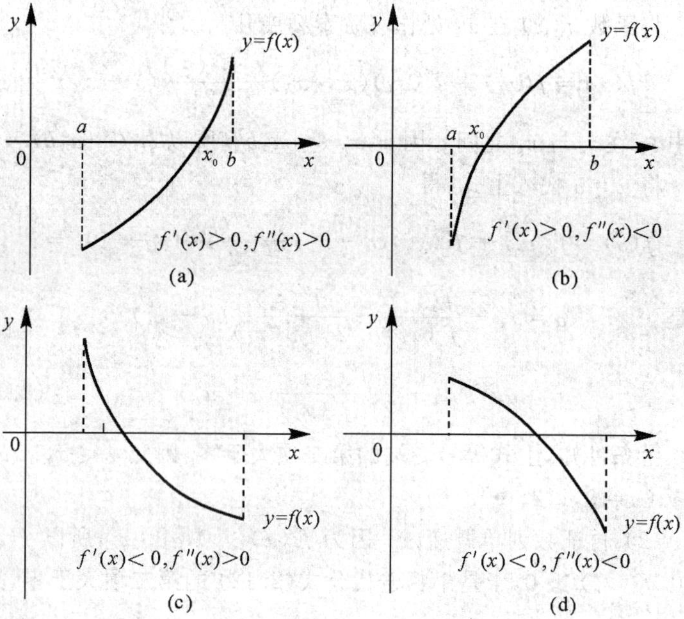

图 2.6

例 2.9 用牛顿迭代法求例 2.7 的方程的根.

解 令 $f(x)=x^3-x^2-1$.

(1) 写出牛顿迭代公式 $x_{n+1}=\dfrac{2x_n^3-x_n^2+1}{3x_n^2-2x_n}$.

(2) 判断牛顿迭代法的收敛性：

$$f(1.4)\approx-0.2,\quad f(1.5)\approx0.2$$

$$f'(x)=3x^2-2x>0\quad(x\in[1.4,1.5])$$

$$f''(x)=6x>0 \quad (x\in[1.4,1.5])$$

因 $f(1.5)f''(1.5)>0$,所以 $x_0=1.5$,故牛顿迭代法收敛.

(3) 列表计算,见表 2.8.

表 2.8

n	x_n	$\|x_n-x_{n-1}\|\leqslant\frac{1}{2}\times10^{-4}$
0	$x_0=1.5$	
1	$x_1=1.466\,667$	$\|x_2-x_1\|\approx0.04$
2	$x_2=1.465\,572$	$\|x_3-x_2\|\approx0.002$
3	$x_3=1.465\,571$	$\|x_4-x_3\|\leqslant\frac{1}{2}\times10^{-4}$

故 $\alpha\approx x_3=1.465\,571$ 或者 $\alpha=1.465\,6$.

例 2.10 用牛顿迭代法建立计算二次方根 $\sqrt{c}$ $(c>0)$ 的迭代公式.

解 令 $x=\sqrt{c}$,则 $x^2-c=0$,这样把开二次方问题转化为求方程 $f(x)=x^2-c=0$ 的正根,如图 2.7 所示. 牛顿迭代公式为

$$x_{n+1}=x_n-\frac{x_n^2-c}{2x_n}=\frac{1}{2}\left(x_n+\frac{c}{x_n}\right) \tag{2.14}$$

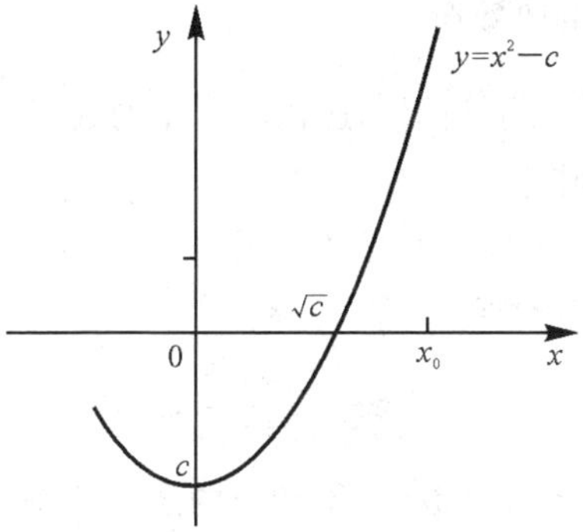

图 2.7

易证,选取初始值 $x_0 > \sqrt{c}$,牛顿迭代法收敛. 也可以证明当 $0 < x_0 < \sqrt{c}$ 时,迭代法仍收敛.

例 2.11 计算 $x=\sqrt{5}$,要求 $|x_n - x_{n-1}| \leqslant \frac{1}{2} \times 10^{-5}$ ($\sqrt{5}=2.236\ 067\ 97\cdots$).

解 取 $x_0=2$,利用公式(2.14)计算,结果见表 2.9.

表 2.9

n	x_n	$\lvert x_n - x_{n-1} \rvert \leqslant \frac{1}{2} \times 10^{-6}$
0	$x_0 = 2$	
1	$x_1 = 2.25$	$\lvert x_1 - x_0 \rvert \approx 0.25$
2	$x_2 = 2.236\ 111\ 11$	$\lvert x_2 - x_1 \rvert \approx 0.02$
3	$x_3 = 2.236\ 067\ 98$	$\lvert x_3 - x_2 \rvert \approx 0.000\ 05$
4	$x_4 = 2.236\ 067\ 98$	$\lvert x_4 - x_3 \rvert \leqslant \frac{1}{2} \times 10^{-6}$

故 $\sqrt{5} \approx 2.236\ 068$.

二、迭代法的收敛阶

在迭代法中,为了刻画由迭代法产生的数列的收敛速度,引进迭代法的收敛阶概念.

定义 设数列 $\{x_n\}$ 收敛于 α,令误差 $e_n = x_n - \alpha$,如果存在某个实数 $p \geqslant 1$ 及正常数 C,使

$$\lim_{n\to\infty} \frac{|e_{n+1}|}{|e_n|^p} = C \tag{2.15}$$

则称数列 $\{x_n\}$ 为 p 阶收敛,也称相应的迭代法是 p 阶方法. 当 $p=1$ 且 $0 < C < 1$ 时,称数列 $\{x_n\}$ 为线性收敛. 当 $p=2$ 时,称数列

$\{x_n\}$ 二次方收敛（或二阶收敛）. 当 $p > 1$ 时，称数列 $\{x_n\}$ 为超线性收敛. 显然，p 越大，数列收敛得越快. 所以，迭代法的收敛阶是对迭代法收敛速度的一种度量.

定理 2.7 （1）在定理 2.3 的条件下，且在根 α 的某个邻域内有 $\varphi'(x) \neq 0$，则迭代法是线性收敛.

（2）在定理 2.4 的条件下，牛顿迭代法是二次方收敛.

证明 因迭代函数 $\varphi(x)$ 在根 α 的某个邻域可导，所以由拉格朗日中值定理有

$$e_{n+1} = x_{n+1} - \alpha = \varphi'(\xi)(x_n - \alpha) = \varphi'(\xi)e_n$$

其中 ξ 在 x_n 与 α 之间.

$$\lim_{n\to\infty}\frac{|e_{n+1}|}{|e_n|} = \lim_{n\to\infty}\frac{|\varphi'(\xi)e_n|}{|e_n|} = \lim_{\xi\to\alpha}|\varphi'(\xi)| = |\varphi'(\alpha)|$$

由定理 2.3 的条件(2) 及 $\varphi'(x) \neq 0$ 有 $0 < |\varphi'(\alpha)| < 1$，所以，迭代法是线性收敛的.

（2）由式(2.13) 有

$$\frac{e_{n+1}}{e_n} = \frac{f''(\xi_n)}{2!\ f'(x_n)}$$

因 $f'(x)$，$f''(x)$ 在区间 $[a,b]$ 不变号，所以

$$\lim_{n\to\infty}\frac{|e_{n+1}|}{|e_n|^2} = \frac{|f''(\alpha)|}{2!\ |f'(\alpha)|} \neq 0$$

故牛顿迭代法是二次方收敛. 证毕

2.4 弦 截 法

一、单点弦截法

设方程 $f(x) = 0$，隔根区间为 $[a,b]$. 令 $y = f(x)$，若 $f'(x)$，$f''(x)$ 在 (a,b) 不变号，则图形为如图 2.8 所示的 4 种情况.

以图 2.8(a) 为例来说明单点弦截法.

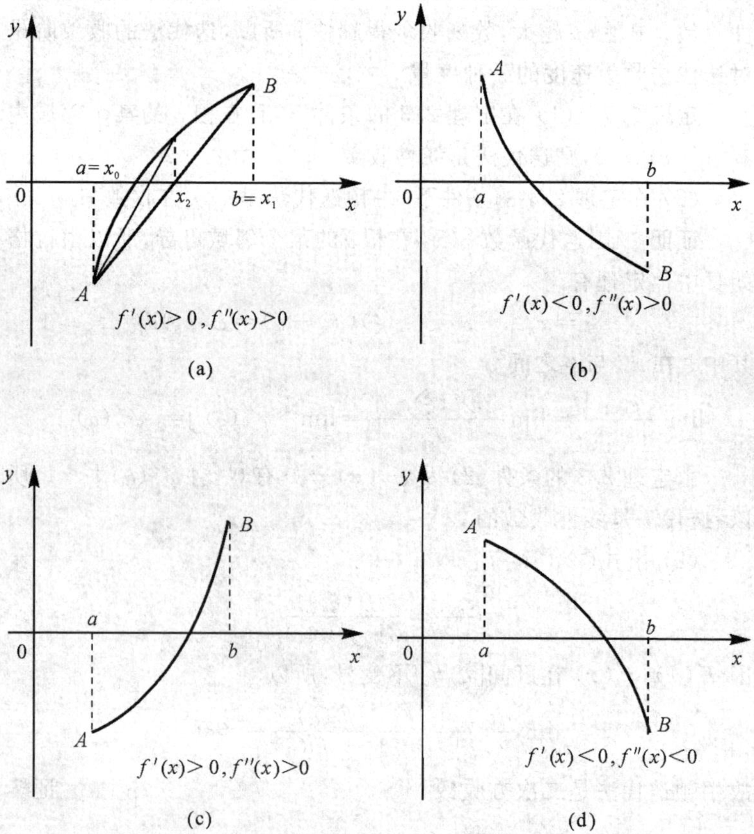

图　2.8

第一步，记 $b=x_1$，过点 $(a,f(a))$，$(x_1,f(x_1))$ 作直线，其方程为

$$y=f(a)+\frac{f(x_1)-f(a)}{x_1-a}(x-a)$$

该直线与 x 轴的交点的横坐标 x_2 为

$$x_2 = a - \frac{x_1 - a}{f(x_1) - f(a)} f(a)$$

比较 a, x_1, x_2 的函数符号，确定隔根区间为$[a, x_2]$.

第二步，过点$(a, f(a))$，$(x_2, f(x_2))$ 作直线，方程为

$$y = f(a) + \frac{f(x_2) - f(a)}{x_2 - a}(x - a)$$

该直线与 x 轴交点的横坐标 x_3 为

$$x_3 = a - \frac{x_2 - a}{f(x_2) - f(a)} f(a)$$

比较 a, x_3, x_2 的函数符号，确定隔根区间为$[a, x_3]$.

………………

第 n 步，过点$(a, f(a))$ 和$(x_n, f(x_n))$ 作直线，其方程为

$$y = f(a) + \frac{f(x_n) - f(a)}{x_n - a}(x - a)$$

该直线与 x 轴交点的横坐标为

$$x_{n+1} = a - \frac{x_n - a}{f(x_n) - f(a)} f(a)$$

由此得近似根数列$\{x_n\}$. 由图 2.8(b) 也可推得上述公式. 因迭代公式中有 a 和 $f(a)$，所以称点 $A(a, f(a))$ 为不动点.

用同样的方法可推得图 2.8(c)，(d) 的迭代公式

$$x_{n+1} = b - \frac{x_n - b}{f(x_n) - f(b)} f(b) \quad (n = 1, 2, \cdots)$$

称点 $B(b, f(b))$ 为不动点.

记不动的坐标为$(x_0, f(x_0))$，则上述两个迭代公式可写为

$$x_{n+1} = x_0 - \frac{x_n - x_0}{f(x_n) - f(x_0)} f(x_0) \quad (n = 1, 2, \cdots) \tag{2.16}$$

从图 2.8 所示的 4 种情况推知，x_0 应满足 $f(x_0)$ 与 $f''(x_0)$ 同号，即 $f(x_0) f''(x_0) > 0$.

单点弦截法的几何意义：依次用弦线代替曲线，用线性函数

的零点作为函数 $f(x)$ 零点的近似值.

单点弦截法有类似于牛顿迭代法的收敛定理 2.5 的相应定理.

定理 2.8 设 α 是方程 $f(x)=0$ 在隔根区间 $[a,b]$ 内的根,如果

(1) 对于 $x\in[a,b]$,$f'(x)$,$f''(x)$ 连续且不变号

(2) 选取初始值 $x_0\in\{a,b\}$,使 $f(x_0)f''(x_0)>0$,x_0 选定 a,b 中的一个,则 x_1 为另一个

则由单点弦截法迭代公式(2.16) 产生的数列单调收敛于根 α.

请读者自己证此定理.

单点弦截法的收敛阶为 1.

二、双点弦截法

设方程 $f(x)=0$,隔根区间为 $[a,b]$,令 $y=f(x)$.

设 x_n,x_{n-1} 是根 α 附近的两点,过点 $(x_n,f(x_n))$,$(x_{n-1},f(x_{n-1}))$ 作直线(见图 2.9)

$$y=f(x_n)+\frac{f(x_n)-f(x_{n-1})}{x_n-x_{n-1}}(x-x_n)$$

该直线与 x 轴的交点的横坐标 x_{n+1} 为

$$x_{n+1}=x_n-\frac{x_n-x_{n-1}}{f(x_n)-f(x_{n-1})}f(x_n)=$$

$$\frac{x_{n-1}f(x_n)-x_nf(x_{n-1})}{f(x_n)-f(x_{n-1})}\quad(n=1,2,\cdots)\qquad(2.17)$$

式(2.17) 是双点弦截法迭代公式,由迭代公式得近似根数列 $\{x_n\}$.

式(2.17) 也是牛顿迭代公式

$$x_{n+1}=x_n-\frac{f(x_n)}{f'(x_n)}$$

中的导数 $f'(x_n)$ 用差商$\dfrac{f(x_n)-f(x_{n-1})}{x_n-x_{n-1}}$ 取代的结果．

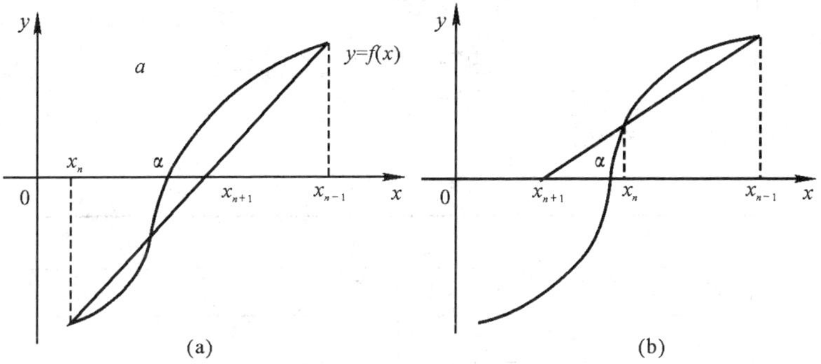

图　2.9

双点弦截法需要两个初值 x_0, x_1，一般在根 α 的附近取值．

双点弦截法的几何意义同于单点弦截法．单点弦截法是双点弦截法的特殊情况．

定理 2.9　设方程 $f(x)=0$，如果

(1) $f(x)$ 在根 α 的某个邻域具有连续的二阶导数，且

$$f'(x)\neq 0$$

(2) 任取 x_0, x_1 属于该邻域

则由双点弦截法迭代公式(2.17) 产生的序列 $\{x_n\}$ 收敛于根 α.

证明略．

双点弦截法是超线性收敛，收敛阶为$\dfrac{1+\sqrt{5}}{2}\approx 1.618$.

例 2.12　用单点弦截法和双点弦截法求方程 $f(x)=x^3-2x-5=0$ 在$[2,3]$ 的根．

解　(1) $f'(x)=3x^2-2>0$，$f''(x)=6x>0$，$f(2)=-1<0$，$f(3)=16>0$；取 $x_0=3$，$x_1=2$，计算公式为

$$x_{n+1}=\frac{3x_n^3-22x_n-15}{x_n^3-2x_n-21}\quad(n=1,2,\cdots)$$

(2) $x_0=2,x_1=3$. 计算公式为

$$x_{n+1}=\frac{x_n^3x_{n-1}-5x_{n-1}+5x_n}{x_n^3-2x_n-x_{n-1}^3+2x_{n-1}}\quad(n=1,2,\cdots)$$

计算结果见表 2.10.

表 2.10

	单点	双点
n	x_n	x_n
0	3	2
1	2	3
2	2.058 823 5	2.058 823 5
3	2.081 263 6	2.081 263 6
4	2.089 639 2	2.094 824 1
5	2.092 739 6	2.094 549 4
6	2.093 883 7	2.094 551 5

牛顿法和弦截法都是先将 $f(x)$ 线性化然后再求根，但线性化的方式不同：牛顿法是作切线的方程，而弦截法是作弦线的方程；牛顿法只需一个初始 x_0，而弦截法需要两个初始值 x_0 和 x_1.

习 题 二

1. 用二分法求方程 $x^4-3x+1=0$ 在区间[0.3,0.4]内的根，要求误差不超过 $\frac{1}{2}\times10^{-2}$.

2. 已知方程 $x^3+x-4=0$ 在区间[1,2]内有一根，试问用二分法求根，使其具有 5 位有效数字至少应二分多少次？

3. 方程 $x^3-x^2-1=0$ 在 1.5 附近有根,把方程写成 4 种不同的等价形式,并建立相应的迭代公式.

(1) $x^3=1+x^2$, $x_{n+1}=\sqrt[3]{1+x_n^2}$;

(2) $x=1+\dfrac{1}{x^2}$, $x_{n+1}=1+\dfrac{1}{x_n^2}$;

(3) $x^2=\dfrac{1}{x-1}$, $x_{n+1}=\dfrac{1}{\sqrt{x_n-1}}$;

(4) $x^2=x^3-1$, $x_{n+1}=\sqrt{x_n^3-1}$.

判断每种迭代公式产生的数列在 1.5 附近的收敛性. 并用(1) 的迭代公式求方程的根,要求误差不超过 $\dfrac{1}{2}\times 10^{-3}$.

4. 用迭代法求 $x^5-x-0.2=0$ 的正根,要求准确到小数点后第 5 位.

5. 用迭代法求方程 $e^x+10x-2=0$ 的根,要求精度为 10^{-4}.

6. 判断下列方程有几个根,求出隔根区间,并写出收敛的迭代公式.

(1) $\cos x+\sin x-4x=0$;

(2) $x+2^x-4=0$.

7. 用迭代-加速公式求方程 $x=e^{-x}$ 在 $x=0.5$ 附近的根. 要求准确到小数点后第 4 位.

8. 用埃特金加速法求方程 $x=x^3-1$ 在区间[1,1.5]内的根,要求准确到小点后第 4 位.

9. 用牛顿法求方程 $x^3-3x-1=0$ 在 $x_0=2$ 附近的根,要求准确到小数点后第 3 位.

10. 证明计算 $\sqrt[3]{c}$ 的牛顿迭代公式为

$$x_{n+1}=\frac{1}{3}\left(2x_n+\frac{c}{x_n^2}\right)$$

取 $x_0=1$,计算 $\sqrt[3]{3}$,要求 $|x_{n+1}-x_n|\leqslant\dfrac{1}{2}\times 10^{-6}$.

11. 分别用单点和双点弦截法求方程 $x^3-x-1=0$ 在[1,1.5]内的根,要求 $|x_{n+1}-x_n|\leqslant\dfrac{1}{2}\times 10^{-5}$.

第三章　线性代数方程组的解法

大量的科技和工程实际问题常常归结为解线性代数方程组．有关线性方程组解的存在性和唯一性等理论问题，“线性代数”课程已作了详细介绍，本章的主要任务是讨论系数行列式不为零的 n 阶非齐次线性方程组 $\boldsymbol{Ax}=\boldsymbol{b}$ 的两类主要求解方法．一类叫直接法（也叫精确法），它是在理论上没有舍入误差的前提下经过有限步运算即可得到方程组的精确解；另一类方法叫迭代法，它是从一个初始向量 $\boldsymbol{x}^{(0)}$ 出发，按照一定的迭代格式产生一个向量序列 $\{\boldsymbol{x}^{(k)}\}$，使其收敛到方程组 $\boldsymbol{Ax}=\boldsymbol{b}$ 的解．下边将分别进行讨论．

3.1　解线性方程组的直接法

“线性代数”也曾介绍过解线性方程组 $\boldsymbol{Ax}=\boldsymbol{b}$ 的一些直接法，但并不一定就是实用中可取的方法，有些在计算量上甚至有相当惊人的差异，这一点读者必须有清醒的认识．例如解 n 阶线性方程组 $\boldsymbol{Ax}=\boldsymbol{b}$ 的克莱姆（Gramer）法则

$$x_i=\frac{D_i}{D}\quad (i=1,2,\cdots,n)$$

由于公式含有 $n+1$ 个行列式，如果对每个行列式按展开定理来计算，那么可以统计出，用克莱姆法则求解所需要的乘除运算量为 $n!\,(n^2-1)+n$ 次，当 $n=20$ 时，用每秒千万次运算速度的计算机也要算三百万年之多！所以说并不是凡直接法都可用来作实际计算．如果对每个行列式用消去法计算，那么也可统计出克莱姆法则求解所需的乘除运算次数为

$$\frac{1}{3}n^4+\frac{5}{6}n^3+\frac{2}{3}n^2+\frac{1}{6}n-1 \tag{3.1}$$

这比上述运算量显然小得多．但也必须指出，这仍然不是实际中所采用的方法，因为下边将要介绍的消去法解方程组，其计算量比式(3.1)的明显要小．

一、高斯(Gauss)消去法

高斯消去法是对增广矩阵$(\boldsymbol{A}\mid\boldsymbol{b})$进行一系列的初等行变换，由于"线性代数"也作过介绍，这里仅通过一个例子对方法的基本思路和步骤加以说明．

例 3.1 用高斯消去法解方程组

$$\left.\begin{aligned} x_1+4x_2-5x_3&=3\\ x_1+3x_2-2x_3&=2\\ 6x_1-x_2+18x_3&=2 \end{aligned}\right\} \tag{3.2}$$

解 对增广矩阵作初等行变换

$$\left(\begin{array}{ccc:c} 1 & 4 & -5 & 3\\ 1 & 3 & -2 & 2\\ 6 & -1 & 18 & 2 \end{array}\right) \xrightarrow[r_3-6r_1]{r_2-r_1} \left(\begin{array}{ccc:c} 1 & 4 & -5 & 3\\ 0 & -1 & 3 & -1\\ 0 & -25 & 48 & -16 \end{array}\right)$$

$$\xrightarrow[r_3-25r_2]{(-1)\times r_2} \left(\begin{array}{ccc:c} 1 & 4 & -5 & 3\\ 0 & 1 & -3 & 1\\ 0 & 0 & -27 & 9 \end{array}\right)$$

于是得到与原方程组等价的上三角方程组，求解得

$$x_3=-\frac{1}{3},\qquad x_2=1+3x_3=0,$$

$$x_1=3+5x_3-4x_2=\frac{4}{3}$$

化原方程组为三角方程组的过程为消元过程，解三角方程组的过程为回代过程．当然，也可以将上边的增广矩阵进一步化简，即

$$\begin{pmatrix}1 & 4 & -5 & \vdots & 3\\ 0 & 1 & -3 & \vdots & 1\\ 0 & 0 & -27 & \vdots & 9\end{pmatrix}\xrightarrow[\left(-\frac{1}{27}\right)\times r_3]{r_1-4r_2}\begin{pmatrix}1 & 0 & 7 & \vdots & -1\\ 0 & 1 & -3 & \vdots & 1\\ 0 & 0 & 1 & \vdots & -\frac{1}{3}\end{pmatrix}$$

$$\xrightarrow[r_1-7r_3]{r_2+3r_3}\begin{pmatrix}1 & 0 & 0 & \vdots & \frac{4}{3}\\ 0 & 1 & 0 & \vdots & 0\\ 0 & 0 & 1 & \vdots & -\frac{1}{3}\end{pmatrix}$$

于是解为 $x_1=\frac{4}{3}, x_2=0, x_3=-\frac{1}{3}$. 这种无回代的高斯消去法为高斯-约旦(Gauss-Jordan) 消去法．

上述消去过程是逐列按顺序进行的，中间没有进行过行的交换．对一般 n 阶线性方程组

$$\left.\begin{aligned}a_{11}x_1+a_{12}x_2+\cdots+a_{1n}x_n&=b_1\\ a_{21}x_1+a_{22}x_2+\cdots+a_{2n}x_n&=b_2\\ &\vdots\\ a_{n1}x_1+a_{n2}x_2+\cdots+a_{nn}x_n&=b_n\end{aligned}\right\}\tag{3.3}$$

按顺序消去法的第一步是，首先用 a_{11} 将其下边的 $n-1$ 个元素 a_{i1} $(i=2,3,\cdots,n)$ 化为零，这只需用 $\left(-\frac{a_{i1}}{a_{11}}\right)$ 乘第 1 行后再加到第 i $(i=2,3,\cdots,n)$ 行即可．但这里的问题是，在计算机上编程计算时，如果 $a_{11}=0$ 则无法进行第一步消去运算，即使 $a_{11}\neq 0$，但当 $|a_{11}|\approx 0$ 或 $|a_{11}|$ 相对 $|a_{i1}|$ $(i=2,3,\cdots,n)$ 比较小时，尽管消去运算可以进行下去，然而可以想象，因 a_{11} 出现在分母上，故其小小的舍入误差将会引起计算结果的严重失真，其他各列的消去过程有相同的问题．因此，按顺序消去法也不是一个实用方法．实

际中为了使求解结果可靠，提出了所谓的主元素消去法．根据主元素选取范围的不同，通常又分为按列选主元素法和总体选主元素法.

二、列主元素消去法

列主元素消去法是直接法中最常用的方法之一，下边进行详细讨论．考察方程组(3.3)，设其有唯一解．

第一步，在第1列中选绝对值最大的元素为 $a_{r_1 1}$，即求主元素 $a_{r_1 1}=\max\limits_{1\leqslant i\leqslant n}|a_{i1}|$，然后调换方程组(3.3)中第 r_1 和第1个方程．为此，引入中间变量

$$c,\quad c_j\quad (j=1,2,\cdots,n)$$

完成如下替换（符号“⇒”表示“赋值”意思）

$$a_{r_1 j}\Rightarrow c_j,\quad a_{1j}\Rightarrow a_{r_1 j},\quad c_j\Rightarrow a_{1j}\quad (j=1,2,\cdots,n)$$

$$b_{r_1}\Rightarrow c,\quad b_1\Rightarrow b_{r_1},\quad c\Rightarrow b_1$$

这就完成了第 r_1 行和第1行的互换，方程组(3.3)中的 a_{11} 已是第1列的主元素．现用 a_{11} 进行消元．

把 $\left(-\dfrac{a_{i1}}{a_{11}}\right)$ 乘第1行后加到第 i 行 $(i=2,3,\cdots,n)$，于是第 i 行的第 j 个元素成为

$$\left.\begin{aligned}&a_{ij}+a_{1j}\left(-\frac{a_{i1}}{a_{11}}\right)\Rightarrow a_{ij}\\&b_i+b_1\left(-\frac{a_{i1}}{a_{11}}\right)\Rightarrow b_i\end{aligned}\right.\quad (j=1,2,\cdots,n;i=2,3,\cdots,n)$$

原方程组便化为如下等价形式

$$\left.\begin{aligned}a_{11}x_1+a_{12}x_2+\cdots+a_{1n}x_n&=b_1\\a_{22}x_2+\cdots+a_{2n}x_n&=b_2\\&\vdots\\a_{n2}x_2+\cdots+a_{nn}x_n&=b_n\end{aligned}\right\}\qquad(3.4)$$

第二步，在方程组(3.4)第2列下边 $n-1$ 个元素中选主元素为 $a_{r_2 2}$，即 $|a_{r_2 2}|=\max\limits_{2\leqslant i\leqslant n}|a_{i2}|$，然后对调 r_2 行和第2行的元素，即完成如下赋值过程

$$a_{r_2 j}\Rightarrow c_j,\quad a_{2j}\Rightarrow a_{r_2 j},\quad c_j\Rightarrow a_{2j}\quad (j=2,3,\cdots,n)$$

$$b_{r_2}\Rightarrow c,\quad b_2\Rightarrow b_{r_2},\quad c\Rightarrow b_2$$

这一过程完成后，a_{22} 就是所要找的主元素．现用 a_{22} 进行消元．

用 $\left(-\dfrac{a_{i2}}{a_{22}}\right)$ 乘第2行后加到第 i 行 $(i=3,4,\cdots,n)$，于是第 i 行的第 j 个元素化为

$$\left.\begin{aligned}&a_{ij}+a_{2j}\left(-\frac{a_{i2}}{a_{22}}\right)\Rightarrow a_{ij}\\&b_i+b_2\left(-\frac{a_{i2}}{a_{22}}\right)\Rightarrow b_i\end{aligned}\right.\quad (j=2,3,\cdots,n;\ i=3,4,\cdots,n)$$

方程组(3.4)此时已化为如下等价方程组

$$\left.\begin{aligned}a_{11}x_1+a_{12}x_2+a_{13}x_3+\cdots+a_{1n}x_n&=b_1\\a_{22}x_2+a_{23}x_3+\cdots+a_{2n}x_n&=b_2\\a_{33}x_3+\cdots+a_{3n}x_n&=b_3\\&\vdots\\a_{n3}x_3+\cdots+a_{nn}x_n&=b_n\end{aligned}\right\}\qquad(3.5)$$

类似上述步骤，第 $n-1$ 步后，原方程组(3.3)必然化为如下等价形式

$$\left.\begin{aligned}a_{11}x_1+a_{12}x_2+\cdots+a_{1n}x_n&=b_1\\a_{22}x_2+\cdots+a_{2n}x_n&=b_2\\&\vdots\\a_{nn}x_n&=b_n\end{aligned}\right\}\qquad(3.6)$$

这是一个上三角方程组，其解显然可通过下边的回代公式而给出

$$\left.\begin{aligned}x_n&=\frac{b_n}{a_{nn}}\\x_k&=\frac{1}{a_{kk}}\Big(b_k-\sum_{j=k+1}^{n}a_{kj}x_j\Big)\end{aligned}\right\}\quad (k=n-1,n-2,\cdots,1)\ (3.7)$$

这也就是原方程组(3.3)的解．

可以统计，上述有回代的列主元素消去法所进行的乘除运算次数为

$$\frac{1}{3}n^3 + n^2 - \frac{1}{3}n \tag{3.8}$$

这比式(3.1)的运算量明显要小．由于列主元素消去法求解结果可靠，计算量小，所以是一个实用方法．

如果采用按列选主元素的高斯-约旦消去法，由于其乘除运算量为$\frac{1}{2}n^3 + n^2 - \frac{1}{2}n$，比式(3.8)大，因此实际中并不采用它．

三、总体选主元素消去法

总体选主元素的主元素选取范围比列主元素消去法要大．

第一步，在整个系数矩阵中选取绝对值最大的元素为主元素，通过行和列的交换将其置于位置(1,1)，然后用该主元素进行第一次消元得到形如式(3.4)的方程组．

第二步，在方程组(3.4)中划掉第一行第一列后剩余的$n-1$阶方程组的系数矩阵中选取主元素，并通过行、列交换置其于位置(2,2)，然后用该主元素进行第二次消元得到形如式(3.5)的方程组．以后各步类似进行，最后得到形如式(3.6)的方程组，用回代公式(3.7)即可求得原方程组的解．但必须说明，这里$x_1,x_2,\cdots,x_n$的次序已经发生了变化．

总体选主元素消去法与列主元素消去法的消元过程完全一样，只是总体选主元素的选取范围要大，因而计算结果更为可靠．但由于列交换使未知量x_1到x_n的次序发生了变化，因而程序设计上比较复杂．另外，每次选主元素所费的机时也比较大．

例 3.2　用列主元素消去法解方程组

$$\begin{cases}11x_1-3x_2-2x_3=3\\-23x_1+11x_2+x_3=0\\x_1-2x_2+2x_3=-1\end{cases}$$

小数点后至少保留 3 位.

解　按列选主元素后再用高斯消去法

$$\left(\begin{array}{ccc:c}11 & -3 & -2 & 3\\ \boxed{-23} & 11 & 1 & 0\\ 1 & -2 & 2 & -1\end{array}\right)\xrightarrow{r_1\leftrightarrow r_2}$$

$$\left(\begin{array}{ccc:c}\boxed{-23} & 11 & 1 & 0\\ 11 & -3 & -2 & 3\\ 1 & -2 & 2 & -1\end{array}\right)\xrightarrow{\text{第 1 次消元}}$$

$$\left(\begin{array}{ccc:c}\boxed{-23} & 11 & 1 & 0\\ 0 & \boxed{2.261} & -1.522 & 3\\ 0 & -1.522 & 2.044 & -1\end{array}\right)\xrightarrow{\text{第 2 次消元}}$$

$$\left(\begin{array}{ccc:c}\boxed{-23} & 11 & 1 & 0\\ 0 & \boxed{2.261} & -1.522 & 3\\ 0 & 0 & 1.019 & 1.020\end{array}\right)$$

回代求解得

$$x_3^*=1.001,\quad x_2^*=2.001,\quad x_1^*=1.000$$

与精确解 $x_1=1,x_2=2,x_3=1$ 比较,绝对误差为 0.001. 选主元素的目的在于减小计算误差.

四、选主元素消去法的应用

1. 求逆矩阵

设 $\boldsymbol{A}=(a_{ij})_{n\times n}$ 可逆，$\boldsymbol{E}$ 是 n 阶单位矩阵，对 $(\boldsymbol{A}\mid\boldsymbol{E})$ 即

$$\left(\begin{array}{cccc:cccc} a_{11} & a_{12} & \cdots & a_{1n} & 1 & & & \\ a_{21} & a_{22} & \cdots & a_{2n} & & 1 & & \\ \vdots & \vdots & & \vdots & & & \ddots & \\ a_{n1} & a_{n2} & \cdots & a_{nn} & & & & 1 \end{array}\right)$$

按列选主元素后再用高斯-约旦方法将左边的矩阵 $\boldsymbol{A}$ 化为单位矩阵 $\boldsymbol{E}$，于是得如下矩阵

$$\left(\begin{array}{cccc:cccc} 1 & & & & b_{11} & b_{12} & \cdots & b_{1n} \\ & 1 & & & b_{21} & b_{22} & \cdots & b_{2n} \\ & & \ddots & & \vdots & \vdots & & \vdots \\ & & & 1 & b_{n1} & b_{n2} & \cdots & b_{nn} \end{array}\right)$$

从而得到逆阵 $\boldsymbol{A}^{-1}=(b_{ij})_{n\times n}$. 这是实用中求逆阵的可靠方法.

例 3.3 求矩阵

$$\boldsymbol{A}=\begin{pmatrix} 11 & -3 & -2 \\ -23 & 11 & 1 \\ 1 & -2 & 2 \end{pmatrix}$$

的逆矩阵，小数点后至少保留 3 位.

解 用按列选主元素的高斯-约旦方法.

$$\left(\begin{array}{ccc:ccc} 11 & -3 & -2 & 1 & 0 & 0 \\ \boxed{-23} & 11 & 1 & 0 & 1 & 0 \\ 1 & -2 & 2 & 0 & 0 & 1 \end{array}\right) \xrightarrow{r_1\leftrightarrow r_2}$$

$$\left(\begin{array}{ccc:ccc} \boxed{-23} & 11 & 1 & 0 & 1 & 0 \\ 11 & -3 & -2 & 1 & 0 & 0 \\ 1 & -2 & 2 & 0 & 0 & 1 \end{array}\right) \xrightarrow{\text{第 1 次消元}}$$

$$\left(\begin{array}{ccc:ccc}1 & -0.478 & -0.044 & 0 & -0.044 & 0 \\ 0 & \boxed{2.261} & -1.522 & 1 & 0.478 & 0 \\ 0 & -1.522 & 2.044 & 0 & 0.044 & 1\end{array}\right) \xrightarrow{\text{第 2 次消元}}$$

$$\left(\begin{array}{ccc:ccc}1 & 0 & -0.365 & 0.211 & 0.057 & 0 \\ 0 & 1 & -0.673 & 0.442 & 0.211 & 0 \\ 0 & 0 & \boxed{1.019} & 0.673 & 0.365 & 1\end{array}\right) \xrightarrow{\text{第 3 次消元}}$$

$$\left(\begin{array}{ccc:ccc}1 & 0 & 0 & 0.452 & 0.188 & 0.358 \\ 0 & 1 & 0 & 0.886 & 0.452 & 0.660 \\ 0 & 0 & 1 & 0.660 & 0.358 & 0.981\end{array}\right)$$

于是

$$\boldsymbol{A}^{-1} \approx \begin{pmatrix}0.452 & 0.188 & 0.358 \\ 0.886 & 0.452 & 0.660 \\ 0.660 & 0.358 & 0.981\end{pmatrix}$$

2. 求行列式

设有矩阵

$$\boldsymbol{A} = \begin{pmatrix}a_{11} & a_{12} & \cdots & a_{1n} \\ a_{21} & a_{22} & \cdots & a_{2n} \\ \vdots & \vdots & & \vdots \\ a_{n1} & a_{n2} & \cdots & a_{nn}\end{pmatrix}$$

用主元素消去法将其化为上三角矩阵，对角元素设为 $b_{11}, b_{22}, \cdots, b_{nn}$，于是 $\boldsymbol{A}$ 的行列式为

$$\det\boldsymbol{A} = (-1)^m b_{11} b_{22} \cdots b_{nn}$$

其中 m 为所进行的行、列交换的次数．这是实用中求行列式值的可靠方法．

五、矩阵三角分解法

用消去法可以将线性方程组 $\boldsymbol{Ax} = \boldsymbol{b}$ 化为一个上三角方程组

$\boldsymbol{Ux}=\boldsymbol{g}$,这实际上是对增广矩阵$(\boldsymbol{A}\mid\boldsymbol{b})$进行若干次初等行变换使之化为$(\boldsymbol{U}\mid\boldsymbol{g})$形式,即

$$(\boldsymbol{A}\mid\boldsymbol{b})\rightarrow\cdots\rightarrow(\boldsymbol{U}\mid\boldsymbol{g}) \tag{3.9}$$

由线性代数理论可知,对一个矩阵进行一次初等行变换,相当于给这个矩阵左乘一个相应的初等方阵.因此,消元过程式(3.9)也可用矩阵乘法作如下表示

$$\boldsymbol{L}_k\boldsymbol{L}_{k-1}\cdots\boldsymbol{L}_2\boldsymbol{L}_1(\boldsymbol{A}\mid\boldsymbol{b})=(\boldsymbol{U}\mid\boldsymbol{g}) \tag{3.10}$$

其中$\boldsymbol{L}_i(i=1,2,\cdots,k)$均为单位下三角阵(对角元全为1的下三角阵),于是有

$$\boldsymbol{L}_k\boldsymbol{L}_{k-1}\cdots\boldsymbol{L}_2\boldsymbol{L}_1\boldsymbol{A}=\boldsymbol{U} \tag{3.11}$$

$$\boldsymbol{A}=\boldsymbol{LU} \tag{3.12}$$

这里$\boldsymbol{L}=(\boldsymbol{L}_k\boldsymbol{L}_{k-1}\cdots\boldsymbol{L}_2\boldsymbol{L}_1)^{-1}$仍为单位下三角阵,$\boldsymbol{U}$是上三角阵.这说明消元过程式(3.9)实际上隐含了式(3.12)所表达的系数矩阵$\boldsymbol{A}$的一个所谓三角因子分解.

定义 3.1 设$\boldsymbol{A}$为n阶矩阵,$\boldsymbol{L}$为n阶下三角阵,$\boldsymbol{U}$为n阶上三角阵.如果$\boldsymbol{A}=\boldsymbol{LU}$,则说对矩阵$\boldsymbol{A}$实行了三角分解或$\boldsymbol{LU}$分解.

三角分解$\boldsymbol{A}=\boldsymbol{LU}$一般不唯一,为了确保分解的唯一性,需对分解加一规格化,为此引入如下定义.

定义 3.2 如果$\boldsymbol{L}$为单位下三角阵,$\boldsymbol{U}$为上三角阵,则称该三角分解为杜里特尔(Doolittle)分解;如果$\boldsymbol{L}$为下三角阵,$\boldsymbol{U}$为单位上三角阵,则称$\boldsymbol{A}=\boldsymbol{LU}$为克劳特(Crout)分解.

定理 3.1 n阶($n\geqslant 2$)矩阵$\boldsymbol{A}$有唯一杜里特尔分解(或克劳特分解)的充要条件是$\boldsymbol{A}$的前$n-1$个顺序主子式都不为零.

证明 略.

如果在消去法进行之前就有三角分解$\boldsymbol{A}=\boldsymbol{LU}$,则方程组$\boldsymbol{Ax}=\boldsymbol{b}$即$(\boldsymbol{LU})\boldsymbol{x}=\boldsymbol{b}$显然等价于

$$\boldsymbol{Ly}=\boldsymbol{b}\quad(\text{下三角方程组}) \tag{3.13}$$

$$\boldsymbol{Ux}=\boldsymbol{y}\quad(\text{上三角方程组}) \tag{3.14}$$

三角方程组(3.13)和(3.14)很容易由回代公式求解,具体回代公式为

$$\left.\begin{aligned} &y_1 = b_1/l_{11} \\ &y_k = \left(b_k - \sum_{j=1}^{k-1} l_{kj} y_j\right) / l_{kk} \quad (k = 2,3,\cdots,n) \end{aligned}\right\} \tag{3.15}$$

$$\left.\begin{aligned} &x_n = y_n / u_{nn} \\ &x_k = \left(y_k - \sum_{j=k+1}^{n} u_{kj} x_j\right) / u_{kk} \\ &(k = n-1, n-2, \cdots, 1) \end{aligned}\right\} \tag{3.16}$$

下边将详细讨论系数矩阵 $\boldsymbol{A}$ 的三角分解. 这里以杜里特尔分解为例(克劳特分解完全类似). 应该指出的是,实际中的三角分解并不是按前述的式(3.10)~式(3.12)进行的,而是由 $\boldsymbol{A}=\boldsymbol{LU}$ 按矩阵乘法直接进行.

1. 直接三角分解法

设 $\boldsymbol{A}=\boldsymbol{LU}$,即

$$\begin{pmatrix} a_{11} & a_{12} & \cdots & a_{1n} \\ a_{21} & a_{22} & \cdots & a_{2n} \\ \vdots & \vdots & & \vdots \\ a_{n1} & a_{n2} & \cdots & a_{nn} \end{pmatrix} = \begin{pmatrix} 1 & & & \\ l_{21} & 1 & & \\ \vdots & \vdots & \ddots & \\ l_{n1} & l_{n2} & \cdots & 1 \end{pmatrix} \begin{pmatrix} u_{11} & u_{12} & \cdots & u_{1n} \\ & u_{22} & \cdots & u_{2n} \\ & & \ddots & \vdots \\ & & & u_{nn} \end{pmatrix}$$

第一步,首先用 $\boldsymbol{L}$ 的第1行乘 $\boldsymbol{U}$ 的第 j 列 $(j=1,2,\cdots,n)$,有

$$a_{1j} = 1 \times u_{1j}$$

$$u_{1j} = a_{1j} \quad (j=1,2,\cdots,n) \tag{3.17}$$

这就求出了 $\boldsymbol{U}$ 的第1行元素. 其次,用 $\boldsymbol{L}$ 的第 i 行 $(i=2,3,\cdots,n)$ 乘 $\boldsymbol{U}$ 的第1列有

$$a_{i1}=l_{i1}u_{11}$$

$$l_{i1}=a_{i1}/u_{11}\quad (i=2,3,\cdots,n) \tag{3.18}$$

这就求出了 $\boldsymbol{L}$ 矩阵的第 1 列元素.

一般地,设已求出了 $\boldsymbol{U}$ 的前 $k-1$ 行和 $\boldsymbol{L}$ 的前 $k-1$ 列元素,现求 $\boldsymbol{U}$ 的第 k 行和 $\boldsymbol{L}$ 的第 k 列元素.

首先,用 $\boldsymbol{L}$ 的第 k 行乘 $\boldsymbol{U}$ 的第 j 列 $(j=k,k+1,\cdots,n)$ 有

$$a_{kj}=\sum_{m=1}^{k}l_{km}u_{mj}=\sum_{m=1}^{k-1}l_{km}u_{mj}+u_{kj}$$

$$u_{kj}=a_{kj}-\sum_{m=1}^{k-1}l_{km}u_{mj}\quad (j=k,k+1,\cdots,n) \tag{3.19}$$

由此便求出了 $\boldsymbol{U}$ 的第 k 行元素.

其次,用 $\boldsymbol{L}$ 的第 i 行 $(i=k+1,k+2,\cdots,n)$ 乘 $\boldsymbol{U}$ 的第 k 列有

$$a_{ik}=\sum_{m=1}^{k}l_{im}u_{mk}=\sum_{m=1}^{k-1}l_{im}u_{mk}+l_{ik}u_{kk}$$

$$l_{ik}=(a_{ik}-\sum_{m=1}^{k-1}l_{im}u_{mk})/u_{kk} \tag{3.20}$$

于是求出了 $\boldsymbol{L}$ 矩阵的第 k 列元素. 综合式(3.17) ~ 式(3.20),得到矩阵 $\boldsymbol{A}$ 的杜里特尔分解公式如下

$$\left.\begin{aligned}
&u_{1j}=a_{1j}\quad (j=1,2,\cdots,n)\\
&l_{i1}=a_{i1}/u_{11}\quad (i=2,3,\cdots,n)\\
&u_{kj}=a_{kj}-\sum_{m=1}^{k-1}l_{km}u_{mj}\Rightarrow a_{kj}\quad (j=k,k+1,\cdots,n)\\
&l_{ik}=(a_{ik}-\sum_{m=1}^{k-1}l_{im}u_{mk})/u_{kk}\Rightarrow a_{ik}(i=k+1,k+2,\cdots,n)\\
&\qquad\qquad (k=2,3,\cdots,n)
\end{aligned}\right\} \tag{3.21}$$

公式(3.21) 有如下计算特点:$\boldsymbol{U}$ 的元素按行求,$\boldsymbol{L}$ 的元素按列求;先求 $\boldsymbol{U}$ 的第 k 行元素,然后求 $\boldsymbol{L}$ 的第 k 列元素,$\boldsymbol{U}$ 和 $\boldsymbol{L}$ 一行一列交

叉计算，如图 3.1 所示的逐框计算．

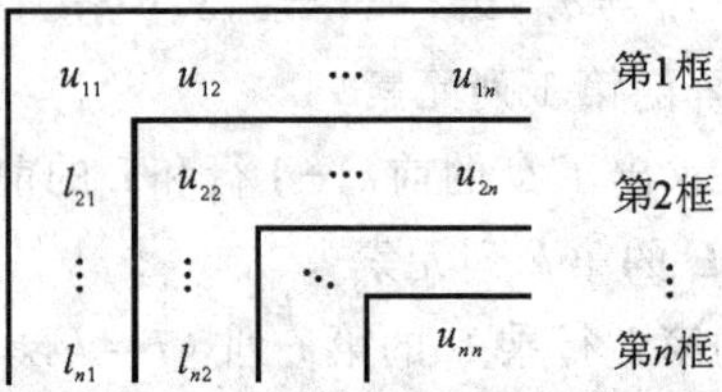

图　3.1

每次将计算结果 u_{kj} 和 l_{ik} 存放在矩阵 $\boldsymbol{A}$ 的相应元素 a_{kj} 和 a_{ik} 所占的单元内，不必再占用新的存储单元，即（以四阶矩阵为例）

$$\boldsymbol{A}=\begin{pmatrix} a_{11} & a_{12} & a_{13} & a_{14} \\ a_{21} & a_{22} & a_{23} & a_{24} \\ a_{31} & a_{32} & a_{33} & a_{34} \\ a_{41} & a_{42} & a_{43} & a_{44} \end{pmatrix} \rightarrow \begin{pmatrix} u_{11} & u_{12} & u_{13} & u_{14} \\ l_{21} & u_{22} & u_{23} & u_{24} \\ l_{31} & l_{32} & u_{33} & u_{34} \\ l_{41} & l_{42} & l_{43} & u_{44} \end{pmatrix}$$

例 3.4　用直接三角分解法解方程组

$$\begin{cases} 2x_1+x_2+2x_3=6 \\ 4x_1+5x_2+4x_3=18 \\ 6x_1-3x_2+5x_3=5 \end{cases}$$

解　由分解方法可直接得到

$$\left(\begin{array}{ccc:c} 2 & 1 & 2 & 6 \\ 4 & 5 & 4 & 18 \\ 6 & -3 & 5 & 5 \end{array}\right) \rightarrow \left(\begin{array}{ccc:c} 2 & 1 & 2 & 6 \\ 2 & 3 & 0 & 6 \\ 3 & -2 & -1 & -1 \end{array}\right)$$

折线右上方（竖线以左）的元素即为上三角阵 $\boldsymbol{U}$ 的元素，竖线右端的向量为由回代公式(3.15) 所得的向量 $\boldsymbol{y}$，于是原方程组的解为

$$x_3=\frac{-1}{-1}=1,\ x_2=(6-0\times x_3)/3=2$$

$$x_1=(6-2x_3-x_2)/2=1$$

需要说明的是，实际中对阶数较高的线性方程组应该用选主

元的三角分解法求解.

2. 平方根法

工程技术中的许多实际问题的求解所归结出来的线性方程组 $\boldsymbol{Ax}=\boldsymbol{b}$,其系数矩阵 $\boldsymbol{A}$ 经常有对称正定的特性. 毫无疑问,这样的 $\boldsymbol{A}$ 一定有唯一杜里特尔分解（定理 3.1),因此完全可以用前述直接三角分解法来求解 $\boldsymbol{Ax}=\boldsymbol{b}$. 不过,$\boldsymbol{A}$ 的对称正定特性能建立更好的三角分解法,这就是所谓的二次方根法（也称乔列斯基(Cholesky) 分解).

定理 3.2 设 $\boldsymbol{A}$ 为对称正定矩阵,则有非奇异下三角阵 $\boldsymbol{L}$,使

$$\boldsymbol{A}=\boldsymbol{L}\boldsymbol{L}^{\mathrm{T}}$$

当限定 $\boldsymbol{L}$ 的对角元全为正时,这种分解是唯一的.

证明略.

定理 3.2 为对 $\boldsymbol{A}$ 进行有效三角分解提供了理论依据,下边推导计算公式.

设 $\boldsymbol{A}=\boldsymbol{L}\boldsymbol{L}^{\mathrm{T}}$,即

$$\begin{pmatrix} a_{11} & a_{12} & \cdots & a_{1n} \\ a_{21} & a_{22} & \cdots & a_{2n} \\ \vdots & \vdots & & \vdots \\ a_{n1} & a_{n2} & \cdots & a_{nn} \end{pmatrix}=$$

$$\begin{pmatrix} l_{11} & & & \\ l_{21} & l_{22} & & \\ \vdots & \vdots & \ddots & \\ l_{n1} & l_{n2} & \cdots & l_{nn} \end{pmatrix}\begin{pmatrix} l_{11} & l_{21} & \cdots & l_{n1} \\ & l_{22} & \cdots & l_{n2} \\ & & \ddots & \vdots \\ & & & l_{nn} \end{pmatrix}$$

其中 $a_{ij}=a_{ji}$. 首先由 $\boldsymbol{L}$ 的第 1 行乘 $\boldsymbol{L}^{\mathrm{T}}$ 的第 1 列有

$$a_{11}=l_{11}^2$$

$$l_{11}=\sqrt{a_{11}} \tag{3.22}$$

其次,用 $\boldsymbol{L}$ 的第 1 行乘 $\boldsymbol{L}^{\mathrm{T}}$ 的第 j 列 $(j=2,3,\cdots,n)$ 有

$$l_{11} l_{j1} = a_{1j}$$

$$l_{j1} = \frac{a_{1j}}{l_{11}} \quad (j = 2, 3, \cdots, n) \tag{3.23}$$

由此即求出了 $\boldsymbol{L}$ 的第 1 列元素．

一般地，设 $\boldsymbol{L}$ 的前 $k-1$ 列元素已求出，现求第 k 列元素．先用 $\boldsymbol{L}$ 的第 k 行乘 $\boldsymbol{L}^{\mathrm{T}}$ 的第 k 列有

$$\sum_{m=1}^{k} l_{km}^2 = a_{kk}, \quad l_{kk}^2 + \sum_{m=1}^{k-1} l_{km}^2 = a_{kk}$$

$$l_{kk} = \sqrt{a_{kk} - \sum_{m=1}^{k-1} l_{km}^2} \tag{3.24}$$

其次用 $\boldsymbol{L}$ 的第 k 行乘 $\boldsymbol{L}^{\mathrm{T}}$ 的第 j 列 $(j = k+1, k+2, \cdots, n)$ 有

$$\sum_{m=1}^{k} l_{km} l_{jm} = a_{kj}, \quad \sum_{m=1}^{k-1} l_{km} l_{jm} + l_{kk} l_{jk} = a_{kj}$$

解出 l_{jk} 得

$$l_{jk} = \left(a_{kj} - \sum_{m=1}^{k-1} l_{km} l_{jm}\right) / l_{kk} \quad (j = k+1, k+2, \cdots, n) \tag{3.25}$$

于是求得了 $\boldsymbol{L}$ 的第 k 列元素．综合式(3.22) ～ 式(3.25)，得计算 $\boldsymbol{L}$ 元素的公式如下：

$$\left.\begin{aligned} & l_{11} = \sqrt{a_{11}} \\ & l_{j1} = a_{1j} / l_{11} \quad (j = 2, 3, \cdots, n) \\ & l_{kk} = \sqrt{a_{kk} - \sum_{m=1}^{k-1} l_{km}^2} \\ & l_{jk} = \frac{1}{l_{kk}} \left(a_{kj} - \sum_{m=1}^{k-1} l_{km} l_{jm}\right) \quad (j = k+1, k+2, \cdots, n) \\ & \qquad\qquad (k = 2, 3, \cdots, n) \end{aligned}\right\} \tag{3.26}$$

$\boldsymbol{L}$ 的元素求出后，$\boldsymbol{L}^{\mathrm{T}}$ 的元素也就求出了，因此二次方根法比一般

LU 分解的乘除运算量小得多．另外，由式(3.26)有

$$a_{kk}=\sum_{m=1}^{k}l_{km}^{2}$$

所以

$$l_{km}^{2}\leqslant a_{kk}\leqslant \max_{1\leqslant k\leqslant n}a_{kk}$$

$$|l_{km}|\leqslant \max_{1\leqslant k\leqslant n}\sqrt{a_{kk}}$$

这说明在分解过程中 $|l_{km}|$ 的二次方不会超过 **A** 的最大对角元，舍入误差的放大受到了控制，从而不选主元的二次方根法是数值稳定的，这是二次方根法的又一突出优点．不过二次方根法有一个缺点是它有 n 个开方运算，为了避免这一点，在更多情况下是将 **A** 作 $\boldsymbol{A}=\boldsymbol{LDL}^{\mathrm{T}}$ 分解，并对 $\boldsymbol{LDL}^{\mathrm{T}}$ 分解作改进，这里 **L** 为单位下三角阵，**D** 为对角阵，读者可参阅有关文献[6].

六、解三对角方程组的追赶法

在二阶常微分方程边值问题、热传导问题以及三次样条插值等问题的求解时，经常遇到一种特殊的线性方程组

$$\begin{pmatrix} b_1 & c_1 & & & \\ a_2 & b_2 & c_2 & & \\ & \ddots & \ddots & \ddots & \\ & & a_{n-1} & b_{n-1} & c_{n-1} \\ & & & a_n & b_n \end{pmatrix}\begin{pmatrix} x_1 \\ x_2 \\ \vdots \\ x_{n-1} \\ x_n \end{pmatrix}=\begin{pmatrix} f_1 \\ f_2 \\ \vdots \\ f_{n-1} \\ f_n \end{pmatrix} \tag{3.27}$$

称式(3.27)为三对角方程组，这种方程组常常是按行严格对角占优的，即

$$\left.\begin{aligned} &|b_1|>|c_1| \\ &|b_i|>|a_i|+|c_i| \quad (i=2,3,\cdots,n-1) \\ &|b_n|>|a_n| \end{aligned}\right\} \tag{3.28}$$

这个问题是适合于用 **LU** 分解法求解的典型问题之一．由于三对角方程组的特殊性，这里并不用现成的 **LU** 分解公式，而是推导出一套递推关系，既节省存储单元，又减小计算量．

由前述 **LU** 分解公式(3.21) 可以判断，这里的三角分解 $\boldsymbol{A}=\boldsymbol{LU}$ 一定是如下形式：

$$\begin{pmatrix} b_1 & c_1 & & & \\ a_2 & b_2 & c_2 & & \\ & \ddots & \ddots & \ddots & \\ & & a_{n-1} & b_{n-1} & c_{n-1} \\ & & & a_n & b_n \end{pmatrix} =$$

$$\begin{pmatrix} \gamma_1 & & & & \\ \beta_2 & \gamma_2 & & & \\ & \ddots & \ddots & & \\ & & \beta_{n-1} & \gamma_{n-1} & \\ & & & \beta_n & \gamma_n \end{pmatrix} \begin{pmatrix} 1 & \delta_1 & & & \\ & 1 & \delta_2 & & \\ & & \ddots & \ddots & \\ & & & 1 & \delta_{n-1} \\ & & & & 1 \end{pmatrix}$$

由矩阵乘法可得

$$b_1=\gamma_1\times 1,\quad c_1=\gamma_1\delta_1$$

则

$$\gamma_1=b_1,\quad \delta_1=\frac{c_1}{\gamma_1} \tag{3.29}$$

一般地，假设 $\beta_{i-1},\gamma_{i-1},\delta_{i-1}$ 已求出，现求 $\beta_i,\gamma_i,\delta_i$. 由 $\boldsymbol{L}$ 的第 i 行分别乘 $\boldsymbol{U}$ 的第 $i-1$ 列，第 i 列，第 $i+1$ 列，得

$$a_i=\beta_i\times 1,\quad b_i=\beta_i\delta_{i-1}+\gamma_i\times 1,\quad c_i=\gamma_i\delta_i$$

于是

$$\beta_i = a_i, \quad \gamma_i = b_i - \beta_i \delta_{i-1}, \quad \delta_i = \frac{c_i}{\gamma_i} \tag{3.30}$$

由式(3.29)和式(3.30)得三对角矩阵的分解公式

$$\left.\begin{aligned} & \gamma_1 = b_1,\ \delta_1 = \frac{c_1}{\gamma_1} \\ & \beta_i = a_i,\ \gamma_i = b_i - \beta_i \delta_{i-1} \quad (i = 2, 3, \cdots, n) \\ & \delta_i = \frac{c_i}{\gamma_i} \quad (i = 2, 3, \cdots, n-1) \end{aligned}\right\} \tag{3.31}$$

将方程组 $\boldsymbol{Ax} = \boldsymbol{f}$ 即 $(\boldsymbol{LU})\boldsymbol{x} = \boldsymbol{f}$ 化为

$$\begin{cases} \boldsymbol{Ly} = \boldsymbol{f} \\ \boldsymbol{Ux} = \boldsymbol{y} \end{cases}$$

解 $\boldsymbol{Ly} = \boldsymbol{f}$ 得

$$y_1 = \frac{f_1}{\gamma_1}, \quad y_i = (f_i - \beta_i y_{i-1})/\gamma_i \quad (i = 2, 3, \cdots, n) \tag{3.32}$$

解 $\boldsymbol{Ux} = \boldsymbol{y}$ 得

$$\left.\begin{aligned} & x_n = y_n \\ & x_i = y_i - \delta_i x_{i+1} \quad (i = n-1, n-2, \cdots, 1) \end{aligned}\right\} \tag{3.33}$$

求解三对角方程组的式(3.31),式(3.32)和式(3.33)通常称为追赶法,是实际计算中的有效方法.

3.2 解线性方程组的迭代法

本节讨论用迭代法求解 n 阶非齐次线性方程组(3.3).

设方程组(3.3)的矩阵形式为

$$\boldsymbol{Ax} = \boldsymbol{b}$$

其中 $\boldsymbol{A} = (a_{ij})_{n\times n}, \boldsymbol{x} = (x_1, x_2, \cdots, x_n)^{\mathrm{T}}, \boldsymbol{b} = (b_1, b_2, \cdots, b_n)^{\mathrm{T}}$.

一、简单迭代法

先举例说明简单迭代法的基本思想,然后再作一般性讨论.

例 3.5 解方程组

$$\left.\begin{aligned} 10x_1 - 2x_2 - x_3 &= 3 \\ -2x_1 + 10x_2 - x_3 &= 1.5 \\ -x_1 - 2x_2 + 5x_3 &= 10 \end{aligned}\right\} \tag{3.34}$$

解 依次从三个方程中分别分离出 x_1，x_2 和 x_3，把方程组等价变形为

$$\begin{cases} x_1 = & 0.2x_2 + 0.1x_3 + 0.3 \\ x_2 = 0.2x_1 & + 0.1x_3 + 1.5 \\ x_3 = 0.2x_1 + 0.4x_2 & + 2 \end{cases}$$

由此建立迭代公式

$$\left.\begin{aligned} x_1^{(k+1)} &= 0.2x_2^{(k)} + 0.1x_3^{(k)} + 0.3 \\ x_2^{(k+1)} &= 0.2x_1^{(k)} + 0.1x_3^{(k)} + 1.5 \\ x_3^{(k+1)} &= 0.2x_1^{(k)} + 0.4x_2^{(k)} + 2 \end{aligned}\right\} \tag{3.35}$$

取初始向量 $\boldsymbol{x}^{(0)} = (0,0,0)^{\mathrm{T}}$，用迭代公式(3.35) 反复迭代得向量序列 $\{\boldsymbol{x}^{(k)}\}$，其中

$$\boldsymbol{x}^{(k)} = (x_1^{(k)}, x_2^{(k)}, x_3^{(k)})^{\mathrm{T}}$$

计算结果见表 3.1.

表 3.1

k	$x_1^{(k)}$	$x_2^{(k)}$	$x_3^{(k)}$
0	0	0	0
1	0.300 0	1.500 0	2.000 0
2	0.800 0	1.760 0	2.660 0
3	0.918 0	1.926 0	2.864 0
4	0.971 6	1.970 0	2.954 0

续　表

k	$x_1^{(k)}$	$x_2^{(k)}$	$x_3^{(k)}$
5	0.989 4	1.989 7	2.982 3
6	0.996 3	1.996 1	2.993 8
7	0.998 6	1.998 6	2.997 7
8	0.999 5	1.999 5	2.999 2
9	0.999 8	1.999 8	2.999 8

方程组的精确解是 $x_1=1,x_2=2,x_3=3$. 从表 3.1 可看出，当迭代次数增加时，向量序列 $\{\boldsymbol{x}^{(k)}\}$ 逼近解向量 $\boldsymbol{x}=(1,2,3)^{\mathrm{T}}$. 在条件 $\max\limits_{1\leqslant i\leqslant 3}|x_i^{(k+1)}-x_i^{(k)}|\leqslant 10^{-3}$ 下，可把 $\boldsymbol{x}^{(9)}$ 作为方程组的近似解向量.

一般地，对于方程组(3.3)，将其等价变形为

$$\left.\begin{aligned} x_1&=b_{11}x_1+b_{12}x_2+\cdots+b_{1n}x_n+g_1\\ x_2&=b_{21}x_1+b_{22}x_2+\cdots+b_{2n}x_n+g_2\\ &\vdots\\ x_n&=b_{n1}x_1+b_{n2}x_2+\cdots+b_{nn}x_n+g_n \end{aligned}\right\} \tag{3.36}$$

记 $\boldsymbol{x}=(x_1,x_2,\cdots,x_n)^{\mathrm{T}},\boldsymbol{g}=(g_1,g_2,\cdots,g_n)^{\mathrm{T}},\boldsymbol{B}=(b_{ij})_{n\times n}$，其矩阵形式为

$$\boldsymbol{x}=\boldsymbol{B}\boldsymbol{x}+\boldsymbol{g}$$

建立迭代公式

$$\left.\begin{aligned} x_1^{(k+1)}&=b_{11}x_1^{(k)}+b_{12}x_2^{(k)}+\cdots+b_{1n}x_n^{(k)}+g_1\\ x_2^{(k+1)}&=b_{21}x_1^{(k)}+b_{22}x_2^{(k)}+\cdots+b_{2n}x_n^{(k)}+g_2\\ &\vdots\\ x_n^{(k+1)}&=b_{n1}x_1^{(k)}+b_{n2}x_2^{(k)}+\cdots+b_{nn}x_n^{(k)}+g_n \end{aligned}\right\} \tag{3.37}$$

记 $\boldsymbol{x}^{(k)}=(x_1^{(k)},x_2^{(k)},\cdots,x_n^{(k)})^{\mathrm{T}}$，其矩阵形式为

$$x^{(k+1)}=Bx^{(k)}+g \quad (k=0,1,2,\cdots)$$

取定初始向量 $x^{(0)}$，则由式(3.37) 便产生向量序列$\{x^{(k)}\}$. 按式(3.37) 进行迭代以求方程组(3.3) 的近似解的方法称为简单迭代法，式(3.37) 为简单迭代公式．如果由简单迭代公式(3.37) 产生的向量序列$\{x^{(k)}\}$ 收敛，则称该简单迭代法或简单迭代公式关于初始向量 $x^{(0)}$ 收敛．易证，收敛的向量序列一定收敛于方程组的解向量．对于收敛的向量序列$\{x^{(k)}\}$，当 k 充分大时，可取 $x^{(k)}$ 为近似解向量．式(3.37) 中的矩阵 B 称为迭代矩阵．

一个线性方程组可以写出多种不同的等价形式，从而可建立不同的简单迭代公式．我们可将方程组(3.34) 的次序调换为

$$\begin{cases}-2x_1+10x_2-\ x_3=15\\-\ x_1-2x_2+5x_3=10\\\ \ 10x_1-2x_2-\ x_3=3\end{cases}$$

依次分离出 x_1,x_2 和 x_3，有等价形式

$$\begin{cases}x_1= & 5x_2-0.5x_3-7.5\\x_2=-0.5x_1 & +2.5x_3-5\\x_3=\ \ 10x_1-2x_2 & -3\end{cases}$$

简单迭代公式为

$$\left.\begin{aligned}x_1^{(k+1)}&= 5x_2^{(k)}-0.5x_3^{(k)}-7.5\\x_2^{(k+1)}&=-0.5x_1^{(k)}+2.5x_3^{(k)}-5\\x_3^{(k+1)}&=10x_1^{(k)}-2x_2^{(k)}-3\end{aligned}\right\}\tag{3.38}$$

取初始向量 $x^{(0)}=(0,0,0)^{\mathrm{T}}$，用迭代公式(3.38) 迭代计算得

$$x^{(1)}=\begin{bmatrix}-7.5\\-5\\-3\end{bmatrix},\quad x^{(2)}=\begin{bmatrix}-31\\-8.75\\-68\end{bmatrix},\quad x^{(3)}=\begin{bmatrix}-17.25\\-159.5\\-295.5\end{bmatrix},\cdots$$

由此看来向量序列$\{x^{(k)}\}$ 不收敛，因此，必须讨论简单迭代法收敛的条件．

定义 3.3 设迭代矩阵 B 为 n 阶矩阵，$\lambda_i(B)$ 为矩阵 B 的特征

值，称 $\rho(\boldsymbol{B})=\max\limits_{1\leqslant i\leqslant n}|\lambda_i(\boldsymbol{B})|$ 为矩阵 $\boldsymbol{B}$ 的谱半径．

定理 3.3 设简单迭公式为

$$\boldsymbol{x}^{(k+1)}=\boldsymbol{B}\boldsymbol{x}^{(k)}+\boldsymbol{g}\quad(k=0,1,2,\cdots)$$

对于任意的初始向量 $\boldsymbol{x}^{(0)}$ 和 $\boldsymbol{g}$，该简单迭代法都收敛的充要条件是

$$\rho(\boldsymbol{B})<1$$

证明略．

请看例 3.6.

用定理 3.3 时要计算出迭代矩阵 $\boldsymbol{B}$ 的特征值，较为麻烦，下面介绍容易判定的几个充分条件．

定理 3.4 设简单迭代公式为

$$\boldsymbol{x}^{(k+1)}=\boldsymbol{B}\boldsymbol{x}^{(k)}+\boldsymbol{g}\quad(k=0,1,2,\cdots)$$

如果 $\|\boldsymbol{B}\|_1=\max\limits_{1\leqslant j\leqslant n}\sum\limits_{i=1}^{n}|b_{ij}|<1$ 或 $\|\boldsymbol{B}\|_\infty=\max\limits_{1\leqslant i\leqslant n}\sum\limits_{j=1}^{n}|b_{ij}|<1$，则简单迭代法对任意初始向量 $\boldsymbol{x}^{(0)}$ 和 $\boldsymbol{g}$ 都收敛．

证明 设 $\boldsymbol{x}$ 是 n 阶非齐次线性方程组 $\boldsymbol{A}\boldsymbol{x}=\boldsymbol{b}$ 的解向量，$\boldsymbol{x}=\boldsymbol{B}\boldsymbol{x}+\boldsymbol{g}$ 是其等价形式，记 $\delta_k=\max\limits_{1\leqslant i\leqslant n}|x_i^{(k)}-x_i|\ (k=0,1,2,\cdots)$，$\boldsymbol{x}=\boldsymbol{B}\boldsymbol{x}+\boldsymbol{g}$ 与 $\boldsymbol{x}^{(k+1)}=\boldsymbol{B}\boldsymbol{x}^{(k)}+\boldsymbol{g}$ 的第 i 个式子相减得

$$x_i^{(k+1)}-x_i=\sum_{j=1}^{n}b_{ij}(x_j^{(k)}-x_j)$$

于是有

$$|x_i^{(k+1)}-x_i|\leqslant\sum_{j=1}^{n}|b_{ij}|\cdot|x_j^{(k)}-x_j|\leqslant \delta_k\sum_{j=1}^{n}|b_{ij}|\leqslant\delta_k\|\boldsymbol{B}\|_\infty$$

由于上式对于 $i=1,2,\cdots,n$ 都成立，故有

$$\delta_{k+1}\leqslant\|\boldsymbol{B}\|_\infty\delta_k$$

由此递推可得

$$\delta_{k+1}=\|\boldsymbol{B}\|_\infty\delta_k\leqslant\|\boldsymbol{B}\|_\infty^2\delta_{k-1}\leqslant\cdots\leqslant\|\boldsymbol{B}\|_\infty^{k+1}\delta_0$$

因为 $0 \leqslant \|\boldsymbol{B}\|_\infty < 1$，所以

$$\lim_{k\to\infty}\delta_{k+1}=0$$

即

$$\lim_{k\to\infty}(x_i^{(k+1)}-x_i)=0 \quad (i=1,2,\cdots,n)$$

证毕

由定理 3.4 知，在将方程组作等价变形时，若使矩阵 $\boldsymbol{B}$ 的元素 b_{ij} 的绝对值尽可能的小，就有可能使简单迭代法收敛．

例 3.5 的简单迭代公式(3.35)，由于 $\|\boldsymbol{B}\|_\infty < 1$，所以收敛．例 3.5 的另一简单迭代公式(3.38)，由于 $\|\boldsymbol{B}\|_1 > 1$，$\|\boldsymbol{B}\|_\infty > 1$，所以不能判定，这时只能用定理 3.3 判定．由于迭代矩阵 $\boldsymbol{B}$ 的 3 个特征值的模都大于 1，故简单迭代法发散．

设方程组(3.3) 的系数矩阵 $\boldsymbol{A}$ 的主对角线上的元素 $a_{ii} \neq 0$ $(i=1,2,\cdots,n)$，则可将式(3.3) 等价变形为

$$\left.\begin{aligned} x_1 &= 0x_1-\frac{a_{12}}{a_{11}}-\cdots-\frac{a_{1n}}{a_{11}}x_n+\frac{b_1}{a_{11}} \\ x_2 &= -\frac{a_{21}}{a_{22}}x_1-0x_2-\cdots-\frac{a_{2n}}{a_{22}}x_n+\frac{b_2}{a_{22}} \\ &\vdots \\ x_n &= -\frac{a_{n1}}{a_{nn}}x_1-\frac{a_{n2}}{a_{nn}}x_n-\cdots-\cdots+\frac{b_n}{a_{nn}} \end{aligned}\right\} \tag{3.39}$$

其迭代公式为

$$\left.\begin{aligned} x_1^{(k+1)} &= \quad 0x_1^{(k)}-\frac{a_{12}}{a_{11}}x_2^{(k)}-\cdots-\frac{a_{1n}}{a_{11}}x_n^{(k)}+\frac{b_1}{a_{11}} \\ x_2^{(k+1)} &= -\frac{a_{21}}{a_{22}}x_1^{(k)}-0x_2^{(k)}-\cdots-\frac{a_{2n}}{a_{22}}x_n^{(k)}+\frac{b_2}{a_{22}} \\ &\vdots \\ x_n^{(k+1)} &= -\frac{a_{n1}}{a_{nn}}x_1^{(k)}-\frac{a_{n2}}{a_{nn}}x_2^{(k)}-\cdots-0x_n^{(k)}+\frac{b_n}{a_{nn}} \end{aligned}\right\} \tag{3.40}$$

其矩阵形式为

$$\boldsymbol{x}^{(k+1)}=(\boldsymbol{E}-\boldsymbol{D}^{-1}\mathbf{A})\boldsymbol{x}^{(k)}+\boldsymbol{D}^{-1}\boldsymbol{b}$$

记矩阵 $\boldsymbol{D}=\mathrm{diag}(a_{11},a_{22},\cdots,a_{nn})$，则矩阵

$$B = E - D^{-1}A = \begin{pmatrix} 0 & -\frac{a_{12}}{a_{11}} & -\frac{a_{13}}{a_{11}} & \cdots & -\frac{a_{1n}}{a_{11}} \\ -\frac{a_{21}}{a_{22}} & 0 & -\frac{a_{23}}{a_{22}} & \cdots & -\frac{a_{2n}}{a_{22}} \\ \vdots & \vdots & \vdots & & \vdots \\ -\frac{a_{n1}}{a_{nn}} & -\frac{a_{n2}}{a_{nn}} & -\frac{a_{n3}}{a_{nn}} & \cdots & 0 \end{pmatrix}$$

$$g = D^{-1}b = \left(\frac{b_1}{a_{11}} \quad \frac{b_2}{a_{22}} \quad \cdots \quad \frac{b_n}{a_{nn}}\right)^{\mathrm{T}}$$

上式可写为

$$x^{(k+1)} = Bx^{(k)} + g \tag{3.41}$$

式(3.41)也可按线性方程组(3.3)的矩阵形式 $Ax = b$ 推导，方程组的系数矩阵 $A = D + A - D$，方程组(3.3)为

$$(D + A - D)x = b$$

$$Dx = (D - A)x + b$$

$$x = (E - D^{-1}A)x + D^{-1}b$$

记 $B = (E - D^{-1}A)$，$g = D^{-1}b$，有

$$x = Bx + g$$

$$x^{(k+1)} = Bx^{(k)} + g$$

简单迭代公式(3.40)称为雅可比(Jacobi)迭代公式，按公式(3.40)进行迭代以求得方程组(3.3)的解的方法称为雅可比迭代法．雅可比迭代法的迭代矩阵为

$$B = E - D^{-1}A = \begin{pmatrix} 0 & -\frac{a_{12}}{a_{11}} & \cdots & -\frac{a_{1n}}{a_{11}} \\ -\frac{a_{21}}{a_{22}} & 0 & \cdots & -\frac{a_{2n}}{a_{22}} \\ \vdots & \vdots & & \vdots \\ -\frac{a_{n1}}{a_{nn}} & -\frac{a_{n2}}{a_{nn}} & \cdots & 0 \end{pmatrix}$$

定义 3.4 设 $\boldsymbol{A}=(a_{ij})_{n\times n}$，如果矩阵 $\boldsymbol{A}$ 满足条件

$$|a_{ii}|>\sum_{\substack{j=1\\j\neq i}}^{n}|a_{ij}| \quad (i=1,2,\cdots,n)$$

或者

$$|a_{jj}|>\sum_{\substack{i=1\\i\neq j}}^{n}|a_{ij}| \quad (j=1,2,\cdots,n)$$

即 $\boldsymbol{A}$ 的每一行（列）对角线上的元素的绝对值都严格大于同行（列）其他元素绝对值之和，则称 $\boldsymbol{A}$ 为严格对角占优矩阵.

例 3.5 的方程组的系数矩阵

$$\boldsymbol{A}=\begin{pmatrix}10 & -2 & -1\\ -2 & 10 & -1\\ -1 & -2 & 5\end{pmatrix}$$

就是严格对角占优矩阵.

定理 3.5 如果线性方程组(3.3)的系数矩阵 $\boldsymbol{A}$ 是严格对角占优矩阵，则雅可比迭代法对任意的初始向量 $\boldsymbol{x}^{(0)}$ 和 $\boldsymbol{g}$ 都收敛.

证明 由严格对角占优矩阵的定义有

$$\sum_{j=1}^{n}|b_{ij}|=\sum_{\substack{j=1\\j\neq i}}^{n}\left|\frac{a_{ij}}{a_{ii}}\right|<1 \quad (i=1,2,\cdots,n)$$

或者

$$\sum_{i=1}^{n}|b_{ij}|=\sum_{\substack{i=1\\i\neq j}}^{n}\left|\frac{a_{ij}}{a_{jj}}\right|<1 \quad (j=1,2,\cdots,n)$$

满足定理 3.4 的条件，因此雅可比迭代法对任意的初始向量 $\boldsymbol{x}^{(0)}$ 和 $\boldsymbol{g}$ 都收敛.

证毕

迭代公式(3.35)就是雅可比迭代公式. 因例 3.5 的线性方程组的系数矩阵 $\boldsymbol{A}$ 是严格对角占优矩阵，所以雅可比迭代法收敛.

二、赛德尔 (Seidel) 迭代法

在简单迭代公式(3.37)的基础上可提出如下迭代公式

$$\left.\begin{array}{l}x_1^{(k+1)}=b_{11}x_1^{(k)}+b_{12}x_2^{(k)}+\cdots+b_{1n}x_n^{(k)}+g_1\\x_2^{(k+1)}=b_{21}x_1^{(k+1)}+b_{22}x_2^{(k)}+\cdots+b_{2n}x_n^{(k)}+g_2\\x_3^{(k+1)}=b_{31}x_1^{(k+1)}+b_{32}x_2^{(k+1)}+\cdots+b_{3n}x_n^{(k)}+g_3\\\qquad\vdots\\x_n^{(k+1)}=b_{n1}x_1^{(k+1)}+b_{n2}x_2^{(k+1)}+\cdots+b_{nn}x_n^{(k)}+g_n\end{array}\right\}\quad(3.42)$$

该公式称为赛德尔迭代公式.

令

$$\boldsymbol{B}_1=\begin{pmatrix}0&0&\cdots&0\\b_{21}&0&\cdots&0\\\vdots&\vdots&&\vdots\\b_{n1}&b_{n2}&\cdots&0\end{pmatrix},\quad \boldsymbol{B}_2=\begin{pmatrix}b_{11}&b_{12}&\cdots&b_{1n}\\0&b_{22}&\cdots&b_{2n}\\\vdots&\vdots&&\vdots\\0&0&\cdots&b_{nn}\end{pmatrix}$$

式(3.42)的矩阵形式为

$$\boldsymbol{x}^{(k+1)}=\boldsymbol{B}_1\boldsymbol{x}^{(k+1)}+\boldsymbol{B}_2\boldsymbol{x}^{(k)}+\boldsymbol{g}\qquad(3.43)$$

因为赛德尔迭代公式等同于简单迭代公式

$$\boldsymbol{x}^{(k+1)}=(\boldsymbol{E}-\boldsymbol{B}_1)^{-1}\boldsymbol{B}_2\boldsymbol{x}^{(k)}+(\boldsymbol{E}-\boldsymbol{B}_1)^{-1}\boldsymbol{g}$$

矩阵$\boldsymbol{C}=(\boldsymbol{E}-\boldsymbol{B}_1)^{-1}\boldsymbol{B}_2$是迭代矩阵,所以,可用定理3.3和定理3.4关于迭代矩阵$\boldsymbol{C}$判断赛德尔迭代法的收敛性,即赛德尔迭代公式(3.42)收敛的充要条件是$\rho(\boldsymbol{C})<1$;而公式(3.42)收敛的充分条件是$\|\boldsymbol{C}\|_1<1$或者$\|\boldsymbol{C}\|_\infty<1$,且与$\boldsymbol{x}^{(0)}$和$\boldsymbol{g}$无关. 这里矩阵$\boldsymbol{C}$的计算较为麻烦. 下面介绍使用较为方便的判定定理3.6.

例3.6 设线性方程组

$$\begin{cases}x_1+\frac{1}{2}x_2+\frac{1}{2}x_3=b_1\\\frac{1}{2}x_1+x_2+\frac{1}{2}x_3=b_2\quad 其\ b_1b_2b_3\neq 0\\\frac{1}{2}x_1+\frac{1}{2}x_2+x_3=b_3\end{cases}$$

试证明解方程组的雅可比迭代公式发散而赛德尔迭代公式收敛.

证明 解方程组的雅可比迭代公式为

$$\begin{cases} x_1^{(k+1)} = \qquad\qquad -\dfrac{1}{2}x_2^{(k)} - \dfrac{1}{2}x_3^{(k)} + \dfrac{b_1}{2} \\ x_2^{(k+1)} = -\dfrac{1}{2}x_1^{(k)} \qquad\qquad - \dfrac{1}{2}x_3^{(k)} + \dfrac{b_2}{2} \\ x_3^{(k+1)} = -\dfrac{1}{2}x_1^{(k)} - \dfrac{1}{2}x_2^{(k)} \qquad\qquad + \dfrac{b_3}{2} \end{cases}$$

迭代矩阵 $$\boldsymbol{B} = \begin{bmatrix} 0 & -\dfrac{1}{2} & -\dfrac{1}{2} \\ -\dfrac{1}{2} & 0 & -\dfrac{1}{2} \\ -\dfrac{1}{2} & -\dfrac{1}{2} & 0 \end{bmatrix}$$

赛德尔迭代公式为

$$\begin{cases} x_1^{(k+1)} = \qquad\qquad -\dfrac{1}{2}x_2^{(k)} - \dfrac{1}{2}x_3^{(k)} + \dfrac{b_1}{2} \\ x_1^{(k+1)} = -\dfrac{1}{2}x_1^{(k+1)} \qquad\qquad - \dfrac{1}{2}x_3^{(k)} + \dfrac{b_2}{2} \\ x_3^{(k+1)} = -\dfrac{1}{2}x_1^{(k+1)} - \dfrac{1}{2}x_2^{(k+1)} \qquad\qquad + \dfrac{b_3}{2} \end{cases}$$

用定理 3.4 和定理 3.6 判定收敛性．

因为 $\|\boldsymbol{B}\|_1=1$，$\|\boldsymbol{B}\|_\infty=1$，所以，用定理 3.4 和定理 3.6 不能判定两个迭代公式的收敛性．可用充要性定理，或者先迭代计算得 3 个数列，再判定 3 个数列的收敛性．

用充要性定理判定．

求 $\boldsymbol{B}$ 的特征值．$|\lambda\boldsymbol{E}-\boldsymbol{B}|=\lambda^3-\dfrac{3}{4}\lambda+\dfrac{1}{4}=(\lambda+1)\left(\lambda-\dfrac{1}{2}\right)^2$，

所以，$\boldsymbol{B}$ 的特征值为 $1,\dfrac{1}{2},\dfrac{1}{2}$，得 $\rho(\boldsymbol{B})=1$，故雅可比迭代公式发散．

求 $\boldsymbol{C}$ 的特征值,其中

$$\boldsymbol{C}=(\boldsymbol{E}-\boldsymbol{B}_1)^{-1}\boldsymbol{B}_2$$

$$\boldsymbol{B}_1=\begin{bmatrix}0&0&0\\-\frac{1}{2}&0&0\\-\frac{1}{2}&-\frac{1}{2}&0\end{bmatrix},\quad \boldsymbol{B}_2=\begin{bmatrix}0&-\frac{1}{2}&-\frac{1}{2}\\0&0&-\frac{1}{2}\\0&0&0\end{bmatrix}$$

得
$$\boldsymbol{C}=\begin{bmatrix}0&-\frac{1}{2}&-\frac{1}{2}\\0&\frac{1}{4}&-\frac{1}{4}\\0&0&\frac{1}{4}\end{bmatrix}$$

$\boldsymbol{C}$ 的特征值为 $0,\frac{1}{4},\frac{1}{4}$,得 $\rho(\boldsymbol{C})=\frac{1}{4}<1$,故赛德尔迭代公式收敛.

定理 3.6 设有赛德尔迭代公式

$$\boldsymbol{x}^{(k+1)}=\boldsymbol{B}_1\boldsymbol{x}^{(k+1)}+\boldsymbol{B}_2\boldsymbol{x}^{(k)}+\boldsymbol{g}$$

记矩阵 $\boldsymbol{B}=\boldsymbol{B}_1+\boldsymbol{B}_2=(b_{ij})_{n\times n}$,$\boldsymbol{B}_1,\boldsymbol{B}_2$ 是式(3.43)中的矩阵.如果 $\|\boldsymbol{B}\|_1=\max\limits_{1\leqslant j\leqslant n}\sum\limits_{i=1}^{n}|b_{ij}|<1$ 或 $\|\boldsymbol{B}\|_\infty=\max\limits_{1\leqslant i\leqslant n}\sum\limits_{j=1}^{n}|b_{ij}|<1$,则赛德尔迭代法对任意的初始向量 $\boldsymbol{x}^{(0)}$ 和 $\boldsymbol{g}$ 都收敛.

证明 以 $\|\boldsymbol{B}\|_\infty=\max\limits_{1\leqslant i\leqslant n}\sum\limits_{j=1}^{n}|b_{ij}|$ 为例进行证明.

记 $\delta_k=\max\limits_{1\leqslant i\leqslant n}|x_i^{(k)}-x_i|$,由题设 $\boldsymbol{x}=\boldsymbol{B}\boldsymbol{x}+\boldsymbol{g}$ 及式(3.43)的第 i 个式子得

$$x_i=\sum_{j=1}^{n}b_{ij}x_j+g_i$$

$$x_i^{(k+1)}=\sum_{j=1}^{i-1}b_{ij}x_j^{(k+1)}+\sum_{j=i}^{n}b_{ij}x_j^{(k)}+g_i$$

两式相减,得

$$x_i^{(k+1)} - x_i = \sum_{j=1}^{i-1} b_{ij}(x_j^{(k+1)} - x_j) + \sum_{j=i}^{n} b_{ij}(x_j^{(k)} - x_j)$$

于是有

$$|x_i^{(k+1)} - x_i| \leqslant \sum_{j=1}^{i-1} |b_{ij}| \cdot |x_j^{(k+1)} - x_j| + \sum_{j=i}^{n} |b_{ij}| \cdot |x_j^{(k)} - x_j| \leqslant$$

$$\delta_{k+1} \sum_{j=1}^{i-1} |b_{ij}| + \delta_k \sum_{j=i}^{n} |b_{ij}|$$

令

$$\sum_{j=1}^{i-1} |b_{ij}| = \beta_i, \quad \sum_{j=i}^{n} |b_{ij}| = \gamma_i$$

则由上式得

$$|x_i^{(k+1)} - x_i| \leqslant \delta_{k+1}\beta_i + \delta_k\gamma_i \quad (i=1,2,\cdots,n)$$

取 $i=i_0$,使得 $|x_i^{(k+1)} - x_i|$ 达到最大值,则

$$\delta_{k+1} \leqslant \delta_{k+1}\beta_{i_0} + \delta_k\gamma_{i_0}$$

$$\delta_{k+1} \leqslant \frac{\gamma_{i_0}}{1-\beta_{i_0}}\delta_k$$

递推得

$$\delta_{k+1} \leqslant \left(\frac{\gamma_{i_0}}{1-\beta_{i_0}}\right)^{k+1} \delta_0$$

即有

$$\delta_k \leqslant \left(\frac{\gamma_{i_0}}{1-\beta_{i_0}}\right)^{k} \delta_0$$

因为 $\|\boldsymbol{B}\|_\infty = \max\limits_{1\leqslant i\leqslant n} \sum_{i=1}^{n} |b_{ij}| < 1$,所以

$$\beta_{i_0} + \gamma_{i_0} = \sum_{j=1}^{n} |b_{i_0 j}| < 1$$

故有

$$0 < \frac{\gamma_{i_0}}{1-\beta_{i_0}} < 1$$

因而

$$\lim_{k\to\infty} \delta_k = 0$$

即

$$\lim_{k\to\infty}(x_i^{(k)}-x_i)=0 \quad (i=1,2,\cdots,n)$$

证毕

设线性方程组(3.3)的等价形式为

$$\boldsymbol{x}=\boldsymbol{B}\boldsymbol{x}+\boldsymbol{g}$$

由此可写出简单迭代公式和赛德尔迭代公式

$$\boldsymbol{x}^{(k+1)}=\boldsymbol{B}\boldsymbol{x}^{(k)}+\boldsymbol{g}$$

$$\boldsymbol{x}^{(k+1)}=\boldsymbol{B}_1\boldsymbol{x}^{(k+1)}+\boldsymbol{B}_2\boldsymbol{x}^{(k)}+\boldsymbol{g}$$

由定理 3.4 和定理 3.6 知,只要 $\|\boldsymbol{B}\|_1<1$ 或 $\|\boldsymbol{B}\|_\infty<1$,则简单迭代法和赛德尔迭代法都收敛.

如果方程组(3.3)的系数矩阵 $\boldsymbol{A}$ 是严格对角占优矩阵,由定理 3.5 和定理 3.6 知,雅可比迭代法与相应的赛德尔迭代法都收敛.而与雅可比迭代公式(3.40)相应的赛德尔迭代公式为

$$\left.\begin{aligned}
x_1^{(k+1)} &= \qquad\qquad -\frac{a_{12}}{a_{11}}x_2^{(k)} - \cdots - \frac{a_{1n}}{a_{11}}x_n^{(k)} + \frac{b_1}{a_{11}} \\
x_2^{(k+1)} &= -\frac{a_{21}}{a_{22}}x_1^{(k+1)} \qquad\qquad - \cdots - \frac{a_{2n}}{a_{22}}x_n^{(k)} + \frac{b_2}{a_{22}} \\
&\qquad\vdots \\
x_n^{(k+1)} &= -\frac{a_{n1}}{a_{nn}}x_1^{(k+1)} - \frac{a_{n2}}{a_{nn}}x_2^{(k+1)} - \cdots \qquad\qquad \frac{b_n}{a_{nn}}
\end{aligned}\right\} \tag{3.44}$$

例 3.7 用赛德尔迭代法解例 3.5 的方程组.取初始向量 $\boldsymbol{x}^{(0)}=(0,0,0)^{\mathrm{T}}$,要求 $\max\limits_{1\leqslant i\leqslant 3}|x_i^{(k+1)}-x_i^{(k)}|\leqslant 10^{-3}$ 时迭代终止.

解 因为方程组的系数矩阵 $\boldsymbol{A}$ 是严格对角占优矩阵,所以,与雅可比迭代法对应的赛德尔迭代法收敛.赛德尔迭代公式为

$$\begin{cases}
x_1^{(k+1)} = \qquad\qquad 0.2x_2^{(k)} + 0.1x_3^{(k)} + 0.3 \\
x_1^{(k+1)} = 0.2x_1^{(k+1)} \qquad\qquad + 0.1x_3^{(k)} + 1.5 \\
x_3^{(k+1)} = 0.2x_1^{(k+1)} + 0.4x_2^{(k+1)} \qquad\qquad + 2
\end{cases}$$

计算结果见表 3.2.

表 3.2

k	$x_1^{(k)}$	$x_2^{(k)}$	$x_3^{(k)}$
0	0	0	0
1	0.300 00	1.560 00	2.684 00
2	0.880 40	1.944 48	2.953 87
3	0.984 28	1.992 24	2.993 75
4	0.997 82	1.998 94	2.999 14
5	0.999 70	1.999 85	2.999 88
6	0.999 96	1.999 98	2.999 98

因为 $|x_i^{(6)}-x_i^{(5)}|\leqslant 10^{-3}(i=1,2,3)$，所以 $\boldsymbol{x}^{(6)}$ 可作为方程组的近似解向量．

由例 3.5 和例 3.7 可以看出，赛德尔迭代法比雅可比迭代法收敛得快，但这个结论不是在任何情况下都是对的，甚至有这样的方程组，用雅可比迭代法收敛，而用相应的赛德尔迭代法却是发散的，如习题三中第 10 题．

判定定理小结：

(1) 简单迭代公式(3.37) 收敛的充要条件是 $\rho(\boldsymbol{B})<1$，其中矩阵 $\boldsymbol{B}$ 是式(3.37) 的迭代矩阵.

(2) 赛德尔迭代公式(3.42) 收敛的充要条件是 $\rho(\boldsymbol{C})<1$，其中矩阵 $\boldsymbol{C}=(\boldsymbol{E}-\boldsymbol{B}_1)^{-1}\boldsymbol{B}_2$，$\boldsymbol{B}=\boldsymbol{B}_1+\boldsymbol{B}_2$.

(3) 若式(3.37) 中的矩阵 $\boldsymbol{B}$ 满足 $\|\boldsymbol{B}\|_1<1$ 或者 $\|\boldsymbol{B}\|_\infty<1$，则简单迭代公式(3.37) 和赛德尔迭代公式(3.42) 均收敛，且与初始向量 $\boldsymbol{x}^{(0)}$ 和矩阵 $\boldsymbol{g}$ 无关．

(4) 若方程组(3.3) 的系数矩阵 $\boldsymbol{A}$ 是严格对角占优矩阵，则雅可比迭代公式(3.40)和相应的赛德尔迭代公式(3.44)均收敛,且与初始向量 $\boldsymbol{x}^{(0)}$ 和矩阵 $\boldsymbol{g}$ 无关.

(5) 若式(3.40)中的迭代矩阵 $\boldsymbol{B}$ 的 $\|\boldsymbol{B}\|_1 < 1$ 或者 $\|\boldsymbol{B}\|_\infty < 1$,则雅可比迭代公式(3.40)和相应的赛德尔迭代公式(3.44)均收敛,且与初始向量 $\boldsymbol{x}^{(0)}$ 和矩阵 $\boldsymbol{g}$ 无关.

(6) 雅可比迭代公式(3.40)收敛的充要条件是 $\rho(\boldsymbol{B}) < 1$,其中矩阵 $\boldsymbol{B}$ 是式(3.40)的迭代矩阵.

与雅可比迭代公式(3.40)相应的赛德尔迭代公式(3.44)收敛的充要条件是 $\rho(\boldsymbol{C}) < 1$,其中 $\boldsymbol{C}=(\boldsymbol{E}-\boldsymbol{B}_1)^{-1}\boldsymbol{B}_2, \boldsymbol{B}_1+\boldsymbol{B}_2=\boldsymbol{B}$.

三、逐次超松弛迭代法(SOR 方法)

SOR 方法是将赛德尔迭代公式(3.44)稍加改进而得到的一种加速迭代法,是解大型稀疏矩阵方程组的有效方法之一.该方法具有计算公式简单,程序设计容易,占用计算机内存较少等优点,若能选择较好的松弛因子,其收敛速度就得到加快.

将赛德尔迭代公式(3.44)的第 i 个式子改写为

$$x_i^{(k+1)} = x_i^{(k)} + \frac{1}{a_{ii}}\left(b_i - \sum_{j=1}^{i-1} a_{ij} x_j^{(k+1)} - \sum_{j=i}^{n} a_{ij} x_j^{(k)}\right) \quad (3.45)$$

记

$$\gamma_i^{(k)} = b_i - \sum_{j=1}^{i-1} a_{ij} x_j^{(k+1)} - \sum_{j=i}^{n} a_{ij} x_j^{(k)}$$

$\gamma_i^{(k)}$ 是将 $x_1^{(k+1)}, x_2^{(k+1)}, \cdots, x_{i-1}^{(k+1)}, x_i^{(k)}, \cdots, x_n^{(k)}$ 代入方程组(3.3)的第 i 个方程后两边的差,称为余量.当迭代法收敛时,所有的余量 $\gamma_i^{(k)} \xrightarrow[(k\to\infty)]{} 0\ (i=0,1,\cdots,n)$. 式(3.45)是给 $x_i^{(k)}$ 增加一个修正量 $\frac{1}{a_{ii}}\gamma_i^{(k)}$ 作为 $x_i^{(k+1)}$ 的值,为了收敛得更快,给修正量乘以一个参数 ω,即

$$x_i^{(k+1)}=x_i^{(k)}+\frac{\omega}{a_{ii}}\Big(b_i-\sum_{j=1}^{i-1}a_{ij}x_j^{(k+1)}-\sum_{j=i}^{n}a_{ij}x_j^{(k)}\Big) \tag{3.46}$$

$$(i=1,2,\cdots,n;\ k=0,1,2,\cdots)$$

计算时为方便起见将式(3.46)写为

$$x_i^{(k+1)}=(1-\omega)x_i^{(k)}+\frac{\omega}{a_{ii}}\Big(b_i-\sum_{j=1}^{i-1}a_{ij}x_j^{(k+1)}-\sum_{j=i+1}^{n}a_{ij}x_j^{(k)}\Big)$$

$$(i=1,2,\cdots,n;\ k=0,1,2,\cdots) \tag{3.47}$$

式(3.47)是逐次超松弛迭代公式,按式(3.47)进行迭代以求方程组(3.3)的近似解的方法称为逐次超松弛迭代法;ω 称为松弛因子,适当选取 ω 的值,可以比赛德尔迭代法收敛得更快.

当 $\omega=1$ 时,式(3.47)就是赛德尔迭代公式(3.44).当 $0<\omega<1$ 时,称为低松弛方法;当 $\omega>1$ 时,称为超松弛方法.

关于 SOR 方法的收敛性有如下结论.

(1) SOR 方法收敛的必要条件是 $0<\omega<2$.

(2) 若方程组(3.3)的系数矩阵 $\boldsymbol{A}$ 是对称正定矩阵,则当 $0<\omega<2$ 时,SOR 方法收敛.

(3) 若系数矩阵 $\boldsymbol{A}$ 是严格对角占优矩阵,则当 $0<\omega\leqslant 1$ 时,SOR 方法收敛.

关于最佳松弛因子 ω 的选取,读者可参阅文献[1],实际计算中也可对不同的 ω 值进行试算,以取得较好结果.

例 3.8 取 $\omega=1.46$,用 SOR 方法解方程组

$$\begin{cases} 2x_1-x_2=1 \\ -x_1+2x_2-x_3=0 \\ -x_2+2x_3-x_4=1 \\ -x_3+2x_4=0 \end{cases}$$

要求 $\max\limits_{1\leqslant i\leqslant 4}|x_i^{(k+1)}-x_i^{(k)}|\leqslant 10^{-3}$ 时迭代终止.

解 因为系数矩阵是对称正定矩阵,所以,取 $\omega=1.46$ 时 SOR 方法收敛.

由式(3.47)写出迭代公式

$$\begin{cases} x_1^{(k+1)} = -0.46x_1^{(k)} + 0.73(1 + x_2^{(k)}) \\ x_2^{(k+1)} = -0.46x_2^{(k)} + 0.73(x_1^{(k+1)} + x_3^{(k)}) \\ x_3^{(k+1)} = -0.46x_3^{(k)} + 0.76(1 + x_2^{(k+1)} + x_4^{(k)}) \\ x_4^{(k+1)} = -0.46x_4^{(k)} + 0.76x_3^{(k+1)} \\ \qquad\qquad\qquad\qquad (k=0,1,2,\cdots) \end{cases}$$

取初始向量 $\boldsymbol{x}^{(0)}=(1,1,1,1)^{\mathrm{T}}$,迭代计算结果见表 3.3.

表 3.3

k	$x_1^{(k)}$	$x_2^{(k)}$	$x_3^{(k)}$	$x_4^{(k)}$
0	1	1	1	1
1	1	1	1.73	0.802 9
⋮	⋮	⋮	⋮	⋮
8	1.202 2	1.401 5	1.601 5	0.801 2
9	1.200 1	1.400 5	1.600 5	0.800 0
10	1.200 3	1.400 4	1.600 0	0.800 0

因为 $|x_i^{(10)}-x_i^{(9)}|\leqslant 10^{-3}(i=1,2,3,4)$,所以 $x^{(10)}$ 可作为方程组的近似解向量．而方程组的精确解是 $x_1=1.2,x_2=1.4,x_3=1.6,x_4=0.8$.

习　题　三

1. 分别用高斯顺序消去法和列主元素消去法求解下列方程组(计算取 4 位小数).

(1) $\begin{cases} 2x_1 - x_2 - x_3 = 4 \\ 3x_1 + 4x_2 - 2x_3 = 11 \\ 3x_1 - 2x_2 + 4x_3 = 11 \end{cases}$

(2) $\begin{cases} 3x_1 - x_2 + 4x_3 = 7 \\ -x_1 + 2x_2 - 2x_3 = -1 \\ 2x_1 - 3x_2 - 2x_3 = 0 \end{cases}$

(3) $\begin{cases} 1.116\,1x_1 + 0.125\,4x_2 + 0.139\,7x_3 + 0.149\,0x_4 = 1.547\,1 \\ 0.158\,2x_1 + 1.167\,5x_2 + 0.176\,8x_3 + 0.187\,1x_4 = 1.647\,1 \\ 0.196\,8x_1 + 0.207\,1x_2 + 1.216\,8x_3 + 0.227\,1x_4 = 1.747\,1 \\ 0.236\,8x_1 + 0.247\,1x_2 + 0.256\,8x_3 + 1.267\,1x_4 = 1.847\,1 \end{cases}$

2. 用高斯-约旦消去法求解下列方程组(计算取 4 位小数).

(1) $\begin{cases} x_1 - x_2 + x_3 = -4 \\ 5x_1 - 4x_2 + 3x_3 = -12 \\ 2x_1 + x_2 + x_3 = 11 \end{cases}$

(2) $\begin{cases} 2x_1 + 3x_2 + 5x_3 = 5 \\ 3x_1 + 4x_2 + 7x_3 = 6 \\ x_1 + 3x_2 + 3x_3 = 5 \end{cases}$

3. 分别用高斯-约旦消去法和列主元素消去法求下列矩阵的逆矩阵(计算取 4 位小数).

(1) $\begin{pmatrix} 1 & 1 & -1 \\ 2 & 1 & 0 \\ 1 & -1 & 0 \end{pmatrix}$ (2) $\begin{pmatrix} 2 & 2 & 3 \\ 1 & -1 & 0 \\ -1 & 2 & 1 \end{pmatrix}$

4. 用矩阵的直接三角分解法解下列方程组.

(1) $\begin{pmatrix} 1 & 2 & 3 \\ 2 & 5 & 2 \\ 3 & 1 & 5 \end{pmatrix} \begin{pmatrix} x_1 \\ x_2 \\ x_3 \end{pmatrix} = \begin{pmatrix} 14 \\ 18 \\ 20 \end{pmatrix}$

(2) $\begin{pmatrix} 2 & 2 & 3 \\ 4 & 7 & 7 \\ -2 & 4 & 5 \end{pmatrix} \begin{pmatrix} x_1 \\ x_2 \\ x_3 \end{pmatrix} = \begin{pmatrix} 3 \\ 1 \\ -7 \end{pmatrix}$

5. 用二次方根法解下列方程组.

(1) $\begin{pmatrix} 3 & 2 & 1 \\ 2 & 2 & 0 \\ 1 & 0 & 3 \end{pmatrix} \begin{pmatrix} x_1 \\ x_2 \\ x_3 \end{pmatrix} = \begin{pmatrix} 5 \\ 4 \\ 3 \end{pmatrix}$ (2) $\begin{pmatrix} 3 & 2 & 3 \\ 2 & 2 & 0 \\ 3 & 0 & 12 \end{pmatrix} \begin{pmatrix} x_1 \\ x_2 \\ x_3 \end{pmatrix} = \begin{pmatrix} 5 \\ 3 \\ 7 \end{pmatrix}$

6. 用追赶法解下列三对角方程组.

(1) $\begin{pmatrix} 5 & 1 & 0 \\ 1 & 5 & 1 \\ 0 & 1 & 5 \end{pmatrix} \begin{pmatrix} x_1 \\ x_2 \\ x_3 \end{pmatrix} = \begin{pmatrix} 17 \\ 14 \\ 7 \end{pmatrix}$

(2) $\begin{pmatrix} 4 & -1 & 0 \\ -1 & 4 & -1 \\ 0 & -1 & 4 \end{pmatrix} \begin{pmatrix} x_1 \\ x_2 \\ x_3 \end{pmatrix} = \begin{pmatrix} 2 \\ 4 \\ 10 \end{pmatrix}$

7. 证明解下列方程组的雅可比迭代法和相应的赛德尔迭代法均收敛.并写出迭代公式.

(1) $\begin{pmatrix} 7 & 1 & 2 \\ 2 & 8 & 2 \\ 2 & 2 & 9 \end{pmatrix} \begin{pmatrix} x_1 \\ x_2 \\ x_3 \end{pmatrix} = \begin{pmatrix} 10 \\ 8 \\ 6 \end{pmatrix}$

(2) $\begin{pmatrix} 5 & -2 & 1 \\ 1 & 5 & -3 \\ 2 & 1 & -5 \end{pmatrix} \begin{pmatrix} x_1 \\ x_2 \\ x_3 \end{pmatrix} = \begin{pmatrix} 4 \\ 2 \\ -11 \end{pmatrix}$

8. 设有方程组

$$\begin{cases} 1.25x_1 - 3.69x_2 - 12.37x_3 = 0.58 \\ -10.01x_1 + 9.05x_2 + 0.12x_3 = 1.43 \\ 1.22x_1 - 4.33x_2 + 2.76x_3 = 3.22 \end{cases}$$

试写出一种简单迭代公式和相应的赛德尔迭代公式,并判断收敛性.

9. 设有方程组

$$\begin{cases} 5x_1 + 2x_2 + x_3 = -12 \\ -x_1 + 4x_2 + 2x_3 = 20 \\ 2x_1 - 3x_2 + 10x_3 = 3 \end{cases}$$

(1) 证明用雅可比迭代法与赛德尔迭代法解此方程组均收敛.

(2) 取初始向量 $\boldsymbol{x}^{(0)} = (-3,1,1)^{\mathrm{T}}$,分别用雅可比迭代法与赛德尔迭代法求解,要求 $\max\limits_{1\leqslant i\leqslant 3} | x_i^{(k+1)} - x_i^{(k)} | \leqslant 10^{-3}$ 时迭代终止.

10. 设方程组

$$\begin{cases} x_1 + 2x_2 - 2x_3 = 1 \\ x_1 + x_2 + x_3 = 3 \\ 2x_1 + 2x_2 + x_3 = 5 \end{cases}$$

(1) 证明解此方程组的雅可比迭代法收敛，而相应的赛德尔迭代法发散.

(2) 取初始向量 $\boldsymbol{x}^{(0)}=(0,0,0)^{\mathrm{T}}$，用雅可比迭代法求解，要求迭代 3 次.

11. 设有方程组

$$\begin{pmatrix}2 & -1 & -1\\ -1 & 2 & 0\\ -1 & 0 & 1\end{pmatrix}\begin{pmatrix}x_1\\ x_2\\ x_3\end{pmatrix}=\begin{pmatrix}0\\ 1\\ 0\end{pmatrix}$$

其等价形式为

$$\begin{cases}x_1=-x_1+x_2+x_3\\ x_2=\quad x_1-x_2\qquad+1\\ x_3=\quad x_1\end{cases}$$

(1) 证明解等价方程组的简单迭代法发散，而赛德尔迭代法收敛.

(2) 取初始向量 $\boldsymbol{x}^{(0)}=(0,0,0)^{\mathrm{T}}$，用赛德尔迭代公式迭代 4 次.

12. 取 $\omega=0.8$，初始向量 $\boldsymbol{x}^{(0)}=(0,0,0)^{\mathrm{T}}$，用 SOR 方法解方程组

$$\begin{pmatrix}4 & -1 & 0\\ -1 & 4 & -1\\ 0 & -1 & 4\end{pmatrix}\begin{pmatrix}x_1\\ x_2\\ x_3\end{pmatrix}=\begin{pmatrix}1\\ 4\\ -3\end{pmatrix}$$

要求 $\max\limits_{1\leqslant i\leqslant 3}|x_i^{(k+1)}-x_i^{(k)}|\leqslant 10^{-4}$ 时终止迭代．试与精确解 $\boldsymbol{x}=\left(\frac{1}{2},1,-\frac{1}{2}\right)^{\mathrm{T}}$ 比较.

13. 设 $\boldsymbol{A}$ 为 n 阶非奇异矩阵，且有分解 $\boldsymbol{A}=\boldsymbol{LU}$，其中 $\boldsymbol{L}$ 为单位下三角阵，$\boldsymbol{U}$ 为上三角阵．求证 $\boldsymbol{A}$ 的所有顺序主子式均不为零.

14. 设常数 $a\neq 0$. 试求 a 的取值范围，使得解方程组

$$\begin{pmatrix}a & 1 & 3\\ 1 & a & 2\\ -3 & 2 & a\end{pmatrix}\begin{pmatrix}x_1\\ x_2\\ x_3\end{pmatrix}=\begin{pmatrix}b_1\\ b_2\\ b_3\end{pmatrix}$$

的雅可比迭代法收敛.

第四章　矩阵特征值和特征向量的计算

科学技术的许多领域以及应用数学中的许多问题常常要求计算矩阵的特征值和特征向量，即求满足

$$\boldsymbol{A}\boldsymbol{x}=\lambda\boldsymbol{x}\quad(\boldsymbol{x}\neq\boldsymbol{0})\tag{4.1}$$

的数 λ 和非零向量 $\boldsymbol{x}$. 由方程组(4.1)易知特征值 λ 是特征多项式 $\det(\boldsymbol{A}-\lambda\boldsymbol{E})$ 的零点，而特征向量 $\boldsymbol{x}$ 是齐次线性方程组 $(\boldsymbol{A}-\lambda\boldsymbol{E})\boldsymbol{x}=\boldsymbol{0}$ 的非零解. 显然，当 $\boldsymbol{A}$ 的阶数比较高时，由 $\det(\boldsymbol{A}-\lambda\boldsymbol{E})=\boldsymbol{0}$ 求特征值往往是十分困难的. 本章将介绍几种计算矩阵特征值和特征向量的常用数值方法，虽然它们是近似方法，但是却能有效控制误差大小，因此适合于在计算机上计算.

4.1　乘幂法与反幂法

一、乘幂法

乘幂法主要是用来求矩阵的主特征值（按模最大的特征值）及相应的特征向量.

给定 n 阶实矩阵 $\boldsymbol{A}$，设其有 n 个线性无关的特征向量 $\boldsymbol{x}_1$，$\boldsymbol{x}_2,\cdots,\boldsymbol{x}_n$，相应的特征值 $\lambda_1,\lambda_2,\cdots,\lambda_n$ 满足

$$|\lambda_1|>|\lambda_2|\geqslant\cdots\geqslant|\lambda_n|\tag{4.2}$$

由特征值定义

$$\boldsymbol{A}\boldsymbol{x}_i=\lambda_i\boldsymbol{x}_i\quad(i=1,2,\cdots,n)\tag{4.3}$$

现在来讨论计算主特征值 λ_1 及对应的特征向量的方法.

任取一 n 维非零列向量 $\boldsymbol{u}_0$，则 $\boldsymbol{u}_0$ 一定可表示为 $\boldsymbol{x}_1,\boldsymbol{x}_2,\cdots,\boldsymbol{x}_n$

的线性组合,即有

$$u_0 = \alpha_1 x_1 + \alpha_2 x_2 + \cdots + \alpha_n x_n$$

两边左乘以 A^k,注意式(4.3),并记 $u_k = A^k u_0$,于是有

$$u_k = A^k u_0 = \alpha_1 \lambda_1^k x_1 + \alpha_2 \lambda_2^k x_2 + \cdots + \alpha_n \lambda_n^k x_n =$$

$$\lambda_1^k \left[\alpha_1 x_1 + \sum_{i=2}^{n} \alpha_i \left(\frac{\lambda_i}{\lambda_1} \right)^k x_i \right] \tag{4.4}$$

设 $\alpha_1 \neq 0$,$(u_k)_j$ 表示向量 u_k 的第 j 个分量,则当 $(u_{k-1})_j \neq 0$ 时有

$$\frac{(u_k)_j}{(u_{k-1})_j} = \lambda_1 \frac{\alpha_1 (x_1)_j + \sum_{i=2}^{n} \alpha_i \left(\frac{\lambda_i}{\lambda_1} \right)^k (x_i)_j}{\alpha_1 (x_1)_j + \sum_{i=2}^{n} \alpha_i \left(\frac{\lambda_i}{\lambda_1} \right)^{k-1} (x_i)_j}$$

由式(4.2)
$$\lim_{k \to \infty} \left(\frac{\lambda_i}{\lambda_1} \right)^k = 0 \quad (i = 2, 3, \cdots, n)$$

故
$$\lim_{k \to \infty} \frac{(u_k)_j}{(u_{k-1})_j} = \lambda_1 \quad (j = 1, 2, \cdots, n)$$

从而当 k 充分大时

$$\lambda_1 \approx \frac{(u_k)_j}{(u_{k-1})_j} \quad (j = 1, 2, \cdots, n) \tag{4.5}$$

由此便得到主特征值 λ_1 的近似值.

由于式(4.4)方括号内的第2项 $\sum_{i=2}^{n} \alpha_i \left(\frac{\lambda_i}{\lambda_1} \right)^k x_i \to 0 \ (k \to \infty)$,故当 k 充分大时

$$\frac{1}{\lambda_1^k} u_k \approx \alpha_1 x_1 \tag{4.6}$$

因为特征向量乘以非零常数仍然是对应于同一特征值的特征向量,这样,式(4.6)便说明 $\lambda_1^k \alpha_1 x_1$ 就是 λ_1 对应的一个近似特征向量. 由 $u_k = A^k u_0$ 推得

$$u_k = A u_{k-1} \quad (k = 1, 2, \cdots) \tag{4.7}$$

综合上述讨论,求主特征值 λ_1 及相应的特征向量的计算步骤

如下：

$$\left.\begin{array}{l}\text{第一步，任给 } n \text{ 维初始向量 } \boldsymbol{u}_0 \neq 0\text{；}\\ \text{第二步，按 } \boldsymbol{u}_k = \boldsymbol{A}\boldsymbol{u}_{k-1} \quad (k=1,2,\cdots) \text{ 计算 } \boldsymbol{u}_k\text{；}\\ \text{第三步，如果 } k \text{ 从某个数后分量比}\\ \qquad \dfrac{(\boldsymbol{u}_k)_j}{(\boldsymbol{u}_{k-1})_j} \approx c\ (\text{常数}) \quad (j=1,2,\cdots,n)\\ \text{则取 } \lambda_1 \approx c\text{，而 } \boldsymbol{u}_k \text{ 就是与 } \lambda_1 \text{ 对应的一个近似特征向量.}\end{array}\right\} \tag{4.8}$$

此算法称为乘幂法，它也是一种迭代法. 这里需要说明以下几点.

(1) 从理论上讲，所给 $\boldsymbol{u}_0$ 有可能使式(4.4) 中的 $\alpha_1 = 0$，但这时只要另外任给一个初始向量 $\tilde{\boldsymbol{u}}_0$，那么实用上一般 $\alpha_1 \neq 0$，特别是由于计算机计算过程中舍入误差的存在，可以说实际中出现 $\alpha_1 = 0$ 的可能性几乎是零.

(2) 如果 $\boldsymbol{u}_{k-1}$ 的某个分量 $(\boldsymbol{u}_{k-1})_{j_0} = 0$，则在式(4.8) 中只检验其他分量比 $\dfrac{(\boldsymbol{u}_k)_j}{(\boldsymbol{u}_{k-1})_j}$ $(j \neq j_0)$ 是否近似为常数.

(3) 由式(4.6) 可看出，k 充分大后往往会使 $\boldsymbol{u}_k$ 的分量绝对值过大以至于发生机器“溢出”（当 $|\lambda_1| > 1$）或使 $\boldsymbol{u}_k$ 的分量绝对值过小（当 $|\lambda_1| < 1$），于是实用中常常是每进行 m 步迭代就对向量 $\boldsymbol{u}_m$ 进行一次规范化，例如用 $\boldsymbol{V}_m = \dfrac{\boldsymbol{u}_m}{(\boldsymbol{u}_m)_{\max}}$（$(\boldsymbol{u}_m)_{\max}$ 是 $\boldsymbol{u}_m$ 的绝对值最大的分量）代替 $\boldsymbol{u}_m$ 继续迭代. 由于特征向量允许差一个非零常数因子，这样，从 $\boldsymbol{V}_m$ 往后继续迭代与从 $\boldsymbol{u}_m$ 往后继续迭代的收敛速度无疑是相同的，但规范化的做法防止了向量分量的绝对值过大或过小. 至于 m 取多少，这完全由读者根据实际情况去掌握，比如 $m=1, m=5$，等等.

(4) 由上述推导易知，乘幂法收敛的快慢取决于比值 $\left|\dfrac{\lambda_2}{\lambda_1}\right|$ 的

大小，该比值越小收敛越快，由此便提出了乘幂法的加速收敛方法，如原点平移法和瑞利（Rayleigh）商加速法，读者可参阅有关文献[6].

(5) 如果主特征值 λ_1 是重特征值，比如

$$\lambda_1=\lambda_2=\cdots=\lambda_r,\quad |\lambda_r|>|\lambda_{r+1}|\geqslant\cdots\geqslant|\lambda_n|$$

这时由式(4.4)有

$$\boldsymbol{u}_k=\lambda_1^k\left[\sum_{i=1}^{r}\alpha_i\boldsymbol{x}_i+\sum_{i=r+1}^{n}\alpha_i\left(\frac{\lambda_i}{\lambda_1}\right)^k\boldsymbol{x}_i\right]$$

从而

$$\frac{(\boldsymbol{u}_k)_j}{(\boldsymbol{u}_{k-1})_j}=\lambda_1\left[\frac{\displaystyle\sum_{i=1}^{r}\alpha_i(\boldsymbol{x}_i)_j+\sum_{i=r+1}^{n}\alpha_i\left(\frac{\lambda_i}{\lambda_1}^k\right)(\boldsymbol{x}_i)_j}{\displaystyle\sum_{j=1}^{r}\alpha_i(\boldsymbol{x}_i)_j+\sum_{i=r+1}^{n}\alpha_i\left(\frac{\lambda_i}{\lambda_1}^{k-1}\right)(\boldsymbol{x}_i)_j}\right]$$

$$\lim_{k\to\infty}\frac{(\boldsymbol{u}_k)_j}{(\boldsymbol{u}_{k-1})_j}=\lambda_1\quad(j=1,2,\cdots,n)$$

由此仍然得到算法(4.8)，只不过在重特征值情况下，由不同的非零初始向量出发迭代，有可能得到主特征值 λ_1 的几个线性无关的特征向量.

对于主特征值是以共轭复数的形式出现的等其他情况可参阅有关文献[6].

例 4.1 取初始向量 $\boldsymbol{u}_0=(1,0,0)^{\mathrm{T}}$，用乘幂法求矩阵

$$\boldsymbol{A}=\begin{pmatrix}6&-12&6\\-21&-3&24\\-12&-12&51\end{pmatrix}$$

的主特征值 λ_1 及相应的一个特征向量，要求 $|\lambda_1^{(k)}-\lambda_1^{(k-1)}|\leqslant 10^{-3}$，其中 $\lambda_1^{(k)}$ 表示主特征值 λ_1 的第 k 次近似值.

解 由于 $\lim\limits_{k\to\infty}\dfrac{(\boldsymbol{u}_k)_j}{(\boldsymbol{u}_{k-1})_j}=\lambda_1(j=1,2,3)$，故只要其中一个分量比接近于一个常数时，就认为该常数是 λ_1 的近似值. 当然，3 个分

量比趋近于λ_1的快慢是不同的，本例以第3个分量比作为λ_1的近似值，计算结果见表4.1.

表 4.1

k	$\boldsymbol{u}_k=\boldsymbol{A}\boldsymbol{u}_{k-1}$	$\lambda_1^{(k)}=\dfrac{(\boldsymbol{u}_k)_3}{(\boldsymbol{u}_{k-1})_3}$
0	$(1,0,0)^T$	
1	$(6,-21,-12)^T$	
2	$(216,-351,-432)^T$	36.000
3	$(2\,916,-13\,851,-20\,412)^T$	47.250
4	$(61\,236,-509\,571,-909\,792)^T$	44.571
5	$(1\,023\,516,-21\,592\,251,-41\,019\,372)^T$	45.087

由于这里$\boldsymbol{u}_5$的分量绝对值已变得很大，故用

$$\boldsymbol{v}_5=(10\,235\,16,-215\,922\,51,-410\,193\,72)^T/$$
$$-410\,193\,72\approx(-0.025,0.526,1)^T$$

代替$\boldsymbol{u}_5$继续迭代，结果见表4.2.

表 4.2

k	$\boldsymbol{v}_k=\boldsymbol{A}\boldsymbol{v}_{k-1}$	$\lambda_1^{(k)}=\dfrac{(\boldsymbol{v}_k)_3}{(\boldsymbol{v}_{k-1})_3}$
5	$(-0.025,0.526,1)^T$	
6	$(-0.462,22.947,44.988)^T$	44.988
7	$(-8.208,1\,020.573,2\,024.568)^T$	45.002
8	$(-148.716,45\,700.281,91\,104.588)^T$	45.000
9	$(-2\,668.140,2\,052\,532.305,4\,099\,715.208)^T$	45.000

显然，取$\lambda_1\approx45.000$即满足要求，相应的一个特征向量

可取为

$$v_9/4\,099\,715.208=(-0.000\,7,0.500\,7,1.000\,0)^{\mathrm{T}}$$

本例精确答案为 $\lambda_1=45$；$(0,0.5,1)^{\mathrm{T}}$ 为与 λ_1 相应的一个特征向量.

二、反幂法

反幂法可用来求矩阵的按模最小的特征值及相应的特征向量. 设有 n 阶非奇异矩阵 $\boldsymbol{A}$，其特征值与相应的特征向量分别为 λ_i 及 $\boldsymbol{x}_i(i=1,2,\cdots,n)$，由定义

$$\boldsymbol{A}\boldsymbol{x}_i=\lambda_i\boldsymbol{x}_i\quad(i=1,2,\cdots,n)$$

因 $\boldsymbol{A}$ 可逆，特征值 λ_i 均不为零，于是由上式得

$$\boldsymbol{A}^{-1}\boldsymbol{x}_i=\lambda_i^{-1}\boldsymbol{x}_i$$

这说明 λ_i^{-1} 一定是 $\boldsymbol{A}^{-1}$ 的特征值，所对应的特征向量仍是 $\boldsymbol{x}_i$. 如果设 $\boldsymbol{A}$ 的特征值为如下情况：

$$|\lambda_1|\geqslant|\lambda_2|\geqslant\cdots\geqslant|\lambda_{n-1}|>|\lambda_n|$$

则 λ_n^{-1} 一定是 $\boldsymbol{A}^{-1}$ 的主特征值. 这样，对 $\boldsymbol{A}^{-1}$ 用乘幂法即可求得 $\mu_n=\dfrac{1}{\lambda_n}$，从而得 $\boldsymbol{A}$ 的按模最小的特征值 $\lambda_n=\mu_n^{-1}$，具体计算步骤为：

$$\left.\begin{array}{l}\text{第一步，任取 } \boldsymbol{u}_0\neq 0;\\ \text{第二步，计算 } \boldsymbol{u}_k=\boldsymbol{A}^{-1}\boldsymbol{u}_{k-1}\quad(k=1,2,\cdots);\\ \text{第三步，如果 } k \text{ 从某时候后有}\\ \dfrac{(\boldsymbol{u}_k)_j}{(\boldsymbol{u}_{k-1})_j}\approx c\ (\text{常数})\ (j=1,2,\cdots,n)\text{，则取 } \lambda_n\approx\dfrac{1}{c},\\ \text{而 } \boldsymbol{u}_k \text{ 就是与 } \lambda_n \text{ 对应的近似特征向量.}\end{array}\right\}\qquad(4.9)$$

由于这里是对 $\boldsymbol{A}^{-1}$ 用乘幂法，故称为反幂法.

需要说明的是，实际计算时一般并不求 $\boldsymbol{A}^{-1}$，而是将算法(4.9)中的迭代公式 $\boldsymbol{u}_k=\boldsymbol{A}^{-1}\boldsymbol{u}_{k-1}$ 改为解方程组

$$\boldsymbol{A}\boldsymbol{u}_k=\boldsymbol{u}_{k-1}$$

由于每步所解方程组具有相同的系数矩阵 $\boldsymbol{A}$，故常常是先将 $\boldsymbol{A}$ 进行三角分解，然后转化为每步只需用回代公式解两个三角方程组，这样可减少计算工作量.

根据反幂法与乘幂法的上述关系，如果有矩阵 $\boldsymbol{A}$ 的某个特征值 λ_{i_0}（不是按模最大也不是按模最小）的粗略近似 $\lambda_{i_0}^*$，则用反幂法不难得到 λ_{i_0} 的更好的近似值（见习题四中第 2 题）.

4.2 雅可比(Jacobi)方法

雅可比方法是求对称矩阵全部特征值与特征向量的方法. 在介绍该方法之前，先复习一下有关的代数知识.

(1) 若矩阵 $\boldsymbol{A}$ 与 $\boldsymbol{B}$ 相似，即有可逆阵 $\boldsymbol{P}$，使 $\boldsymbol{P}^{-1}\boldsymbol{AP}=\boldsymbol{B}$，则 $\boldsymbol{A}$ 与 $\boldsymbol{B}$ 有相同的特征值；

(2) 若 $\boldsymbol{A}$ 是实对称矩阵，则其特征值 λ_i 一定是实数，并有正交矩阵 $\boldsymbol{R}$，使

$$\boldsymbol{RAR}^{-1}=\boldsymbol{RAR}^{\mathrm{T}}=\mathrm{diag}(\lambda_1,\lambda_2,\cdots,\lambda_n)$$

且 $\boldsymbol{R}^{\mathrm{T}}$ 的第 j 列是 λ_i 对应的特征向量；

(3) 若 $\boldsymbol{R}$ 是正交矩阵，则 $\|\boldsymbol{RA}\|_F^2=\|\boldsymbol{AR}\|_F^2=\|\boldsymbol{A}\|_F^2$，这里 $\|\boldsymbol{A}\|_F^2=\sum\limits_{i,j=1}^{n}a_{ij}^2$. 由于 $\boldsymbol{R}^{\mathrm{T}}$ 也是正交矩阵，从而有 $\|\boldsymbol{RAR}^{\mathrm{T}}\|_F^2=\|\boldsymbol{A}\|_F^2$.

雅可比方法的基本思想是对给定的实对称矩阵 $\boldsymbol{A}$ 进行一系列的正交相似变换，使其逐渐趋向于对角阵，即寻求正交矩阵 $\boldsymbol{R}_1$，$\boldsymbol{R}_2,\cdots,\boldsymbol{R}_k,\cdots$，使

$$\lim_{k\to\infty}\boldsymbol{R}_k\boldsymbol{R}_{k-1}\cdots\boldsymbol{R}_1\boldsymbol{AR}_1^{\mathrm{T}}\cdots\boldsymbol{R}_{k-1}^{\mathrm{T}}\boldsymbol{R}_k^{\mathrm{T}}=\mathrm{diag}(\lambda_1,\lambda_2,\cdots,\lambda_n)$$

从而当 k 充分大时 $\boldsymbol{R}_k\boldsymbol{R}_{k-1}\cdots\boldsymbol{R}_1\boldsymbol{AR}_1^{\mathrm{T}}\cdots\boldsymbol{R}_{k-1}^{\mathrm{T}}\boldsymbol{R}_k^{\mathrm{T}}$ 的对角元就是 $\boldsymbol{A}$ 的近似特征值，而 $\boldsymbol{R}_1^{\mathrm{T}}\cdots\boldsymbol{R}_{k-1}^{\mathrm{T}}\boldsymbol{R}_k^{\mathrm{T}}$ 的各列就是相应的近似特征向量，下面作详细讨论.

一、古典雅可比方法

先以二阶实对称矩阵 $\boldsymbol{A}=\begin{pmatrix}a_{11} & a_{12}\\ a_{21} & a_{22}\end{pmatrix}$ 为例作一介绍，其中$a_{12}=a_{21}\neq 0$.

对任意 $\theta\in\left[-\frac{\pi}{4},\frac{\pi}{4}\right]$,矩阵 $\boldsymbol{R}=\begin{pmatrix}\cos\theta & \sin\theta\\ -\sin\theta & \cos\theta\end{pmatrix}$ 显然是正交阵.作正交相似变换

$$\boldsymbol{A}_1=\boldsymbol{RAR}^{-1}=\boldsymbol{RAR}^{\mathrm{T}}$$

$\boldsymbol{A}_1$ 的元素 $a_{ij}^{(1)}$ 容易求得为

$$\left.\begin{aligned}a_{11}^{(1)}&=a_{11}\cos^2\theta+2a_{12}\cos\theta\sin\theta+a_{22}\sin^2\theta\\ a_{22}^{(1)}&=a_{11}\sin^2\theta-2a_{12}\sin\theta\cos\theta+a_{22}\cos^2\theta\\ a_{12}^{(1)}&=\frac{1}{2}(a_{22}-a_{11})\sin2\theta+a_{12}\cos2\theta=a_{21}^{(1)}\end{aligned}\right\}\tag{4.10}$$

令 $a_{12}^{(1)}=a_{21}^{(1)}=0$,得

$$\tan2\theta=\frac{2a_{12}}{a_{11}-a_{22}}\tag{4.11}$$

所以,如果取 θ 满足式(4.11),则必有

$$\boldsymbol{A}_1=\boldsymbol{RAR}^{\mathrm{T}}=\begin{pmatrix}a_{11}^{(1)} & 0\\ 0 & a_{22}^{(1)}\end{pmatrix}$$

从而原矩阵 $\boldsymbol{A}$ 的两个特征值就是 $a_{11}^{(1)}$ 和 $a_{22}^{(1)}$,而

$$\boldsymbol{R}'=\begin{pmatrix}\cos\theta & -\sin\theta\\ \sin\theta & \cos\theta\end{pmatrix}$$

的两个列向量是相应的特征向量.

对一般 n 阶实对称矩阵 $\boldsymbol{A}=(a_{ij})_{n\times n}$,若有非对角元 $a_{pq}\neq 0$ ($p<q$),此时考虑 n 阶正交矩阵

$$
\boldsymbol{R}=\begin{pmatrix}
1 & & & & & & \\
 & \ddots & \vdots & & \vdots & & \\
\cdots & & \cos\theta & \cdots & \sin\theta & \cdots & \\
 & & \vdots & \ddots & \vdots & & \\
\cdots & & -\sin\theta & \cdots & \cos\theta & \cdots & \\
 & & \vdots & & \vdots & \ddots & \\
 & & & & & & 1
\end{pmatrix}
\begin{matrix} \\ \\ p \\ \\ q \\ \\ \\ \end{matrix}
\qquad \left(|\theta|\leqslant\frac{\pi}{4}\right)
$$

$$
\qquad\qquad\qquad p \qquad\qquad\qquad q
$$

除了 p,q 行和 p,q 列交叉位置上的 4 个元素外，这里 $\boldsymbol{R}$ 的其余元素均与单位矩阵的相同.

作正交相似变换

$$
\boldsymbol{A}_1=\boldsymbol{R}\boldsymbol{A}\boldsymbol{R}^{\mathrm{T}}
$$

由矩阵乘法不难得到 $\boldsymbol{A}_1=(a_{ij}^{(1)})_{n\times n}$ 的元素如为

$$
\left.\begin{aligned}
a_{ij}^{(1)} &= a_{ij} \quad (i,j\neq p,q)\\
a_{pj}^{(1)} &= a_{pj}\cos\theta+a_{qj}\sin\theta \quad (j\neq p,q)\\
a_{qj}^{(1)} &= -a_{pj}\sin\theta+a_{qj}\cos\theta \quad (j\neq p,q)\\
a_{pp}^{(1)} &= a_{pp}\cos^2\theta+2p_{pq}\sin\theta\cos\theta+a_{qq}\sin^2\theta\\
a_{qq}^{(1)} &= a_{pp}\sin^2\theta-2a_{pq}\sin\theta\cos\theta+a_{qq}\cos^2\theta\\
a_{pq}^{(1)} &= \frac{1}{2}(a_{qq}-a_{pp})\sin2\theta+a_{pq}\cos2\theta
\end{aligned}\right\}\tag{4.12}
$$

为使 $\boldsymbol{A}_1$ 的非对角元 $a_{pq}^{(1)}$ 成为零，由式(4.12)最后一式知，只需取 θ 满足

$$
\tan2\theta=\frac{2a_{pq}}{a_{pp}-a_{qq}}\quad\left(|\theta|\leqslant\frac{\pi}{4}\right)\tag{4.13}
$$

即可，这就完成了雅可比方法将一个非对角元 a_{pq} 化为零的计算过程，从而由矩阵 $\boldsymbol{A}$ 产生了矩阵 $\boldsymbol{A}_1$. 那么将新矩阵 $\boldsymbol{A}_1$ 的非对角元化为零的计算过程与上面完全类似，从而可类似得到矩阵 $\boldsymbol{A}_2,\boldsymbol{A}_3,\cdots,\boldsymbol{A}_k,\cdots$.

下面将讨论雅可比方法的收敛性，即矩阵序列$\{\boldsymbol{A}_k\}$向对角阵的收敛性. 由式(4.12)易知，

$$\left.\begin{aligned}&[a_{ij}^{(1)}]^2=a_{ij}^2 \quad (i,j\neq p,q)\\&[a_{pj}^{(1)}]^2+[a_{qj}^{(1)}]^2=a_{pj}^2+a_{qj}^2 \quad (j\neq p,q)\\&[a_{pp}^{(1)}]^2+[a_{qq}^{(1)}]^2+2[a_{pq}^{(1)}]^2=a_{pp}^2+a_{qq}^2+2a_{pq}^2\end{aligned}\right\} \tag{4.14}$$

在式(4.14)第1式中特取$i=j\neq p,q$并求和，有

$$\sum_{\substack{i=1\\i\neq p,q}}^{n}[a_{ii}^{(1)}]^2=\sum_{\substack{i=1\\i\neq p,q}}^{n}a_{ii}^2$$

将式(4.14)第3式与上式相加(注意$a_{qq}^{(1)}=0$)，则

$$\sum_{i=1}^{n}[a_{ii}^{(1)}]^2=\sum_{i=1}^{n}a_{ii}^2+2a_{pq}^2 \tag{4.15}$$

记

$$D(\boldsymbol{A})=\sum_{i=1}^{n}a_{ii}^2 \quad (\text{对角元的平方和})$$

$$S(\boldsymbol{A})=\sum_{i\neq j}a_{ij}^2 \quad (\text{非对角元平方和})$$

则式(4.15)可写为

$$D(\boldsymbol{A}_1)=D(\boldsymbol{A})+2a_{pq}^2 \tag{4.16}$$

这说明由$\boldsymbol{A}$到$\boldsymbol{A}_1$，对角元的平方和增加了$2a_{pq}^2$. 根据前述代数知识(3)，有

$$\|\boldsymbol{A}_1\|_F^2=\|\boldsymbol{RAR}^{\mathrm{T}}\|_F^2=\|\boldsymbol{A}\|_F^2$$

即$\boldsymbol{A}_1$和$\boldsymbol{A}$的总元素平方和保持不变，亦即

$$D(\boldsymbol{A}_1)+S(\boldsymbol{A}_1)=D(\boldsymbol{A})+S(\boldsymbol{A})$$

与式(4.16)相减得

$$S(\boldsymbol{A}_1)=S(\boldsymbol{A})-2a_{pq}^2 \tag{4.17}$$

即由$\boldsymbol{A}$到$\boldsymbol{A}_1$非对角元的平方和必然减少$2a_{pq}^2$. 可以进一步证明

$$S(\boldsymbol{A}_1)\leqslant\left[1-\frac{2}{n(n-1)}\right]S(\boldsymbol{A})$$

一般地有

$$S(\boldsymbol{A}_k) \leqslant \left[1 - \frac{2}{n(n-1)}\right] S(\boldsymbol{A}_{k-1})$$

从而

$$S(\boldsymbol{A}_k) \leqslant \left[1 - \frac{2}{n(n-1)}\right]^k S(\boldsymbol{A}_0) \quad (\boldsymbol{A}_0 = \boldsymbol{A})$$

显然$\lim\limits_{k\to\infty} S(\boldsymbol{A}_k) = 0$,即非对角元的平方和趋向于零,$\boldsymbol{A}_k$ 趋向于对角阵,雅可比法收敛.

综合以上讨论,计算步骤如下:

第一步,令 $\widetilde{\boldsymbol{R}} = \boldsymbol{E}$;

第二步,选 a_{pq},使 $|a_{pq}| = \max\limits_{\substack{1\leqslant i\leqslant n-1\\ i+1\leqslant j\leqslant n}} |a_{ij}|$,并记录行、列号 p,q;

第三步,由 $\tan 2\theta = \dfrac{2a_{pq}}{a_{pp} - a_{qq}}$ 求 $\cos\theta, \sin\theta$;

第四步,由公式(4.12) 计算 $\boldsymbol{A}_1$ 的元素 $a_{ij}^{(1)}$,并将 $\widetilde{\boldsymbol{R}}\boldsymbol{R} \Rightarrow \widetilde{\boldsymbol{R}}$;

第五步,若 $\sum\limits_{i\neq j}^{n} [a_{ij}^{(1)}]^2 \leqslant \varepsilon$ (误差控制常数),则取 $\lambda_i \approx a_{ii}^{(1)}$ $(i = 1,2,\cdots,n)$,相应的特征向量近似为 $\widetilde{\boldsymbol{R}}$ 的第 i 列;若 $\sum\limits_{i\neq j}^{n} [a_{ij}^{(1)}]^2 > \varepsilon$,则将 $\boldsymbol{A}_1 \Rightarrow \boldsymbol{A}$ 重复第二步到第五步.

使用本算法时必须注意以下几点.

(1) 若 $a_{pp} - a_{qq} = 0$,则该算法第三步理解为 $2\theta = \dfrac{\pi}{2}$ (若 $a_{pq} > 0$) 或 $2\theta = -\dfrac{\pi}{2}$ (若 $a_{pq} < 0$),从而 $\cos\theta = \dfrac{1}{2}\sqrt{2}, \sin\theta = \dfrac{\sqrt{2}}{2}$ (若 $a_{pq} > 0$) 或 $\cos\theta = \dfrac{\sqrt{2}}{2}, \sin\theta = -\dfrac{\sqrt{2}}{2}$ (若 $a_{pq} < 0$);

(2) 计算正交阵 $\boldsymbol{R}$ 中的 $\cos\theta, \sin\theta$ 对于整个计算结果的精度有很大影响. 为使 $\cos\theta, \sin\theta$ 尽可能准确,可采用如下方法 (当 $a_{pp} - a_{qq} \neq 0$ 时):记

$$c=\frac{a_{pp}-a_{qq}}{2a_{pq}},\quad d=\frac{2a_{pq}}{a_{pp}-a_{qq}}=\frac{1}{c}$$

则

$$\tan 2\theta=\frac{1}{c},\quad \frac{2\tan\theta}{1-\tan^2\theta}=\frac{1}{c}$$

解 $\tan\theta$ 得

$$\tan\theta=-c\pm\sqrt{1+c^2}$$

因 $|\theta|\leqslant\frac{\pi}{4}$，$|\tan\theta|\leqslant 1$，故取

$$\tan\theta=\begin{cases}-c+\sqrt{1+c^2} & (c>0)\\ -c-\sqrt{1+c^2}=|c|-\sqrt{1+c^2} & (c<0)\end{cases}$$

为避免相近数相减，把上式化为

$$\tan\theta=\begin{cases}\dfrac{1}{c+\sqrt{1+c^2}} & (c>0)\\ \dfrac{-1}{|c|+\sqrt{1+c^2}} & (c<0)\end{cases}\tag{4.18}$$

但如果 $|a_{pq}|\ll|a_{pp}-a_{qq}|$，则 c 的分母绝对值相对很小，此时将 $c=\frac{1}{d}$ 代入式(4.18)为好，即

$$\tan\theta=\frac{d}{1+\sqrt{1+d^2}}\tag{4.19}$$

由式(4.18)或式(4.19)可最后求得

$$\cos\theta=\frac{1}{\sqrt{1+\tan^2\theta}},\quad \sin\theta=\tan\theta\cos\theta\tag{4.20}$$

二、雅可比过关法

使用古典雅可比法时，每次首先要在非对角元中挑选主元(绝对值最大者)，这要花费很多机时，下面介绍实用中采取的所谓雅可比过关法，其基本方法如下.

(1) 给定控制误差限 ε.

(2) 计算非对角元的平方和 $v_0 = 2\sum_{i=1}^{n-1}\sum_{j=i+1}^{n} a_{ij}^2$.

(3) 设置一个阈值 $v_1 > 0$,比如可取 $v_1 = \dfrac{v_0}{n}$.

(4) 对 $\boldsymbol{A}$ 的非对角元 $a_{ij}(i<j)$ 逐个顺序扫描,若某个 $|a_{ij}| > v_1$,则立即对 $\boldsymbol{A}$ 作一次雅可比正交相似变换,之后对所得新矩阵继续扫描并当有非对角元的绝对值大于 v_1 时作一次相应的雅可比正交相似变换. 如此多次扫描和变换, 直到每个非对角元 $|a_{ij}| \leqslant v_1$.

(5) 若 $v_1 \leqslant \varepsilon$,则计算结束,特征值及相应的特征向量已得到,停机;否则转向(6).

(6) 缩小阈值,比如用 $\dfrac{v_1}{n}$ 替代 v_1,重复(4) ~ (5).

雅可比算法稳定,精度高,求得的特征向量正交性好,缺点是当 $\boldsymbol{A}$ 为稀疏矩阵时,雅可比变换将破坏其稀疏性.

限于本文篇幅,求实对称矩阵特征值的二分法及求一般矩阵全部特征值及特征向量的 QR 方法这里就不作介绍了,读者可参阅文献[7].

习　题　四

1. 用乘幂法求下列矩阵的主特征值 λ_1 及相应的特征向量,要求 λ_1 的近似值 $\lambda_1^{(k)}$ 满足 $|\lambda_1^{(k)} - \lambda_1^{(k-1)}| \leqslant \varepsilon$.

(1) $\boldsymbol{A} = \begin{pmatrix} 2 & 3 & 2 \\ 10 & 3 & 4 \\ 3 & 6 & 1 \end{pmatrix}, \quad \varepsilon = 10^{-1}$

(2) $\boldsymbol{A} = \begin{pmatrix} 7 & 3 & -2 \\ 3 & 4 & -1 \\ -2 & -1 & 3 \end{pmatrix}, \quad \varepsilon = 10^{-2}$

2. 用反幂法求矩阵

$$A = \begin{pmatrix} -12 & 3 & 3 \\ 3 & 1 & -2 \\ 3 & -2 & 7 \end{pmatrix}$$

的与 $p=-13$ 最接近的那个特征值及相应的特征向量. 要求运算过程小数点后至少保留 5 位,特征值的迭代误差不超过 10^{-5}.

3. 用雅可比方法求矩阵

$$A = \begin{pmatrix} 2 & -1 & 0 \\ -1 & 2 & -1 \\ 0 & -1 & 2 \end{pmatrix}$$

的全部特征值和对应的一组特征向量,要求运算过程至少保留 4 位小数,迭代到 $\left|\sum_{i\neq j}(a_{ij}^{(k)})^2\right| \leqslant 10^{-3}$ 为止.

4. 设 A 为 n 阶实对称矩阵,向量 $x \in \mathbf{R}^n$. 定义

$$R(x) = \frac{x^{\mathrm{T}}Ax}{x^{\mathrm{T}}x} \quad (x \neq 0)$$

试证: 对任意 $x \neq 0$,$\lambda_n \leqslant R(x) \leqslant \lambda_1$,其中 λ_1 和 λ_n 分别是 A 的按模最大和最小的特征值.

第五章　插　值　法

在生产和科研中往往遇到的函数 $y=f(x)$，不能直接写出表达式，而只是给定了在区间 $[a,b]$ 中互异的 $n+1$ 个点 $x_0,x_1,\cdots,x_n$ 处的函数值 $y_i=f(x_i)$ $(i=0,1,\cdots,n)$. 实际中，常常希望找到这种函数的近似解析表达式，以便于计算在诸 $x_i(i=0,1,\cdots,n)$ 之外的点处的函数值、函数的导数或积分. 一种常用的办法是从某个性质优良、便于计算的函数类 $\{\varphi(x)\}$ 中选出一个函数 $\varphi(x)$，使 $\varphi(x_i)=y_i(i=0,1,\cdots,n)$. 寻找 $\varphi(x)$ 的方法就是插值法. 下面介绍插值法中涉及的一些概念及基本问题.

1. 插值问题

设 $y=f(x)$ 为区间 $[a,b]$ 上的连续函数，且已知点 $a\leqslant x_0<x_1<\cdots<x_n\leqslant b$ 上的函数值为

$$f(x_i)=y_i \quad (i=0,1,\cdots,n)$$

若存在一个简单函数 $\varphi(x)$，使

$$\varphi(x_i)=y_i \quad (i=0,1,\cdots,n) \tag{5.1}$$

则 $\varphi(x)$ 称为 $f(x)$ 的插值函数，点 $x_i(i=0,1,\cdots,n)$ 称为插值节点，条件(5.1)称为插值条件，所在区间 $[a,b]$ 称为插值区间，$f(x)$ 称为被插值函数. 求插值函数 $\varphi(x)$ 的问题（方法）称为插值问题（方法）.

如果插值函数类 $\{\varphi(x)\}$ 是代数多项式，则相应的插值问题称为代数插值. 如果 $\{\varphi(x)\}$ 是三角函数，则相应的插值问题称为三角插值. 本章中只讨论代数插值问题. 对于别的插值问题，读者可以参阅理科的计算方法教材.

2. 插值多项式的存在唯一性

给定插值条件(5.1)后，当寻找的插值函数为多项式函数时，就是要确定次数不高于 n 的多项式

$$P_n(x)=a_0+a_1x+\cdots+a_nx^n \tag{5.2}$$

中的系数，使得

$$P_n(x_i)=y_i \quad (i=0,1,\cdots,n) \tag{5.3}$$

成立.

定理 5.1 在互异的 $n+1$ 个节点处满足插值条件(5.3)的次数不高于 n 的多项式(5.2)存在且唯一.

证明 对多项式(5.2)应用条件(5.3)得

$$\begin{cases} a_0+a_1x_0+\cdots+a_nx_0^n=y_0 \\ a_0+a_1x_1+\cdots+a_nx_1^0=y_1 \\ \vdots \\ a_0+a_1x_n+\cdots+a_nx_n^n=y_n \end{cases} \tag{5.4}$$

这是关于 $a_0,a_1,\cdots,a_n$ 的 $n+1$ 阶线性方程组，其系数行列式

$$V_n(x_0,x_1,\cdots,x_n)=\begin{vmatrix} 1 & x_0 & x_0^2 & \cdots & x_0^n \\ 1 & x_1 & x_1^2 & \cdots & x_1^n \\ \vdots & \vdots & \vdots & & \vdots \\ 1 & x_n & x_n^2 & \cdots & x_n^n \end{vmatrix}$$

称为范德蒙 (Vandermonde) 行列式. 利用行列式的性质可以求得

$$V_n(x_0,x_1,\cdots,x_n)=\prod_{n\geqslant i\geqslant j\geqslant 0}(x_i-x_j)$$

由于假设 $i\neq j$ 时，$x_i\neq x_j$，故所有因子 $x_i-x_j\neq 0$，于是 $V_n(x_0,x_1,\cdots,x_n)\neq 0$. 由克莱姆 (Grammer) 法则，方程组(5.4)的解存在且唯一，所以满足条件(5.3)的多项式(5.2)存在且唯一.

证毕

3. 代数插值的几何意义

代数插值的几何意义，就是通过 $n+1$ 个点 (x_i, y_i) $(i=0, 1, \cdots, n)$ 作一条代数曲线 $y=P_n(x)$，使其近似于曲线 $y=f(x)$. 其示意图如图 5.1 所示.

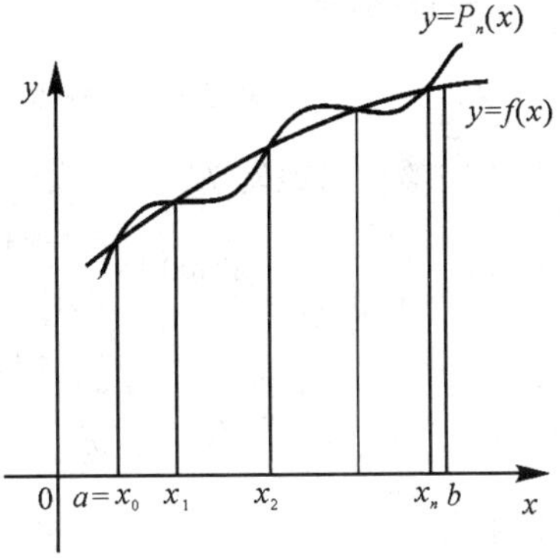

图 5.1

4. 插值余项

由插值法的定义可知，在区间 $[a,b]$ 上用 $y=P_n(x)$ 近似 $y=f(x)$ 时，在节点 x_i 上有 $f(x_i)=P_n(x_i)$ $(i=0,1,\cdots,n)$，而在其他点 x 处一般说来会有误差. 令

$$R_n(x)=f(x)-P_n(x) \tag{5.5}$$

它表示用 $P_n(x)$ 近似 $f(x)$ 的截断误差，常称为插值多项式的插值余项或截断误差. 一般地，$|R_n(x)|$ 越小，则近似程度越好.

本章主要讨论寻求插值多项式及其相应余项的方法.

5.1 拉格朗日(Lagrange)插值

根据插值条件(5.1)通过求解线性方程组(5.4)来确定插值多项式的系数，其计算工作量较大，因此常用其他方法来构造插值多项式. 本节将采用插值基函数的方法，构造一种具有一定特点的插值多项式，即拉格朗日插值多项式.

为了使读者能够容易地接受插值基函数及拉格朗日插值多项式的构造方法，下面以两点插值问题作为引例.

已知 $y_i=f(x_i)$ $(i=0,1)$，求满足插值条件 $P_1(x_i)=y_i$ $(i=0,1)$ 的插值多项式 $P_1(x)$.

根据解析几何知识可知，所求的 $P_1(x)$ 为过点 (x_0, y_0)，(x_1, y_1) 的直线，即

$$P_1(x) = y_0 + \frac{y_1 - y_0}{x_1 - x_0}(x - x_0)$$

上式经整理可改写为

$$P_1(x) = \frac{x - x_1}{x_0 - x_1}y_0 + \frac{x - x_0}{x_1 - x_0}y_1 = l_0(x)y_0 + l_1(x)y_1$$

式中 $l_0(x) = \frac{x - x_1}{x_0 - x_1}$，$l_1(x) = \frac{x - x_0}{x_1 - x_0}$. 显然 $l_0(x)$，$l_1(x)$ 具有以下性质.

性质 1 $l_0(x_i) = \begin{cases} 1 & (i=0) \\ 0 & (i=1) \end{cases}$，$l_1(x_i) = \begin{cases} 0 & (i=0) \\ 1 & (i=1) \end{cases}$

性质 2 $l_0(x)$，$l_1(x)$ 为由插值节点唯一确定的线性函数.

称上述一次多项式 $l_0(x)$，$l_1(x)$ 为节点 x_0，x_1 上的一次插值基函数. 可以看出，节点 x_0，x_1 上的一次插值基函数的次数为插值节点个数减 1，基函数组中所含的函数个数与插值节点个数相同. 而满足 $p_1(x_i) = y_i (i=0,1)$ 的插值多项式 $p_1(x)$ 就是节点 x_0，x_1 上插值基函数的线性组合，其组合系数分别为 y_0，y_1. 这种表示为插值基函数线性组合的一次插值多项式也就是一次拉格朗日插值多项式.

当给定 $n+1$ 个插值节点后，可类似地定义 n 次插值基函数，并以此为基础构造 n 次拉格朗日插值多项式.

一、插值基函数

定义 5.1 若 n 次多项式 $l_k(x)$ $(k=0,1,\cdots,n)$ 在 $n+1$ 个插值节点 $x_0 < x_1 < \cdots < x_n$ 上满足插值条件

$$l_k(x_i) = \delta_{ik} = \begin{cases} 1 & (i=k) \\ 0 & (i \neq k) \end{cases} \quad (i,k=0,1,\cdots,n)$$

则称这$n+1$个n次多项式$l_0(x),l_1(x),\cdots,l_n(x)$为插值节点$x_0$，$x_1,\cdots,x_n$上的$n$次插值基函数. 下面建立其具体表达式.

由于$i\neq k$时，$l_k(x_i)=0$，所以$x_0,x_1,\cdots,x_{k-1},x_{k+1},\cdots,x_n$为$l_k(x)$的零点. 故设

$$l_k(x)=A_k(x-x_0)(x-x_1)\cdots(x-x_{k-1})(x-x_{k+1})\cdots(x-x_n)$$

由$l_k(x_k)=1$，得

$$A_k=\frac{1}{(x_k-x_0)(x_k-x_1)\cdots(x_k-x_{k-1})(x_k-x_{k+1})\cdots(x_k-x_n)}\quad(k=0,1,\cdots,n)$$

于是

$$l_k(x)=\frac{(x-x_0)\cdots(x-x_{k-1})(x-x_{k+1})\cdots(x-x_n)}{(x_k-x_0)\cdots(x_k-x_{k-1})(x_k-x_{k+1})\cdots(x_k-x_n)}\quad(k=0,1,\cdots,n)$$

显然$l_k(x)$具有以下性质.

性质 1 $l_k(x_i)=\begin{cases}1 & (i=k)\\0 & (i\neq k)\end{cases}\quad(k=0,1,\cdots,n)$

性质 2 $l_k(x)\ (k=0,1,\cdots,n)$为由插值节点$x_0,x_1,\cdots,x_n$唯一确定的n次函数.

性质 3 基函数组所含的基函数个数与插值节点个数相同.

二、拉格朗日插值多项式

下面以n次插值基函数为基础，构造满足插值条件

$$L_n(x_k)=y_k\quad(k=0,1,\cdots,n)\tag{5.6}$$

的插值多项式$L_n(x)$.

容易验证，n次插值基函数的线性组合$\sum_{k=0}^{n}l_k(x)y_k$在插值节点x_k处的值等于$y_k(k=0,1,\cdots,n)$. 故利用n次插值基函数可以

将满足条件(5.6)的插值多项式 $L_n(x)$ 表示为

$$L_n(x) = \sum_{k=0}^{n} l_k(x) y_k = \sum_{k=0}^{n} \frac{(x-x_0)\cdots(x-x_{k-1})(x-x_{k+1})\cdots(x-x_n)}{(x_k-x_0)\cdots(x_k-x_{k-1})(x_k-x_{k+1})\cdots(x_k-x_n)} y_k = \sum_{k=0}^{n}\left(\prod_{\substack{i=0\\ i\neq k}}^{n} \frac{x-x_i}{x_k-x_i}\right) y_k \tag{5.7}$$

称 $L_n(x)$ 为拉格朗日插值多项式.

当 $n=1$ 时,有

$$L_1(x) = \frac{x-x_1}{x_0-x_1} y_0 + \frac{x-x_0}{x_1-x_0} y_1 \tag{5.8}$$

当 $n=2$ 时,有

$$L_2(x) = \frac{(x-x_1)(x-x_2)}{(x_0-x_1)(x_0-x_2)} y_0 + \frac{(x-x_0)(x-x_2)}{(x_1-x_0)(x_1-x_2)} y_1 + \frac{(x-x_0)(x-x_1)}{(x_2-x_0)(x_2-x_1)} y_2 \tag{5.9}$$

$L_1(x)$,$L_2(x)$ 分别称为线性插值多项式和二次插值多项式. 几何意义如图 5.2 所示,左图表示通过点(x_0, y_0),(x_1, y_1) 的一条直线,右图表示通过三点(x_0, y_0),(x_1, y_1),(x_2, y_2) 的一条抛物线.

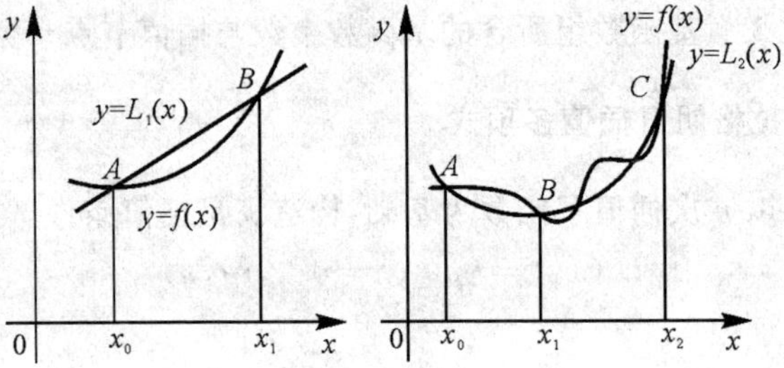

图 5.2

若记 $\omega_{n+1}(x)=\prod_{i=0}^{n}(x-x_i)$，则有 $\omega_{n+1}'(x_k)=\prod_{\substack{i=0\\i\neq k}}^{n}(x_k-x_i)$.

于是 $L_n(x)$ 也可写为

$$L_n(x)=\sum_{k=0}^{n}\frac{\omega_{n+1}(x)}{(x-x_k)\omega_{n+1}'(x_k)}y_k \tag{5.10}$$

三、拉格朗日插值多项式的余项

设 $f(x)$ 为定义在$[a,b]$上的被插值函数，$L_n(x)$ 为 $f(x)$ 的 n 次插值多项式，其插值余项

$$R_n(x)=f(x)-L_n(x)$$

的具体表达式可用下面的定理给出.

定理 5.2 如果 $f^{(n)}(x)$ 在区间$[a,b]$上连续，$f^{(n+1)}(x)$ 在(a,b) 内存在，$L_n(x)$ 为在节点 $a\leqslant x_0<x_1<\cdots<x_n\leqslant b$ 上满足插值条件(5.6) 的插值多项式，则对任一 $x\in(a,b)$，其插值余项为

$$R_n(x)=f(x)-L_n(x)=\frac{f^{(n+1)}(\xi)}{(n+1)!}\omega_{n+1}(x) \tag{5.11}$$

其中 $\omega_{n+1}(x)=\prod_{i=0}^{n}(x-x_i)$，$\xi\in(a,b)$ 且依赖于 x_0.

证明 由于 $R_n(x_i)=0\ (i=0,1,\cdots,n)$，故设

$$R_n(x)=K(x)\omega_{n+1}(x) \tag{5.12}$$

为了确定函数 $K(x)$，将 x 视为$[a,b]$上的一个固定点，作辅助函数

$$\varphi(t)=f(t)-L_n(t)-K(x)(t-x_0)(t-x_1)\cdots(t-x_n)$$

由 $\varphi(x_i)=0\ (i=0,1,\cdots,n)$ 及 $\varphi(x)=0$，知 $\varphi(t)$ 在$[a,b]$上有 $n+2$ 个零点. 又由已知条件知 $\varphi(t)$ 在(a,b) 上有直至 $n+1$ 阶导数. 于是根据罗尔 (Rolle) 定理可得：$\varphi'(t)$ 在区间(a,b) 内至少有$n+1$ 个零点. 反复利用罗尔定理可以推知：$\varphi^{(n+1)}(t)$ 在(a,b)

内至少有一个零点，记为 ξ，即有

$$\varphi^{(n+1)}(\xi)=f^{(n+1)}(\xi)-(n+1)!\,K(x)=0$$

于是

$$K(x)=\frac{f^{(n+1)}(\xi)}{(n+1)!}$$

式中 $\xi\in(a,b)$ 且依赖于 x. 将上式代入式(5.12) 即得式(5.11). 由式(5.11) 给出的余项通常称为拉格朗日型余项. 证毕

一般情况下，余项表达式中 $\xi\in(a,b)$ 的具体数值无法知道. 但如果能够求出 $\max\limits_{a\leqslant x\leqslant b}|f^{(n+1)}(x)|=M_{n+1}$，则可以得出插值多项式的截断误差限为

$$|R_n(x)|\leqslant\frac{M_{n+1}}{(n+1)!}\max_{a\leqslant x\leqslant b}|\omega_{n+1}(x)| \tag{5.13}$$

由此看出，$|R_n(x)|$ 的大小除与 M_{n+1} 有关外，还与插值节点有密切关系. 当给定 m 个点处的函数值，但仅选用其中 $n+1$ $(n+1<m)$ 个作为插值条件而求某点 $\bar{x}$ 处函数值时，$n+1$ 个节点 $x_0,x_1,\cdots,x_n$ 的选取应尽可能接近 $\bar{x}$，以使得所计算的函数值的误差限尽可能小.

例 5.1 已知 e^{-x} 在 $x=1,2,3$ 点的值由下表给出

x	1	2	3
e^{-x}	0.367 879 441	0.135 335 283	0.049 787 068

试分别用线性插值与二次插值计算 $e^{-2.1}$ 的近似值，并进行误差估计.

解 取 $x_0=2,x_1=3,x=2.1$ 代入一次插值公式(5.8)，得

$$\begin{aligned}L_1(2.1)=&\frac{2.1-3}{2-3}\times 0.135\,335\,283+\\&\frac{2.1-2}{3-2}\times 0.049\,787\,068=0.126\,780\,46\end{aligned}$$

取 $x_0=1, x_1=2, x_2=3, x=2.1$ 代入二次插值公式(5.9),得

$$L_2(2.1)=\frac{(2.1-2)(2.1-3)}{(1-2)(1-3)}\times 0.367\ 879\ 441+$$

$$\frac{(2.1-1)(2.1-3)}{(2-1)(2-3)}\times 0.135\ 335\ 283+$$

$$\frac{(2.1-1)(2.1-2)}{(3-1)(3-2)}\times 0.049\ 787\ 068=$$

$$0.120\ 165\ 644$$

根据式(5.11)及函数 e^{-x} 的递减性,有

$$|R_1(2.1)|\leqslant\frac{e^{-2}}{2!}|(2.1-2)(2.1-3)|\approx 0.006\ 090\ 09$$

$$|R_2(2.1)|\leqslant\frac{e^{-1}}{3!}|(2.1-1)(2.1-2)(2.1-3)|\approx$$

$$0.006\ 070\ 01$$

从计算结果与误差估计均可看出,与精确值 $e^{-2.1}=0.122\ 456\ 428$ 比较,$L_2(2.1)$ 比 $L_1(2.1)$ 近似程度要好一些.

例 5.2 已知函数 $y=f(x)$ 的观测数据为

x	0	1	2
y	1	2	3

求拉格朗日插值多项式.

解 取 $x_0=0, x_1=1, x_2=2$

$$L_2(x)=\frac{(x-1)(x-2)}{(0-1)(0-2)}\times 1+\frac{(x-0)(x-2)}{(1-0)(1-2)}\times 2+$$

$$\frac{(x-0)(x-1)}{(2-0)(2-1)}\times 3=x+1$$

此例说明 $p_n(x)$ 的次数不高于 n，即小于或等于 n. 从几何上看，这三点(0,1)，(1,2)，(2,3) 在一条直线上.

5.2 牛 顿 插 值

前面介绍的拉格朗日插值多项式，其形式具有对称性，且便于编程计算. 但这种插值多项式，随着插值节点的增加，插值多项式必须重新构造. 并且被插值函数的表格形式也使得插值余项难以估计. 本节将介绍另一种形式的插值多项式 —— 牛顿插值多项式. 它的使用比较灵活. 当增加插值节点时，只要在原有的基础上增加部分计算工作量，且可用于被插值函数由表格形式给出时的余项估计. 在构造牛顿插值多项式之前，首先介绍差商的概念及性质.

一、差商的定义及性质

定义 5.2 给定函数 $f(x)$ 在互异节点 $x_0 < x_1 < x_2 < \cdots < x_n$ 处的函数值分别为 $f(x_0), f(x_1), \cdots, f(x_n)$，称

$$f[x_i, x_j] = \frac{f(x_i) - f(x_j)}{x_i - x_j} \quad (i \neq j) \tag{5.14}$$

为 $f(x)$ 在 x_i, x_j 处的一阶差商. 称

$$f[x_i, x_j, x_k] = \frac{f[x_i, x_j] - f[x_j, x_k]}{x_i - x_j} \quad (i \neq j \neq k) \tag{5.15}$$

为 $f(x)$ 在 x_i, x_j, x_k 处的二阶差商.

一般地，称

$$f[x_0, x_1, \cdots, x_k] = \frac{f[x_0, x_1, \cdots, x_{k-1}] - f[x_1, x_2, \cdots, x_k]}{x_0 - x_k} \tag{5.16}$$

为 $f(x)$ 在 $x_0,x_1,\cdots,x_k$ 上的 k 阶差商. 即 $f(x)$ 的 $k-1$ 阶差商的差商称为 k 阶差商（差商也称为均差）.

因为

$$f'(x_j)=\lim_{x_i\to x_j}\frac{f(x_i)-f(x_j)}{x_i-x_j}$$

所以

$$f'(x_j)=\lim_{x_i\to x_j}f[x_i,x_j]$$

即差商是微商的离散形式.

差商有如下性质.

性质 1 k 阶差商 $f[x_0,x_1,\cdots,x_k]$ 可以表示为函数值 $f(x_0),f(x_1),\cdots,f(x_k)$ 的线性组合，即

$$f[x_0,x_1,\cdots,x_k]=\sum_{j=0}^{k}\frac{f(x_j)}{\omega'_{k+1}(x_j)} \tag{5.17}$$

其中 $\omega'_{k+1}(x_j)=\prod\limits_{\substack{i=0\\i\neq j}}^{k}(x_j-x_i)$.

该性质的证明可对阶数运用归纳法进行，也可在构造牛顿插值多项式后，利用插值多项式的唯一性进行证明. 这一性质的证明请读者自行完成（留作习题）.

性质 2 差商与插值节点的排列顺序无关，即

$$f[x_i,x_j]=f[x_j,x_i]$$

$$f[x_i,x_j,x_k]=f[x_j,x_i,x_k]=f[x_k,x_j,x_i]$$

一般地，在 k 阶差商 $f[x_0,x_1,\cdots,x_k]$ 中，任意调换节点的次序，其值不变.

该性质可由性质 1 推得.

二、牛顿插值多项式及其余项

根据差商的定义，可以得出满足插值条件

$$N_n(x_i)=y_i\quad(i=0,1,\cdots,n) \tag{5.18}$$

的插值多项式 $N_n(x)$.

设 $x_0, x_1, \cdots, x_n$ 为 $n+1$ 个插值节点，$x \in [a,b]$ 且 $x \neq x_i$ $(i=0,1,\cdots,n)$，则由差商定义有

$$f(x) = f(x_0) + f[x, x_0](x - x_0)$$

$$f[x, x_0] = f[x_0, x_1] + f[x, x_0, x_1](x - x_1)$$

$$f[x, x_0, x_1] = f[x_0, x_1, x_2] + f[x, x_0, x_1, x_2](x - x_2)$$

$$\vdots$$

$$f[x, x_0, x_1, \cdots, x_{n-1}] = f[x_0, x_1, \cdots, x_n] + f[x, x_0, \cdots, x_n](x - x_n)$$

将上组等式中第二式代入第一式，得

$$\begin{aligned} f(x) = & f(x_0) + f[x_0, x_1](x - x_0) + \\ & f[x, x_0, x_1](x - x_0)(x - x_1) = \\ & N_1(x) + \widetilde{R}_1(x) \end{aligned}$$

式中 $N_1(x) = f(x_0) + f[x_0, x_1](x - x_0)$. 可验证 $N_1(x)$ 是满足插值条件(5.18) 的一次插值多项式. 而

$$\widetilde{R}_1(x) = f[x, x_0, x_1](x - x_0)(x - x_1)$$

为一次插值的余项.

再将第三式代入 $f(x) = N_1(x) + \widetilde{R}_1(x)$，得

$$\begin{aligned} f(x) = & f(x_0) + f[x_0, x_1](x - x_0) + \\ & f[x_0, x_1, x_2](x - x_0)(x - x_1) + \\ & f[x, x_0, x_1, x_2](x - x_0)(x - x_1)(x - x_2) = \\ & N_2(x) + \widetilde{R}_2(x) \end{aligned}$$

式中

$$\begin{aligned} N_2(x) = & f(x_0) + f[x_0, x_1](x - x_0) + \\ & f[x_0, x_1, x_2](x - x_0)(x - x_1) \end{aligned}$$

可验证 $N_2(x)$ 为满足插值条件(5.18) 的二次插值多项式. 而

$$\widetilde{R}_2(x) = f[x, x_0, x_1, x_2](x - x_0)(x - x_1)(x - x_2)$$

为二次插值的余项.

类似地，将各式逐次代入前一公式，可得

$$f(x)=f(x_0)+f[x_0,x_1](x-x_0)+ \\ f[x_0,x_1,x_2](x-x_0)(x-x_1)+ \\ \cdots+f[x_0,x_1,\cdots,x_n](x-x_0)(x-x_1)\cdots(x-x_{n-1})+ \\ f[x,x_0,\cdots,x_n](x-x_0)(x-x_1)\cdots(x-x_n) \quad (5.19)$$

令
$$N_n(x)=f(x_0)+f(x_0,x_1)(x-x_0)+ \\ f[x_0,x_1,x_2](x-x_0)(x-x_1)+ \\ \cdots+f[x_0,x_1,\cdots,x_n](x-x_0)(x-x_1)\times \\ \cdots(x-x_{n-1}) \quad (5.20)$$

$$\widetilde{R}_n(x)=f[x,x_0,\cdots,x_n](x-x_0)(x-x_1)\cdots(x-x_n) \quad (5.21)$$

则式(5.19)可写为

$$f(x)=N_n(x)+\widetilde{R}_n(x)$$

由 $\widetilde{R}_n(x_i)=0\ (i=0,1,\cdots,n)$，可知，$N_n(x)$ 为满足插值条件(5.18)的 n 次插值多项式. 通常称 $N_n(x)$ 为 n 次牛顿插值多项式，$\widetilde{R}_n(x)$ 为牛顿型插值余项.

根据满足给定插值条件的插值多项式之存在唯一性定理 5.1 可知

$$N_n(x)\equiv L_n(x)$$

因此，当 $f(x)$ 在(a,b)上有 $n+1$ 阶导数时，有

$$\widetilde{R}_n(x)\equiv R_n(x)$$

即

$$R_n(x)=f[x,x_0,\cdots,x_n]\omega_{n+1}(x)=\frac{f^{(n+1)}(\xi)}{(n+1)!}\omega_{n+1}(x) \quad (5.22)$$

所以，对列表函数或高阶导数不存在的函数，其余项可由牛顿型插值余项给出.

通过式(5.22)可得

$$f[x,x_0,x_1,\cdots,x_n]=\frac{f^{(n+1)}(\xi)}{(n+1)!}\quad(\xi\in(a,b))$$

从而可以得到差商的另一个性质：

$$f[x_0,x_1,\cdots,x_n]=\frac{f^{(n)}(\xi)}{n!}\quad(\xi\in(a,b))\tag{5.23}$$

记 $N_k(x)$ 为具有节点 $x_0,x_1,\cdots,x_k$ 的牛顿插值多项式，则具有节点 $x_0,x_1,\cdots,x_{k+1}$ 的牛顿插值多项式 $N_{k+1}(x)$ 可表示为

$$N_{k+1}(x)=N_k(x)+f[x_0,x_1,\cdots,x_{k+1}]\times$$
$$(x-x_0)(x-x_1)\cdots(x-x_k)$$

上式说明增加一个新节点 x_{k+1}，只要在 $N_k(x)$ 的基础上，增加计算 $f[x_0,x_1,\cdots,x_{k+1}](x-x_0)(x-x_1)\cdots(x-x_k)$ 即可. 牛顿插值多项式的递推性给实用带来了方便.

实际计算时，可借助于差商表 5.1. 牛顿插值多项式的各项系数就是表 5.1 中第一条斜线上对应的数值.

表　5.1

x_i	$f(x_i)$	一阶差商	二阶差商	三阶差商
x_0	$f(x_0)$			
x_1	$f(x_1)$	$f[x_0,x_1]$		
x_2	$f(x_2)$	$f[x_1,x_2]$	$f[x_0,x_1,x_2]$	
x_3	$f(x_3)$	$f[x_2,x_3]$	$f[x_1,x_2,x_3]$	$f[x_0,x_1,x_2,x_3]$
⋮	⋮	⋮	⋮	⋮

例 5.3　已知函数 $f(x)=\mathrm{sh}x$ 的函数表如下，作插值多项式并计算 $f(0.596)=\mathrm{sh}0.596$ 的近似值.

k	0	1	2	3	4	5
x_k	0.40	0.55	0.65	0.80	0.90	1.05
$f(x_k)$	0.410 75	0.578 15	0.696 75	0.888 11	1.026 52	1.253 86

解 (1) 作出均差如表 5.2,确定插值多项式.

表 5.2

k	x_k	$f(x_k)$	一阶均差	二阶均差	三阶均差	四阶均差	$0.596-x_k$
0	0.40	<u>0.410 75</u>					0.196
			<u>1.116 0</u>				
1	0.55	0.578 15		<u>0.280 0</u>			0.046
			1.186 0		<u>0.197</u>		
2	0.65	0.696 75		0.358 8		<u>0.034</u>	−0.054
			1.275 7		0.214		
3	0.80	0.888 11		0.433 6		0.034	−0.204
			1.384 1		0.231		
4	0.90	1.026 52		0.526 0			
			1.515 6				
5	1.05	1.253 86					

从表 5.2 看出,四阶均差是常数,五阶均差必为零.因此可作 4 次插值多项式 $N_4(x)$.这时必须从表中选定 5 个插值节点,因为 $\bar{x}=0.596$,故选与 $\bar{x}$ 靠近的 x_0,x_1,x_2,x_3,x_4 为节点,得

$$\begin{aligned}N_4(x)=&0.410\,75+1.116\,0(x-0.40)+\\&0.280\,0(x-0.40)(x-0.55)+\\&0.197(x-0.40)(x-0.55)\times\\&(x-0.65)+0.034(x-0.40)\times\\&(x-0.55)(x-0.65)(x-0.80)\end{aligned}$$

$$f(0.596)\approx N_4(0.596)$$

(2) 计算 $N_4(0.596)$. 在计算中要用到 $\bar{x}-x_k(k=0,1,2,3)$，故可将 $\bar{x}-x_k$ 补写在均差表中的最后一列. 为了充分利用中间结果以节省运算时间和机器内存，对多项式的计算常采用下面的程序，将

$$N_n(x)=a_0+a_1x+a_2x^2+\cdots+a_nx^n$$

改写为

$$N_n(x)=\{[(a_nx+a_{n-1})x+a_{n-2}]x+\cdots\}x+a_0$$

在这里有

$$\begin{aligned}N_4(\bar{x})=&\{[(0.034(\bar{x}-0.80)+0.197)(\bar{x}-0.65)+\\&0.28](\bar{x}-0.55)+1.116\}(\bar{x}-0.40)+0.410\ 75=\\&\{[(0.034(-0.204)+0.197)(-0.054)+\\&0.28](0.046)+1.116\}(0.196)+\\&0.410\ 75=0.631\ 92\end{aligned}$$

所以 $$f(0.596)=\text{sh}0.596\approx 0.631\ 92$$

5.3 等距节点插值

牛顿插值多项式可用于节点任意分布的情况. 但在节点等距时，牛顿插值多项式的计算公式可用差分进行简化. 为此本节将首先介绍差分的概念及性质，然后将牛顿插值多项式用差分表示，从而得到牛顿插值多项式的特例 —— 等距节点插值多项式.

一、差分的定义及性质

定义 5.3 设 $a=x_0<x_1<x_2<\cdots<x_n=b, y_i=f(x_i)$ 为等距节点 $x_i=x_0+ih\ (i=0,1,\cdots,n)$ 上的函数值，其中 $h=\dfrac{b-a}{n}$ 称为步长，则

$$\Delta y_i=y_{i+1}-y_i \quad (i=0,1,\cdots,n) \tag{5.24}$$

称为 $f(x)$ 在 x_i 处以 h 为步长的一阶向前差分.

$$\Delta^2 y_i = \Delta y_{i+1} - \Delta y_i = y_{i+2} - 2y_{i+1} + y_i \quad (i=0,1,\cdots,n) \tag{5.25}$$

称为 $f(x)$ 在 x_i 处以 h 为步长的二阶向前差分.一般地,

$$\Delta^m y_i = \Delta^{m-1} y_{i+1} - \Delta^{m-1} y_i \quad (i=0,1,\cdots,n) \tag{5.26}$$

称为 $f(x)$ 在 x_i 处以 h 为步长的 m 阶向前差分.

差分有如下性质.

性质 1 各阶差分可用函数值线性表示,其计算公式为

$$\begin{aligned}\Delta^n y_i = &y_{n+i} - C_n^1 y_{n+i-1} + C_n^2 y_{n+i-2} + \cdots + \\ &(-1)^s C_n^s y_{n+i-s} + \cdots + (-1)^n y_i\end{aligned} \tag{5.27}$$

其中

$$C_n^s = \frac{n(n-1)\cdots(n-s+1)}{s!}$$

该性质的证明请读者自行完成(留作习题).

性质 2 差分与差商满足下述关系

$$f[x_0, x_1, \cdots, x_n] = \frac{\Delta^n y_0}{n!\ h^n} \tag{5.28}$$

证明 利用归纳法证明如下.

当 $k=1$ 时,有 $f[x_0, x_1] = \frac{\Delta y_0}{h}$,即结论成立.

设 $k=m-1$ 时结论成立,即有

$$f[x_0, x_1, \cdots, x_{m-1}] = \frac{\Delta^{m-1} y_0}{(m-1)!\ h^{m-1}}$$

$$f[x_1, x_2, \cdots, x_m] = \frac{\Delta^{m-1} y_1}{(m-1)!\ h^{m-1}}$$

则当 $k=m$ 时,有

$$f[x_0, x_1, \cdots, x_m] = \frac{f[x_1, x_2, \cdots, x_m] - f[x_0, x_1, \cdots, x_{m-1}]}{x_m - x_0} =$$

$$\frac{\Delta^{m-1} y_1 - \Delta^{m-1} y_0}{(m-1)!\ h^{m-1} mh} = \frac{\Delta^m y_0}{m!\ h^m}$$

故式(5.28)成立. 证毕

性质 3 差分与导数满足关系

$$\Delta^n y_0 = h^n f^{(n)}(\xi) \quad (\xi \in (x_0, x_n)) \tag{5.29}$$

证明 将式(5.23)与式(5.28)联立,即得

$$f^{(n)}(\xi) = \frac{\Delta^n y_0}{h^n} \quad (\xi \in (a,b))$$

故式(5.29)成立. 证毕

除向前差分外,还有向后差分及中心差分,它们的定义及性质请参阅文献[10].

二、等距节点插值多项式及其余项

给定等距节点 $x_i = x_0 + ih\ (i=0,1,\cdots,n)$ 后,将差分与差商的关系式(5.29)代入牛顿插值多项式,即可得到

$$N_n(x) = f(x_0) + \frac{\Delta y_0}{h}(x-x_0) + \frac{\Delta^2 y_0}{\alpha!\ h^2}(x-x_0)(x-x_1) + \cdots + \frac{\Delta^n y_0}{n!\ h^n}(x-x_0)(x-x_1)\cdots(x-x_{n-1})$$

令 $x = x_0 + th, t > 0$,则有

$$N_n(x_0+th) = f(x_0) + t\Delta y_0 + \frac{t(t-1)}{\alpha!}\Delta^2 y_0 + \cdots + \frac{t(t-1)\cdots(t-n+1)}{n!}\Delta^n y_0 \tag{5.30}$$

将差分与差商的关系式(5.29)代入牛顿型插值余项式(5.21),即可得到

$$R_n(x_0+th) = \frac{t(t-1)\cdots(t-n)}{(n+1)!}h^{n+1} f^{(n+1)}(\xi) \quad (\xi \in (x_0, x_n)) \tag{5.31}$$

式(5.30)与式(5.31)分别称为牛顿向前插值多项式及牛顿向前插值多项式的余项.

对于节点等距分布的情况，除了利用向前差分构造的牛顿向前插值多项式，还有利用向后差分及中心差分构造的牛顿向后插值多项式及贝塞尔（Bessel）插值多项式. 其详细内容请参见文献[10].

与牛顿插值多项式类似，牛顿向前插值多项式也具有递推性质，且可借助于表 5.3 进行计算. 牛顿向前插值多项式的各项系数就是表 5.3 中 $y_0, \Delta y_0, \Delta^2 y_0, \Delta^3 y_0, \cdots$

表 5.3

x_i	y_i	Δy_i	$\Delta^2 y_i$	$\Delta^3 y_i$
x_0	y_0			
x_1	y_1	Δy_0		
x_2	y_2	Δy_1	$\Delta^2 y_0$	
x_3	y_3	Δy_2	$\Delta^2 y_1$	$\Delta^3 y_0$
⋮	⋮	⋮	⋮	⋮

例 5.4 给出函数 $y=f(x)=\text{sh}x$ 在 $x \in [0.5, 0.8]$ 的部分函数值如下：

x_i	0.50	0.55	0.60	0.65	0.70	0.75	0.80
$f(x_i)$	0.521 095	0.578 152	0.636 654	0.696 748	0.758 584	0.822 317	0.888 106

试计算 $x=0.52$ 处函数 $f(x)$ 的近似值.

解 列差分表 5.4.

表 5.4

x_i	$f(x_i)$	Δy_0	$\Delta^2 y_0$	$\Delta^3 y_0$	$\Delta^4 y_0$
0.5	0.521 095				
0.55	0.578 152	0.057 057			
0.6	0.636 654	0.058 502	0.001 445		
0.65	0.696 748	0.060 094	0.001 592	0.000 147	
0.7	0.758 584	0.061 836	0.001 742	0.000 150	0.000 003
0.75	0.822 317	0.063 733	0.001 897	0.000 155	0.000 005
0.8	0.888 106	0.065 789	0.002 056	0.000 159	0.000 004

由表 5.4 可见，四阶差分接近于零，故可用三次牛顿向前插值多项式计算 $f(0.52)$ 的近似值.

设 $\boldsymbol{x}_0 = 0.5, t = \dfrac{0.52 - 0.5}{0.05} = 0.4$，则

$$
\begin{aligned}
N_3 = {} & 0.521\,095 + 0.057\,057 \times 0.4 + \\
& \frac{1}{2} \times 0.001\,445 \times 0.4 \times (0.4 - 1) + \\
& \frac{1}{6} \times 0.000\,147 \times 0.4 \times \\
& (0.4 - 1) \times (0.4 - 2) = \\
& 0.543\,753\,8 \quad (\text{精确值为 } 0.543\,753\,55)
\end{aligned}
$$

5.4 埃尔米特(Hermite) 插值

许多实际问题不但要求插值多项式与被插值函数在节点处的函数值相等，而且还要求其导数值相等. 满足这种要求的插值多项式就是埃尔米特插值多项式.

一、一般情形的埃尔米特插值问题

一般情形的埃尔米特插值问题是指所满足的插值条件中，函数值的个数与导数值的个数相等. 即当函数 $f(x)$ 在区间$[a,b]$上 $n+1$ 个节点 $x_i (i=0,1,\cdots,n)$ 处的函数值 $f(x_i)=y_i$ 及导数值 $f'(x_i)=m_i$ 给定时，要求一个次数不超过 $2n+1$ 的多项式 $H_{2n+1}(x)$，使之满足

$$
\left.\begin{aligned} H_{2n+1}(x_i) &= y_i \\ H'_{2n+1}(x_i) &= m_i \end{aligned}\right\} \quad (i=0,1,\cdots,n) \tag{5.32}
$$

这里给出了 $2n+2$ 个插值条件，可唯一确定一个形式为

$$
H_{2n+1}(x) = a_0 + a_1 x + \cdots + a_{2n+1} x^{2n+1}
$$

的多项式.但是,如果直接由条件(5.32)来确定 $2n+2$ 个系数 a_0, $a_1,\cdots,a_{2n+1}$,显然非常复杂.所以,我们仍借用构造拉格朗日插值多项式的基函数.

设 $\alpha_j(x),\beta_j(x)$ $(j=0.1,\cdots,n)$ 为次数不超过 $2n+1$ 的多项式,且满足

$$\left.\begin{aligned}\alpha_j(x_i)=\delta_{ij}, \quad \alpha_j'(x_i)=0\\ \beta_j(x_i)=0, \quad \beta_j'(x_i)=\delta_{ij}\end{aligned}\right\} \quad (i,j=0,1,\cdots,n) \tag{5.33}$$

则满足插值条件(5.32)的埃尔米特插值多项式可写成用插值基函数表示的形式

$$H_{2n+1}(x)=\sum_{j=0}^{n}[\alpha_j(x)y_j+\beta_j(x)m_j] \tag{5.34}$$

由条件(5.33),显然有

$$H_{2n+1}(x_i)=y_i, \quad H'_{2n+1}(x_i)=m_i \quad (i=0,1,\cdots,n)$$

下面的问题就是求满足条件(5.33)的基函数 $\alpha_j(x),\beta_j(x)$ $(j=0,1,\cdots,n)$,为此,这儿借用构造拉格朗日插值多项式的基函数 $l_j(x)$ $(j=0,1,\cdots,n)$.

由 $\alpha_j(x_i)=0,\alpha_j'(x_i)=0$ $(i\neq j)$,令

$$\alpha_j(x)=(a_jx+b_j)[l_j(x)]^2$$

其中 a_j,b_j 为待定常数.由条件(5.33),在 $x=x_j$ 处有

$$\begin{cases}a_jx_j+b_j=1\\ a_j+2(a_jx_j+b_j)l_j'(x_j)=0\end{cases}$$

解之得

$$a_j=-2l_j'(x_j)=-2\sum_{\substack{k=0\\k\neq j}}^{n}\frac{1}{x_j-x_k}$$

$$b_j=1+2x_jl_j'(x_j)=1+2x_j\sum_{\substack{k=0\\k\neq j}}^{n}\frac{1}{x_j-x_k}$$

于是

$$\alpha_j(x)=\left[1-2(x-x_j)\sum_{\substack{k=0\\k\neq j}}^{n}\frac{1}{x_j-x_k}\right]l_j^2(x)\quad(j=0,1,\cdots,n)$$

$$(5.35)$$

类似地,由 $\beta_j(x_i)=0,\beta_j'(x_i)=0\ (i\neq j)$,令

$$\beta_j(x)=(c_jx+d_j)l_j^2(x)$$

其中 c_j,d_j 为待定常数.由条件(5.33),在 $x=x_j$ 处有

$$\begin{cases}c_jx_j+d_j=0\\c_j+2(c_jx_j+d_j)l_j'(x_j)=1\end{cases}$$

解之得 $c_j=1,d_j=-x_j$.于是

$$\beta_j(x)=(x-x_j)l_j^2(x)\quad(j=0,1,\cdots,n)\tag{5.36}$$

将 $\alpha_j(x),\beta_j(x)$ 代入式(5.34)得

$$H_{2n+1}(x)=\sum_{j=0}^{n}[1-2(x-x_j)\sum_{\substack{k=0\\k\neq j}}^{n}\frac{1}{x_j-x_k}]l_j^2(x)y_j+$$
$$\sum_{j=0}^{n}(x-x_j)l_j^2(x)m_j\tag{5.37}$$

在给出了埃尔米特插值多项式(5.37)后,下面讨论它的唯一性.假设另有一次数不高于 $2n+1$ 的多项式 $P_{2n+1}(x)$ 满足条件(5.32),则

$$\Phi(x)=H_{2n+1}(x)-P_{2n+1}(x)$$

是次数不高于$2n+1$的多项式,且以节点 $x_i(i=0,1,\cdots,n)$ 为二重零点,即 $\Phi(x)$ 至少有 $2n+2$ 个零点.从而必有 $\Phi(x)\equiv0$,即 $H_{2n+1}(x)\equiv P_{2n+1}(x)$.

仿照拉格朗日插值余项的讨论方法,可以得出埃尔米特插值多项式的插值余项.

定理 5.3 若 $f(x)$ 在$[a,b]$上存在 $2n+2$ 阶导数,则其插值余项

$$R_{2n+1}(x)=f(x)-H_{2n+1}(x)=\frac{f^{(2n+2)}(\xi)}{(2n+2)!}\omega_{n+1}^{2}(x) \tag{5.38}$$

式中 $\xi\in(a,b)$，且与 x 有关.

埃尔米特插值的几何意义是，曲线 $y=H_{2n+1}(x)$ 与曲线 $y=f(x)$ 在插值节点处有公共切线.

作为埃尔米特插值多项式(5.37)的重要特例是 $n=1$ 的情形. 这时次数不高于3的埃尔米特插值多项式 $H_3(x)$ 满足条件

$$H_3(x_0)=y_0,\quad H_3(x_1)=y_1$$
$$H_3'(x_0)=m_0,\quad H_3'(x_1)=m_1$$

由式(5.35)与式(5.36)可得

$$\alpha_0(x)=\left(1-\alpha\frac{x-x_0}{x_0-x_1}\right)\left(\frac{x-x_1}{x_0-x_1}\right)^2$$

$$\alpha_1(x)=\left(1-2\frac{x-x_1}{x_1-x_0}\right)\left(\frac{x-x_0}{x_1-x_0}\right)^2$$

$$\beta_0(x)=(x-x_0)\left(\frac{x-x_1}{x_0-x_1}\right)^2$$

$$\beta_1(x)=(x-x_1)\left(\frac{x-x_0}{x_1-x_0}\right)^2$$

于是

$$\begin{aligned}H_3(x)=&\sum_{j=0}^{1}\alpha_j(x)y_j+\sum_{j=0}^{1}\beta_j(x)m_j=\\&y_0\left(1-2\frac{x-x_0}{x_0-x_1}\right)l_0^2(x)+\\&y_1\left(1-2\frac{x-x_1}{x_1-x_0}\right)l_1^2(x)+\\&m_0(x-x_0)l_0^2(x)+m_1(x-x_1)l_1^2(x)\end{aligned} \tag{5.39}$$

二、特殊情形的埃尔米特插值问题

在带导数的插值问题中，有时插值条件中的函数值个数与导数值个数不等.这时可以牛顿插值多项式或一般情况的埃尔米特插值多项式为基础,运用待定系数法求出满足插值条件的多项式.下面举例说明这种方法的基本思路.

设给定函数表如下:

x	x_0	x_1	x_2
$f(x)$	y_0	y_1	y_2
$f'(x)$	m_0	m_1	

求次数不高于 4 的多项式 $H_4(x)$,使之满足

$$\begin{cases} H_4(x_i)=y_i \quad (i=0,1,2) \\ H_4'(x_i)=m_i \quad (i=0,1) \end{cases}$$

若以牛顿插值多项式为基础,可设

$$\begin{aligned} H_4(x)=y_0+f[x_0,x_1](x-x_0)+ \\ f[x_0,x_1,x_2](x-x_0)(x-x_1)+ \\ (Ax+B)(x-x_0)(x-x_1)(x-x_2) \end{aligned}$$

其中 A,B 为待定常数.显然

$$H_4(x_i)=y_i \quad (i=0,1,2)$$

通过条件 $H_4'(x_i)=m_i(i=0,1)$,求得常数 A,B 后,即可得 $H_4(x)$.

若以埃尔米特插值多项式为基础,可设

$$H_4(x)=H_3(x)+c(x-x_0)^2(x-x_1)^2$$

其中 c 为待定常数,$H_3(x)$ 为满足条件 $H_3(x_i)=y_i,H_3'(x_i)=m_i(i=0,1)$ 的次数不高于 3 的埃尔米特插值多项式,其具体表达式见式(5.39).显然

$$H_4(x_i)=y_ji, \quad H_4'=m_i \quad (i=0,1)$$

通过条件 $H_4(x_2)=y_2$ 求得 c 后,即可得 $H_4(x)$.

对于函数值个数与导数值个数不等的带导数插值问题,可以类似于一般的埃尔米特插值问题得到其插值多项式的唯一性及插

值余项的表达式.

5.5 三次样条插值

一、分段插值法

前面我们根据区间$[a,b]$上给出的节点可以得到函数$f(x)$的插值多项式,但并非插值多项式的次数越高,逼近函数$f(x)$的精度越好.主要原因是因为对任意的插值节点,当$n\to\infty$时,插值多项式$P_n(x)$不一定收敛到$f(x)$.本世纪初龙格(Runge)就给出了下述等距节点插值多项式$L_n(x)$不收敛到$f(x)$的例子.

给定函数$f(x)=\dfrac{1}{1+x^2}$,它在$[-5,5]$上各阶导数均存在,但在$[-5,5]$上取$n+1$个等距节点$x_i=-5+10\times\dfrac{i}{n}$ $(i=0,1,\cdots,n)$所作的拉格朗日插值多项式

$$L_n(x)=\sum_{k=0}^{n}\frac{1}{1+x_k^2}\frac{\omega_{n+1}(x)}{(x-x_k)\omega'_{n+1}(x_k)}$$

当$n\to\infty$时,只在$|x|\leqslant 3.63$内收敛,而在这区间外是发散的.图5.3给出了$n=10$时,$y=L_{10}(x)$与$f(x)=\dfrac{1}{1+x^2}$的图形.从图5.3上可见,在$x=\pm 5$附近,$L_{10}(x)$与$f(x)$偏离很远.例如$L_{10}(4.8)=1.804\ 38$,$f(4.8)=0.416\ 0$.这种高次插值不准确的现象称为龙格现象.

为了避免高次插值的上述缺点,人们常常采用分段插值的方法,即将插值区间分为若干个小区间,在每个小区间上运用前面介绍的插值方法构造低次插值多项式.常用的分段插值方法有分段线性插值、分段二次插值及分段三次埃尔米特插值.对于前面出现龙格现象的例子,如果将$[-5,5]$等分为10个小区间,并在每个小

区间内应用线性插值，读者实践一下就会明白，这将比 $L_{10}(x)$ 逼近 $f(x)$ 好得多.

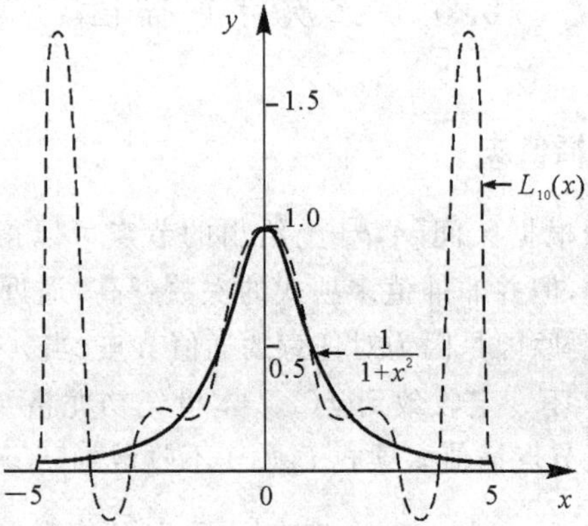

图 5.3

二、三次样条插值

采用分段线性插值与分段二次插值，可以构造一个整个连续的函数，而采用分段三次埃尔米特插值则可构造一个整体上具有一阶连续导数的插值函数. 能否把整体光滑度再提高呢？在实际问题中，给出插值点上的函数值比较方便，而给出插值点上的导数值就困难一些. 能否在只给出插值点上函数值的情况下，构造一个整体上具有二阶连续导数的插值函数呢？这就是下面要介绍的三次样条插值.

"样条"这一名词来源于工程中的样条曲线. 绘图员为了将一些指定点（称作样点）联结成一条光滑曲线，往往用细长的木条（称作绘图员的样条）把相近的几点连接在一起，再逐步延伸连接起全部节点，使形成一条光滑曲线. 这样的曲线在工程上就称为样条曲线. 它在连接点处具有连续曲率. 我们对绘图员的样条曲线进行数学模拟，得出的函数叫做样条函数，它在连接点处具有一阶和二阶连续导数. 下面将用数学语言给出样条函数的定义，并建立其计算公式.

1. 三次样条插值函数的定义

定义 5.4 设在区间$[a,b]$上取 $n+1$ 个节点

$$a=x_0<x_1<x_2<\cdots<x_{n-1}<x_n=b$$

若函数 $S(x)$ 满足条件

(1) 在整个区间$[a,b]$上具有二阶连续导数

(2) 在每个小区间$[x_{i-1},x_i]$ $(i=1,2,\cdots,n)$ 上是 x 的三次多项式

(3) $$S(x_i)=y_i \quad (i=0,1,\cdots,n) \tag{5.40}$$

则称 $S(x)$ 为 $f(x)$ 的三次样条插值函数.

要确定 $S(x)$，在每个小区间上要确定 4 个待定系数，一共有 n 个小区间，故应确定 $4n$ 个系数. 根据 $S(x)$ 在$[a,b]$上具有二阶导数，在节点处应满足 $3n-3$ 个连续性条件

$$\begin{cases}S(x_i-0)=S(x_i+0) \\ S'(x_i-0)=S'(x_i+0) \quad (i=1,2,\cdots,n-1) \\ S''(x_i-0)=S''(x_i+0)\end{cases}$$

再加上 $S(x)$ 满足的插值条件(5.40)，共有 $4n-2$ 个条件. 因此还需要 2 个条件才能确定 $S(x)$. 通常可在区间$[a,b]$端点上补充两个边界条件. 常见的边界条件如下.

(1) 给定两端点处的一阶导数值，记为

$$S'(x_0)=m_0,\quad S'(x_n)=m_n \tag{5.41}$$

(2) 给定两端点处的二阶导数值，记为

$$S''(x_0)=M_0,\quad S''(x_n)=M_n \tag{5.42}$$

对于

$$S''(x_0)=S''(x_n)=0 \tag{5.42$'$}$$

的边界条件特别称之为自然边界条件.

2. 三次样条插值函数的构造

构造三次样条插值函数，就是要写出它在子区间$[x_{i-1},x_i]$ $(i=1,2,\cdots,n)$ 上的表达式，记为 $S_i(x)$ $(i=1,2,\cdots,n)$.

(1) 用节点处一阶导数表示的三次样条插值函数. 记节点处的一阶导数值为 $S'(x_i)=m_i\,(i=0,1,\cdots,n)$. 若已知 m_i 后，则 $S(x)$ 在$[x_{i-1},x_i]$ $(i=1,2,\cdots,n)$ 上就是满足条件

$$S(x_{i-1})=y_{i-1},\quad S(x_i)=y_i,$$
$$S'(x_{i-1})=m_{i-1},$$
$$S'(x_i)=m_i\quad (i=1,2,\cdots,n)$$

的三次埃尔米特插值多项式. 所以构造以节点处一阶导数表示的三次条样函数可分为以下三步：

第一步，根据 $S(x)$，$S'(x)$ 在内节点的连续性及插值条件，运用$[x_{i-1},x_i]$上的二点三次埃尔米特插值多项式，写出 $S(x)$ 用 m_i $(i=0,1,\cdots,n)$ 表示的形式.

第二步，利用 $S''(x)$ 在内节点 $x_i\,(i=1,2,\cdots,n-1)$ 的连续性及边界条件，导出含 $m_i\,(i=0,1,\cdots,n)$ 的 $n+1$ 阶线性方程组.

第三步，求解含 $m_i\,(i=0,1,\cdots,n)$ 的线性方程组，将得到的 m_i 代入$[x_{i-1},x_i]$上的二点三次埃尔米特插值多项式，即得到以节点处一阶导数表示的三次样条插值函数.

下面建立具体公式. 由式(5.39) 可知

$$\begin{aligned}S_i(x)=&\left(1+2\,\frac{x-x_{i-1}}{x_i-x_{i-1}}\right)\left(\frac{x-x_i}{x_{i-1}-x_i}\right)^2 y_{i-1}+\\&\left(1+2\,\frac{x-x_i}{x_{i-1}-x_i}\right)\left(\frac{x-x_{i-1}}{x_i-x_{i-1}}\right)^2 y_i+\\&(x-x_i)\left(\frac{x-x_i}{x_{i-1}-x_i}\right)^2 m_{i-1}+\\&(x-x_i)\left(\frac{x-x_{i-1}}{x_i-x_{i-1}}\right)^2 m_i\end{aligned}\tag{5.43}$$

记 $h_i=x_i-x_{i-1}$，式(5.43) 可写为

$$S_i(x)=\frac{(x-x_i)^2[h_i+2(x-x_{i-1})]}{h_i^3}y_{i-1}+$$

$$\frac{(x-x_{i-1})^2[h_i+2(x_i-x)]}{h_i^3}y_i+$$

$$\frac{(x-x_i)^2(x-x_{i-1})}{h_i^2}m_{i-1}+\frac{(x-x_{i-1})^2(x-x_i)}{h_i^2}m_i \tag{5.44}$$

式中 $x\in[x_{i-1},x_i]$ $(i=1,2,\cdots,n)$.

为了确定 m_i，需要用到 $S(x)$ 的二阶导数在内节点连续的条件，由式(5.44) 可得 $S(x)$ 在$[x_{i-1},x_i]$上的二阶导数

$$S_i''(x)=\frac{6x-2x_{i-1}+4x_i}{h_i^2}m_{i-1}+\frac{6x-4x_{i-1}-2x_i}{h_i^2}m_i+$$

$$\frac{6(x_{i-1}+x_i-2x)}{h_i^3}(y_i-y_{i-1})\quad (x\in[x_{i-1},x_i]) \tag{5.45}$$

同理可得 $S(x)$ 在$[x_i,x_{i+1}]$上的二阶导数

$$S_{i+1}''(x)=\frac{6x-2x_i-4x_{i+1}}{h_{i+1}^2}m_i+\frac{6x-4x_i-2x_{i+1}}{h_{i+1}^2}m_{i+1}+$$

$$\frac{6(x_i+x_{i+1}-2x)}{h_{i+1}^3}(y_{i+1}-y_i)\quad (x\in[x_i,x_{i+1}]) \tag{5.46}$$

从而有

$$S''(x_i-0)=\frac{2}{h_i}m_{i-1}+\frac{4}{h_i}m_i-\frac{6}{h_i^2}(y_i-y_{i-1})$$

$$S''(x_i+0)=\frac{4}{h_{i+1}}m_i-\frac{2}{h_{i+1}}m_{i+1}+\frac{6}{h_{i+1}^2}(y_{i+1}-y_i)$$

由 $S''(x)$ 在 x_i 处连续的条件 $S''(x_i-0)=S''(x_i+0)$ 可得

$$\frac{1}{h_i}m_{i-1}+2\left(\frac{1}{h_i}+\frac{1}{h_{i+1}}\right)m_i+\frac{1}{h_{i+1}}m_{i+1}=$$

$$3\left(\frac{y_{i+1}-y_i}{h_{i+1}^2}+\frac{y_i-y_{i-1}}{h_i^2}\right)$$

上式两端同除以$\frac{1}{h_i}+\frac{1}{h_{i+1}}$,得

$$\frac{h_{i+1}}{h_i+h_{i+1}}m_{i-1}+2m_i+\frac{h_i}{h_i+h_{i+1}}m_{i+1}=$$

$$3\left(\frac{h_i}{h_i+h_{i+1}}\frac{y_{i+1}-y_i}{h_{i+1}}+\frac{h_{i+1}}{h_i+h_{i+1}}\frac{y_i-y_{i-1}}{h_i}\right) \tag{5.47}$$

引入记号

$$\left.\begin{aligned} &\lambda_i=\frac{h_{i+1}}{h_i+h_{i+1}} \\ &M_i=1-\lambda_i=\frac{h_i}{h_i+h_{i+1}} \\ &f_i=3(M_i\frac{y_{i+1}-y_i}{h_{i+1}}+\lambda_i\frac{y_i-y_{i-1}}{h_i}) \end{aligned}\right\}\quad(i=1,2,\cdots,n-1) \tag{5.48}$$

则式(5.47)可写成

$$\lambda_i m_{i-1}+2m_i+M_i m_{i+1}=f_i\quad(i=1,2,\cdots,n-1) \tag{5.49}$$

式(5.49)是含有$n+1$个未知数$m_i(i=0,1,\cdots,n)$的$n-1$阶线性方程组.要完全确定$n+1$个未知数的值,还需用到两个边界条件.

· 对第一种边界条件

$$S'(x_0)=m_0,\quad S'(x_n)=m_n$$

在方程组(5.49)中将已知边界条件代入,则其可改写为只含$n-1$个未知数的线性方程组

$$\begin{pmatrix} 2 & M_1 & & & \\ \lambda_2 & 2 & M_2 & & \\ & \ddots & \ddots & \ddots & \\ & & \lambda_{n-2} & 2 & M_{n-2} \\ & & & \lambda_{n-1} & 2 \end{pmatrix}\begin{pmatrix} m_1 \\ m_2 \\ \vdots \\ m_{n-2} \\ m_{n-1} \end{pmatrix}=\begin{pmatrix} f_1-\lambda_1 m_0 \\ f_2 \\ \vdots \\ f_{n-2} \\ f_{n-1}-M_{n-1}m_n \end{pmatrix} \tag{5.50}$$

· 对第二种边界条件

$$S''(x_0)=M_0,\quad S''(x_n)=M_n$$

根据式(5.46)得

$$S_1(x)=\frac{6x-2x_0+4x_1}{h_1^2}m_0+\frac{6x-4x_0-2x_1}{h_1^2}m_1+$$

$$\frac{6(x_0+x_1-2x)}{h_1^3}(y_1-y_0)\quad(x\in[x_0,x_1])$$

由 $S''(x_0)=M_0$ 得

$$2m_0+m_1=\frac{3}{h_1}(y_1-y_0)-\frac{h_1}{2}M_0$$

同理,由 $S''(x_n)=M_n$ 得

$$m_{n-1}+2m_n=\frac{3}{h_n}(y_n-y_{n-1})+\frac{h_n}{2}M_n$$

将上述边界点的方程与内节点的方程组(5.49)联立,即可得到关于 $m_0,m_1,\cdots,m_n$ 的 $n+1$ 阶线性方程组

$$\begin{pmatrix}2 & 1 & & & & \\ \lambda_1 & 2 & M_1 & & & \\ & \lambda_2 & 2 & M_2 & & \\ & & \ddots & \ddots & \ddots & \\ & & & \lambda_{n-1} & 2 & M_{n-1} \\ & & & & 1 & 2\end{pmatrix}\begin{pmatrix}m_0\\ m_1\\ m_2\\ \vdots\\ m_{n-1}\\ m_n\end{pmatrix}=\begin{pmatrix}f_0\\ f_1\\ f_2\\ \vdots\\ f_{n-1}\\ f_n\end{pmatrix}\tag{5.51}$$

其中

$$\left.\begin{aligned}f_0&=3\,\frac{y_1-y_0}{h_1}-\frac{h_1}{2}M_0\\ f_n&=3\,\frac{y_n-y_{n-1}}{h_n}+\frac{h_n}{2}M_n\end{aligned}\right\}\tag{5.52}$$

方程组(5.50),(5.51)均是三对角方程组,其系数矩阵为严格对角占优阵(系数矩阵的对角元素按模严格大于同一行非对角元素的模之和).对这种三对角方程组可证明其行列式不等于零,

因此方程组有唯一确定的解. 其求解方法通常采用第三章介绍的追赶法.

例 5.5 给出函数表

x_i	0	1	2	3
$f(x_i)$	0	3	4	6
$f'(x_i)$	1			0

试求 $f(x)$ 在区间[0,3]上的三次样条插值函数.

解 令 $m_0=f'(0)=1, m_3=f'(3)=0$. 在式(5.48)中取 $h_i=1(i=1,2,3)$,有

$$\lambda_i=M_i=\frac{1}{2}\quad(i=1,2)$$

$$f_1=3\left\{\frac{1}{2}[f(1)-f(0)]+\frac{1}{2}[f(2)-f(1)]\right\}=3$$

$$f_2=3\left\{\frac{1}{2}[f(2)-f(1)]+\frac{1}{2}[f(3)-f(2)]\right\}=\frac{9}{2}$$

由式(5.50)得

$$\begin{bmatrix}2 & \frac{1}{2}\\ \frac{1}{2} & 2\end{bmatrix}\begin{pmatrix}m_1\\ m_2\end{pmatrix}=\begin{bmatrix}3-\frac{1}{2}\\ \frac{9}{2}\end{bmatrix}$$

解之得 $m_1=\frac{11}{15}, m_2=\frac{31}{15}$.

从而三次样条插值函数为

$$S_1(x)=3[1+2(1-x)]x^2+x(x-1)^2+\frac{11}{15}x^2(x-1)\quad(x\in[0,1])$$

$$S_2(x)=3(2x-1)(x-2)^2+4(5-2x)(x-1)^2+$$

$$\frac{11}{15}(x-1)(x-2)^2+\frac{31}{15}(x-2)(x-1)^2$$

$$(x\in[1,2])$$

$$S_3(x)=4(2x-3)(x-3)^2+6(7-2x)(x-2)^2+\frac{31}{15}(x-3)(x-3)^2\quad(x\in[2,3])$$

(2) 用节点处二阶导数表示的三次样条插值函数. 记节点处的二阶导数值为 $S''(x_i)=M_i(i=0,1,\cdots,n)$. 由于 $S''(x)$ 在 $[x_{i-1},x_i]$ $(i=1,2,\cdots,n)$ 上是 x 的线性函数,因此构造以节点处二阶导数表示的三次样条插值函数可分为以下三步:

第一步,根据 $S''(x)$ 在内节点的连续性及为线性函数的特点,将 $S''(x)$ 表示为线性函数. 再根据 $S(x)$ 在内节点的连续性及插值条件,写出 $S(x)$ 用 $M_i(i=0,1,\cdots,n)$ 表示的形式.

第二步,利用 $S'(x)$ 在内节点 $x_i(i=1,2,\cdots,n-1)$ 的连续性及边界条件,导出含 $M_i(i=0,1,\cdots,n)$ 的 $n+1$ 阶线性方程组.

第三步,求解含 $M_i(i=0,1,\cdots,n)$ 的线性方程组,将得到的 M_i 代入 $[x_{i-1},x_i]$ 上 $S(x)$ 的表达式,即得到以节点处二阶导数表示的三次样条插值函数.

下面建立具体公式. 由定义可知,$S(x)$ 在子区间 $[x_{i-1},x_i]$ $(i=1,2,\cdots,n)$ 上是三次多项式. 因此,$S''(x)$ 在 $[x_{i-1},x_i]$ 上是 x 的线性函数. 假定 $S''(x_{i-1})=M_{i-1}$,$S''(M_i)=M_i$,则由线性插值有

$$S''_i(x)=\frac{x-x_i}{x_{i-1}-x_i}M_{i-1}+\frac{x-x_{i-1}}{x_i-x_{i-1}}M_i$$

$$(x\in[x_{i-1},x_i])$$

对上式积分两次,且用插值条件

$$S_i(x_{i-1})=y_{i-1},\quad S_i(x_i)=y_i$$

确定其中的两个积分常数,即可得出用 M_i 表示的三次样条插值函数

$$S_i(x)=\frac{(x_i-x)^3}{6h_i}M_{i-1}+\frac{(x-x_{i-1})^3}{6h_i}M_i+$$
$$\left(y_{i-1}-\frac{M_{i-1}}{6}h_i^2\right)\frac{x_i-x}{h_i}+\left(y_i-\frac{M_i}{6}h_i^2\right)\frac{x-x_{i-1}}{h_i}$$
(5.53)

式中 $x\in[x_{i-1},x_i],h_i=x_i-x_{i-1}(i=1,2,\cdots,n)$.

根据式(5.53)可求得 $S_i'(x)$ 在$[x_{i-1},x_i]$上的表达式，且 $S'_{i+1}(x)$ 在$[x_i,x_{i+1}]$上的表达式类似可得.利用 $S'(x)$ 在内节点 $x_i(i=1,2,\cdots,n-1)$ 处连续的条件，$S_i'(x_i-0)=S_i'(x_i+0)$，则可得线性方程组

$$M_iM_{i-1}+2M_i+\lambda_iM_{i+1}=f_i\quad(i=1,2,\cdots,n-1)\ (5.54)$$

式中

$$\left.\begin{aligned}&M_i=\frac{h_i}{h_i+h_{i+1}}\\&\lambda_i=1-M_i=\frac{h_{i+1}}{h_i+h_{i+1}}\\&f_i=\frac{6}{h_i+h_{i+1}}\left(\frac{y_{i+1}-y_i}{h_{i+1}}-\frac{y_i-y_{i-1}}{h_i}\right)\end{aligned}\right\}(i=1,2,\cdots,n-1)$$
(5.55)

式(5.55)是含有 $n+1$ 个未知数 $M_0,M_1,\cdots,M_n$ 的 $n-1$ 阶线性方程组.要全确定 $n+1$ 个未知数的值，还需要用到两个边界条件.

· 对第一种边界条件

$$S'(x_0)=m_0,\quad S'(x_n)=m_n$$

由 $S'(x_0)=m_0$ 与 $S'(x_n)=m_n$ 可得

$$2M_0+M_1=\frac{6}{h_1}\left(\frac{y_1-y_0}{h_1}-m_0\right)$$

$$M_{n-1}+2M_n=\frac{6}{h_n}\left(m_n-\frac{y_n-y_{n-1}}{h_n}\right)$$

将上述边界点的方程与内节点的方程(5.54)联立，即可得关于

$M_0, M_1, \cdots, M_n$ 的线性方程组

$$\begin{pmatrix} 2 & 1 & & & \\ M_1 & 2 & \lambda_1 & & \\ & \ddots & \ddots & \ddots & \\ & & M_{n-1} & 2 & \lambda_{n-1} \\ & & & 1 & 2 \end{pmatrix} \begin{pmatrix} M_0 \\ M_1 \\ \vdots \\ M_{n-1} \\ M_n \end{pmatrix} = \begin{pmatrix} f_0 \\ f_1 \\ \vdots \\ f_{n-1} \\ f_n \end{pmatrix} \tag{5.56}$$

式中

$$\left.\begin{aligned} f_0 &= \frac{6}{h_1}\left(\frac{y_1 - y_0}{h_1} - m_0\right) \\ f_n &= \frac{6}{h_n}\left(m_n - \frac{y_n - y_{n-1}}{h_n}\right) \end{aligned}\right\} \tag{5.57}$$

· 对第二种边界条件

$$S''(x_0) = M_0, \quad S''(x_n) = M_n$$

在方程组(5.54)中将已知边界条件代入，则方程组(5.54)可改写为只含 $n-1$ 个未知数 $M_1, M_2, \cdots, M_{n-1}$ 的 $n-1$ 阶线性方程组

$$\begin{pmatrix} 2 & \lambda_1 & & & \\ M_2 & 2 & \lambda_2 & & \\ & \ddots & \ddots & \ddots & \\ & & M_{n-2} & 2 & \lambda_{n-2} \\ & & & M_{n-1} & 2 \end{pmatrix} \begin{pmatrix} M_1 \\ M_2 \\ \vdots \\ M_{n-2} \\ M_{n-1} \end{pmatrix} = \begin{pmatrix} f_1 - M_1 M_0 \\ f_2 \\ \vdots \\ f_{n-2} \\ f_{n-1} - \lambda_{n-1} M_n \end{pmatrix} \tag{5.58}$$

方程组(5.56)，(5.58)均是三对角方程组，可用追赶法求其唯一解.

对三次样条插值函数来说，当插值节点逐渐加密时，可以证明：不但样条插值函数收敛于函数本身，而且其导数也收敛于函数的导数. 这一性质是三次样条插值函数较普通插值函数的一个优点.

习　题　五

1. 已知函数表

x	1.127 5	1.150 3	1.173 5	1.197 2
$y=f(x)$	0.119 1	0.139 54	0.159 32	0.179 03

应用拉格朗日插值公式计算 $f(1.1300)$ 的近似值(计算取 4 位小数).

2. 设 $f(x)$ 在 $[a,b]$ 上具有二阶连续导数,且 $f(a)=f(b)=0$,证明

$$\max_{a\leqslant x\leqslant b}|f(x)|\leqslant\frac{1}{8}(b-a)^2\max_{a\leqslant x\leqslant b}|f''(x)|$$

3. 已知函数表

x	1.2	1.3	1.4	1.5	1.6	1.7
$y=f(x)$	1.244	1.406	1.602	1.837	2.121	2.465

用二次插值求 $f(1.54)$ 的近似值 (计算取 5 位小数).

4. 用拉格朗日插值和牛顿插值找经过点 $(-3,-1)$,$(0,2)$,$(3,-2)$,$(6,10)$ 的三次插值多项式,并验证插值多项式的唯一性.

5. 证明 n 阶差商有下列性质.

(1) 若 $F(x)=cf(x)$,则 $F[x_0,x_1,\cdots,x_n]=cf[x_0,x_1,\cdots,x_n]$.

(2) 若 $F(x)=f(x)+g(x)$,则

$$F[x_0,x_1,\cdots,x_n]=f[x_0,x_1,\cdots,x_n]+g[x_0,x_1,\cdots,x_n]$$

(3) 若 $F(x)=a_nx^n+a_{n-1}x^{n-1}+\cdots+a_0$,则

$$F[x_0,x_1,x_2,\cdots,x_n]=a_n$$

6. 证明

$$f[x_0,x_1,\cdots,x_n]=\sum_{j=0}^{n}\frac{f(x_j)}{(x_j-x_0)\cdots(x_j-x_{j-1})(x_j-x_{j+1})\cdots(x_j-x_n)}$$

7. 利用函数表

x	1.615	1.634	1.702	1.828	1.921
$y=f(x)$	2.414 50	2.464 59	2.652 71	3.030 35	3.340 66

造出差商表,并利用牛顿插值公式计算 $f(x)$ 在 $x=1.682$,1.813 处的近似值(计算取 5 位小数).

8. 已知连续函数 $P(x)$ 的函数值如下表：

x	-1	0	1	2
$P(x)$	-2	-1	1	2

求方程 $P(x)=0$ 在 $[-1,2]$ 内的根的近似值，要求误差尽量地小.

9. 证明

$$\Delta^n y_k = y_{n+k} - C_n^1 y_{n+k-1} + C_n^2 y_{n+k-2} + \cdots + (-1)^s C_n^s y_{n+k-s} + \cdots + (-1)^n y_k$$

式中

$$C_n^s = \frac{n(n-1)\cdots(n-s+1)}{s!}$$

10. 给出 $y=\cos x$ 从 $x=0.0$ 到 $x=0.6$ 的函数值如下，其节点间步长为 $h=0.1$.

x	0.0	0.1	0.2	0.3	0.4	0.5	0.6
$\cos x$	1.000 00	0.995 00	0.980 07	0.955 34	0.921 06	0.877 58	0.825 34

试用牛顿向前插值公式计算 $\cos(0.048)$ 的近似值(计算取 5 位小数).

11. 在 $[-4,4]$ 上给出 $f(x)=e^x$ 的等距节点函数表，若用二次插值求 e^x 的近似值，要使截断误差不超过 10^{-5}，问使用函数表其步长应取多少(计算取 5 位小数)?

12. 求满足插值条件：

(1)

x	1	2
$f(x)$	2	3
$f'(x)$	0	-1

(2)

x	1	2	3
$f(x)$	1	0	2
$f'(x)$		$-\frac{1}{2}$	

的插值多项式及余项.

13. 给定插值条件：

x	0	1	2	3
$f(x)$	0	0	0	0

端点条件为

(1) $m_0 = 1, m_3 = 0$；

(2) $M_0 = 1, M_3 = 0$.

分别求出满足上述条件的三次样条插值函数的分段表达式.

第六章　最小二乘法与曲线拟合

在科学研究和生产实践中，常常需要从一组测量数据(x_i,y_i) $(i=1,2,\cdots,N)$出发，寻找变量x与y的函数关系的近似表达式．第五章的多项式插值就是求函数的近似表达式的一种方法，但它有明显的缺陷．一是测量数据通常带有测试误差，而插值多项式又通过所有的点(x_i,y_i)，这样就使插值多项式保留了这些误差；二是如果由实验提供的数据较多，则必然得到次数较高的插值多项式，这样近似的效果并不理想．因此，怎样从给定的一组实验数据出发，寻求函数的一个近似表达式$y=\varphi(x)$，要求近似表达式能反映数据的基本趋势而又不一定过全部的点(x_i,y_i)，这就是曲线拟合问题，函数的近似表达式$y=\varphi(x)$称为拟合曲线．本章介绍用最小二乘法求拟合曲线．

6.1　用最小二乘法求解矛盾方程组

设线性方程组

$$\left.\begin{array}{l} a_{11}x_1+a_{12}x_2+\cdots+a_{1n}x_n=b_1 \\ a_{21}x_1+a_{22}x_2+\cdots+a_{2n}x_n=b_2 \\ \qquad\vdots \\ a_{N1}x_1+a_{N2}x_2+\cdots+a_{Nn}x_n=b_N \end{array}\right\} \tag{6.1}$$

或写为

$$\sum_{j=1}^{n}a_{ij}x_j=b_i \quad (i=1,2,\cdots,N)$$

其矩阵形式为

$$\boldsymbol{A}\boldsymbol{x}=\boldsymbol{b} \tag{6.2}$$

其中

$$\boldsymbol{A}=(a_{ij})_{N\times n},\quad \boldsymbol{x}=\begin{pmatrix}x_1\\x_2\\\vdots\\x_n\end{pmatrix},\quad \boldsymbol{b}=\begin{pmatrix}b_1\\b_2\\\vdots\\b_N\end{pmatrix}$$

由线性代数理论知，当线性方程组(6.1)的系数矩阵和增广矩阵的秩不相等时，方程组无解，这时称方程组(6.1)为矛盾方程组.

对于 $\mathrm{rank}\boldsymbol{A}=n$($\boldsymbol{A}$ 的秩为 n)的矛盾方程组(必有 $N>n$)，本节介绍在某种意义下的解的求法. 先介绍预备知识.

定理 6.1 设 n 元实函数 $f(x_1,x_2,\cdots,x_n)$ 在点 $P_0(a_1,a_2,\cdots,a_n)$ 的某个邻域内连续，且有一阶及二阶连续的偏导数，如果

(1) $\left.\dfrac{\partial f}{\partial x_k}\right|_{P_0}=0\quad(k=1,2,\cdots,n)$

(2) 矩阵

$$\boldsymbol{M}=\begin{pmatrix}\left.\dfrac{\partial^2 f}{\partial x_1^2}\right|_{P_0} & \left.\dfrac{\partial^2 f}{\partial x_1\partial x_2}\right|_{P_0} & \cdots & \left.\dfrac{\partial^2 f}{\partial x_1\partial x_n}\right|_{P_0}\\ \left.\dfrac{\partial^2 f}{\partial x_1\partial x_2}\right|_{P_0} & \left.\dfrac{\partial^2 f}{\partial x_2^2}\right|_{P_0} & \cdots & \left.\dfrac{\partial^2 f}{\partial x_2\partial x_n}\right|_{P_0}\\ \vdots & \vdots & & \vdots\\ \left.\dfrac{\partial^2 f}{\partial x_1\partial x_n}\right|_{P_0} & \left.\dfrac{\partial^2 f}{\partial x_2\partial x_n}\right|_{P_0} & \cdots & \left.\dfrac{\partial^2 f}{\partial x_n^2}\right|_{P_0}\end{pmatrix}$$

是正(负)定矩阵，则 $f(a_1,a_2,\cdots,a_n)$ 是 n 元实函数 $f(x_1,x_2,\cdots,x_n)$ 的极小(大)值.

证明略[15].

定理 6.2 设非齐次线性方程组 $\boldsymbol{A}\boldsymbol{x}=\boldsymbol{b}$ 的系数矩阵 $\boldsymbol{A}=(a_{ij})_{N\times n}$，若 $\mathrm{rank}\boldsymbol{A}=n$，则

(1) 矩阵 $\boldsymbol{A}^{\mathrm{T}}\boldsymbol{A}$ 是对称正定矩阵;

(2) n 阶线性方程组 $\boldsymbol{A}^{\mathrm{T}}\boldsymbol{A}\boldsymbol{x}=\boldsymbol{A}^{\mathrm{T}}\boldsymbol{b}$ 有唯一的解.

证明 (1) 显然矩阵 $\boldsymbol{A}^{\mathrm{T}}\boldsymbol{A}$ 是对称矩阵.

设齐次线性方程组 $\boldsymbol{A}\boldsymbol{x}=\boldsymbol{0}$

其中 $\boldsymbol{x}=(x_1,x_2,\cdots,x_n)^{\mathrm{T}}$. 因为 $\mathrm{rank}\boldsymbol{A}=n$,所以齐次方程组有唯一零解,因此,对于任意的 $\boldsymbol{x}\neq\boldsymbol{0}$,有 $\boldsymbol{A}\boldsymbol{x}\neq\boldsymbol{0}$,于是

$$(\boldsymbol{A}\boldsymbol{x})^{\mathrm{T}}(\boldsymbol{A}\boldsymbol{x})=\boldsymbol{x}^{\mathrm{T}}(\boldsymbol{A}^{\mathrm{T}}\boldsymbol{A})\boldsymbol{x}>0$$

故矩阵 $\boldsymbol{A}^{\mathrm{T}}\boldsymbol{A}$ 是正定矩阵.

(2) 因为 $\boldsymbol{A}^{\mathrm{T}}\boldsymbol{A}$ 是正定矩阵,所以 $\mathrm{rank}(\boldsymbol{A}^{\mathrm{T}}\boldsymbol{A})=n$,故线性方程组 $\boldsymbol{A}^{\mathrm{T}}\boldsymbol{A}\boldsymbol{x}=\boldsymbol{A}^{\mathrm{T}}\boldsymbol{b}$ 有唯一的解. 证毕

定理 6.2 说明,在条件 $\mathrm{rank}\boldsymbol{A}=n$ 下,不论线性方程组 $\boldsymbol{A}\boldsymbol{x}=\boldsymbol{b}$ 是否有解,而构造的 n 阶方程组 $\boldsymbol{A}^{\mathrm{T}}\boldsymbol{A}\boldsymbol{x}=\boldsymbol{A}^{\mathrm{T}}\boldsymbol{b}$ 一定有唯一解.

下面介绍用最小二乘法求解矛盾方程组.

由于矛盾方程组(6.1) 的精确解不存在,转而寻求某种意义下的解.

令
$$\delta_i=\sum_{i=1}^{n}a_{ij}x_j-b_i\quad(i=1,2,\cdots,N)$$

称 δ_i 为偏差.

工程实际中的许多问题都可归结为矛盾方程组,实际中需要寻求矛盾方程组(6.1) 的未知数 $x_1,x_2,\cdots,x_n$ 的一组取值,它使得偏差的绝对值之和 $\sum\limits_{i=1}^{N}|\delta_i|$ 尽可能地小,为了便于分析计算和应用,常采用使偏差的平方和

$$Q=\sum_{i=1}^{N}\delta_i^2=\sum_{i=1}^{N}\Big(\sum_{j=1}^{n}a_{ij}x_j-b_i\Big)^2\tag{6.3}$$

达到最小值,这一条件称为最小二乘原则. 按最小二乘原则来选择未知数 $x_1,x_2,\cdots,x_n$ 的一组取值的方法称为求解矛盾方程组(6.1) 的最小二乘法,符合条件的 $x_1,x_2,\cdots,x_n$ 的一组取值称为

矛盾方程组(6.1) 的最小二乘解.

把 Q 看成是 n 个自变量 $x_1,x_2,\cdots,x_n$ 的二次函数,记为 $Q=f(x_1,x_2,\cdots,x_n)$,因此,求矛盾方程组(6.1) 的最小二乘解就是求二次函数 $Q=f(x_1,x_2,\cdots,x_n)$ 的最小值点. 留下的问题是:二次函数是否存在最小值? 若存在,如何求最小值点?

定理 6.3 设矛盾方程组(6.1) 的系数矩阵 $\boldsymbol{A}$ 的秩为 n,则二次函数

$$Q=f(x_1,x_2,\cdots,x_n)=\sum_{i=1}^{N}\Big(\sum_{j=1}^{n}a_{ij}x_j-b_i\Big)^2$$

一定存在最小值.

证明 利用定理 6.1,6.2 可证. 因为 Q 是 $x_1,x_2,\cdots,x_n$ 的二次函数,所以 Q 不仅是连续函数,且有连续的一阶及二阶偏导数.

因为

$$\begin{aligned}\frac{\partial Q}{\partial x_k}=&2a_{1k}\Big(\sum_{j=1}^{n}a_{1j}x_j-b_1\Big)+\\&2a_{2k}\Big(\sum_{j=1}^{n}a_{2j}x_j-b_2\Big)+\cdots+\\&2a_{Nk}\Big(\sum_{j=1}^{n}a_{Nj}x_j-b_N\Big)=\\&2(a_{1k}\ a_{2k}\ \cdots\ a_{Nk})\begin{pmatrix}\sum\limits_{j=1}^{n}a_{1j}x_j-b_1\\\sum\limits_{j=1}^{n}a_{2j}x_j-b_2\\\vdots\\\sum\limits_{j=1}^{n}a_{Nj}x_j-b_N\end{pmatrix}=\\&2(a_{1k}\ a_{2k}\ \cdots\ a_{Nk})(\boldsymbol{Ax}-\boldsymbol{b})\end{aligned}$$

所以

$$\begin{pmatrix} \frac{\partial Q}{\partial x_1} \\ \frac{\partial Q}{\partial x_2} \\ \vdots \\ \frac{\partial Q}{\partial x_n} \end{pmatrix} = 2\mathbf{A}^{\mathrm{T}}(\mathbf{A}\boldsymbol{x} - \boldsymbol{b}) = 2(\mathbf{A}^{\mathrm{T}}\mathbf{A}\boldsymbol{x} - \mathbf{A}^{\mathrm{T}}\boldsymbol{b})$$

令

$$\frac{\partial Q}{\partial x_k} = 0 \quad (k = 1, 2, \cdots, n)$$

即

$$\mathbf{A}^{\mathrm{T}}\mathbf{A}\boldsymbol{x} = \mathbf{A}^{\mathrm{T}}\boldsymbol{b} \tag{6.4}$$

因为 rank$\mathbf{A} = n$,所以由定理 6.2 知,式(6.4) 有唯一的解. 设解为 $x_1 = a_1, x_2 = a_2, \cdots, x_n = a_n$,记为点 $P_0(a_1, \cdots, a_n)$,即二元函数 Q 存在点 P_0,使$\left.\frac{\partial Q}{\partial x_k}\right|_{P_0} = 0 \ (k = 1, 2, \cdots, n)$. 故满足定理 6.1 的条件(1).

因

$$\frac{\partial^2 Q}{\partial x_k \partial x_t} = 2(a_{1k}a_{1t} + a_{2k}a_{2t} + \cdots + a_{Nk}a_{nt}) =$$

$$2\sum_{i=1}^{N} a_{ik}a_{it} \quad (k, t = 1, 2, \cdots, n)$$

所以

$$\boldsymbol{M} = 2\begin{pmatrix} \sum_{i=1}^{N} a_1^2 & \sum_{i=1}^{N} a_{i1}a_{i2} & \sum_{i=1}^{N} a_{i1}a_{i3} & \cdots & \sum_{i=1}^{N} a_{i1}a_{in} \\ \sum_{i=1}^{N} a_{i1}a_{i2} & \sum_{i=1}^{N} a_{i2}^2 & \sum_{i=1}^{N} a_{i2}a_{i3} & \cdots & \sum_{i=1}^{N} a_{i2}a_{in} \\ \vdots & \vdots & \vdots & & \vdots \\ \sum_{i=1}^{N} a_{i1}a_{in} & \sum_{i=1}^{N} a_{i2}a_{in} & \sum_{i=1}^{N} a_{i3}a_{in} & \cdots & \sum_{i=1}^{N} a_{in}^2 \end{pmatrix} = 2\mathbf{A}^{\mathrm{T}}\mathbf{A}$$

由定理6.2，当 $\mathrm{rank}\boldsymbol{A}=n$ 时，矩阵 $\boldsymbol{M}$ 是对称正定矩阵，$\boldsymbol{M}$ 满足定理6.1条件(2)，故由定理6.1，二次函数 Q 存在极小值. 因方程组(6.4)有唯一解，所以 Q 存在的极小值就是最小值，线性方程组(6.4)的解就是最小值点. 证毕

线性方程组(6.4)称为正则方程组.

定理6.3说明，只要矛盾方程组(6.1)的系数矩阵 $\boldsymbol{A}$ 的秩 $\mathrm{rank}\boldsymbol{A}=n$，则

(1) 矛盾方程组(6.1)的最小二乘解存在；

(2) 正则方程组(6.4)有唯一解，此解就是矛盾方程组(6.1)的最小二乘解.

例6.1 求矛盾方程组

$$\begin{pmatrix} 1 & 0 & 0 \\ 0 & 1 & 0 \\ 0 & 0 & 1 \\ -1 & 1 & 0 \\ 0 & -1 & 1 \\ -1 & 0 & 1 \end{pmatrix}\begin{pmatrix} x_1 \\ x_2 \\ x_3 \end{pmatrix}=\begin{pmatrix} 1 \\ 2 \\ 3 \\ 1 \\ 2 \\ 1 \end{pmatrix}$$

的最小二乘解.

解 矛盾方程组的矩阵形式为 $\boldsymbol{Ax}=\boldsymbol{b}$. $\boldsymbol{A}$ 是 6×3 的矩阵，$N=6$，$n=3$. 因为 $\mathrm{rank}\boldsymbol{A}=3$，所以最小二乘解存在.

正则方程组 $\boldsymbol{A}^{\mathrm{T}}\boldsymbol{Ax}=\boldsymbol{A}^{\mathrm{T}}\boldsymbol{b}$，即

$$\begin{pmatrix} 3 & -1 & -1 \\ -1 & 3 & -1 \\ -1 & -1 & 3 \end{pmatrix}\begin{pmatrix} x_1 \\ x_2 \\ x_3 \end{pmatrix}=\begin{pmatrix} -1 \\ 1 \\ 6 \end{pmatrix}$$

解得

$$x_1=\frac{5}{4},\quad x_2=\frac{7}{4},\quad x_3=3$$

此解为矛盾方程组的最小二乘解.

6.2　多项式拟合

设由测量得到函数 $y=f(x)$ 的一组数据如下：

x_1	x_2	…	x_N
y_1	y_2	…	y_N

求一个次数低于 $N-1$ 的多项式

$$y=\varphi(x)=a_0+a_1x+a_2x^2+\cdots+a_mx^m \quad (m<N-1)$$

(其中 $a_0,a_1,\cdots,a_m$ 待定)，使其“最好”地拟合这组数据，这“最好”的标准是：使得 $\varphi(x)$ 在 x_i 的偏差

$$\delta_i=\varphi(x_i)-y_i \quad (i=1,2,\cdots,N) \tag{6.5}$$

的平方和

$$Q=\sum_{i=1}^{N}\delta_i^2=\sum_{i=1}^{N}[\varphi(x_i)-y_i]^2 \tag{6.6}$$

达到最小.

由于拟合曲线 $y=\varphi(x)$ 不一定过点 (x_i,y_i)，因此，把点 (x_i,y_i) 代入 $y=\varphi(x)$，便得到以 $a_0,a_1,\cdots,a_m$ 为未知量的矛盾方程组

$$\left.\begin{aligned} a_0+a_1x_1+a_2x_1^2+\cdots+a_mx_1^m&=y_1\\ a_0+a_1x_2+a_2x_2^2+\cdots+a_mx_2^m&=y_2\\ &\vdots\\ a_0+a_1x_N+a_2x_N^2+\cdots+a_mx_N^m&=y_N \end{aligned}\right\} \tag{6.7}$$

其矩阵形式为

$$\boldsymbol{Ax}=\boldsymbol{b}$$

式中

$$\mathbf{A}=\begin{pmatrix}1 & x_1 & x_1^2 & \cdots & x_1^m\\ 1 & x_2 & x_2^2 & \cdots & x_2^m\\ \vdots & \vdots & \vdots & & \vdots\\ 1 & x_N & x_N^2 & \cdots & x_N^m\end{pmatrix},\quad \boldsymbol{x}=\begin{pmatrix}a_0\\ a_1\\ \vdots\\ a_m\end{pmatrix},\quad \boldsymbol{b}=\begin{pmatrix}y_1\\ y_2\\ \vdots\\ y_N\end{pmatrix}$$

式(6.5)所指的偏差就是矛盾方程组(6.7)各方程的偏差，式(6.6)就是矛盾方程组(6.7)各方程的偏差的平方和，上述的拟合条件就是确定 $a_0,a_1,\cdots,a_m$，使得偏差的平方和 Q 达到最小值. 由6.1节内容知，$a_0,a_1,\cdots,a_m$ 是矛盾方程组(6.7)的最小二乘解，也就是正则方程组

$$\mathbf{A}^{\mathrm{T}}\mathbf{A}\boldsymbol{x}=\mathbf{A}^{\mathrm{T}}\boldsymbol{b}$$

的解.

$$\mathbf{A}^{\mathrm{T}}\mathbf{A}=\begin{pmatrix}N & \sum_{i=1}^{N}x_i & \sum_{i=1}^{N}x_i^2 & \cdots & \sum_{i=1}^{N}x_i^m\\ \sum_{i=1}^{N}x_i & \sum_{i=1}^{N}x_i^2 & \sum_{i=1}^{N}x_i^3 & \cdots & \sum_{i=1}^{N}x_i^{m+1}\\ \vdots & \vdots & \vdots & & \vdots\\ \sum_{i=1}^{N}x_i^m & \sum_{i=1}^{N}x_i^{m+1} & \sum_{i=1}^{N}x_i^{m+2} & \cdots & \sum_{i=1}^{N}x_i^{2m}\end{pmatrix}$$

$$\mathbf{A}^{\mathrm{T}}\boldsymbol{b}=\begin{pmatrix}\sum_{i=1}^{N}y_i\\ \sum_{i=1}^{N}x_iy_i\\ \vdots\\ \sum_{i=1}^{N}x_i^my_i\end{pmatrix}$$

正则方程组为

$$
\left.\begin{aligned}
a_0 N + a_1 \sum_{i=1}^{N} x_i + a_2 \sum_{i=1}^{N} x_i^2 + \cdots + a_m \sum_{i=1}^{N} x_i^m = \sum_{i=1}^{N} y_i \\
a_0 \sum_{i=1}^{N} x_i + a_1 \sum_{i=1}^{N} x_i^2 + a_2 \sum_{i=1}^{N} x_i^3 + \cdots + a_m \sum_{i=1}^{N} x_i^{m+1} = \sum_{i=1}^{N} x_i y_i \\
\vdots \\
a_0 \sum_{i=1}^{N} x_i^m + a_1 \sum_{i=1}^{N} x_i^{m+1} + a_2 \sum_{i=1}^{N} x_i^{m+2} + \cdots + a_m \sum_{i=1}^{N} x_i^{2m} = \sum_{i=1}^{N} x_i^m y_i
\end{aligned}\right\} \tag{6.8}
$$

由方程组(6.8)求得的唯一解代入拟合多项式 $y=\varphi(x)$，即得所求.

上述方法称为求拟合曲线的最小二乘法.

定理 6.4 设 $x_1, x_2, \cdots, x_N$ 互异，且 $N > m+1$，则正则方程组(6.8)有唯一的解.

证明 只需证明矛盾方程组(6.7)的系数矩阵 $\boldsymbol{A}$ 的秩 $\operatorname{rank}\boldsymbol{A} = m+1$.

式(6.7)的系数矩阵 $\boldsymbol{A}$ 是 $N\times(m+1)$ 矩阵，记 $\boldsymbol{A}$ 的前 $m+1$ 行构成 $m+1$ 阶子矩阵

$$
\boldsymbol{A}_1 = \begin{pmatrix}
1 & x_1 & x_1^2 & \cdots & x_1^m \\
1 & x_2 & x_2^2 & \cdots & x_2^m \\
\vdots & \vdots & \vdots & & \vdots \\
1 & x_{m+1} & x_{m+1}^2 & \cdots & x_{m+1}^m
\end{pmatrix}
$$

$\boldsymbol{A}_1$ 的行列式为范德蒙行式

$$
\det\boldsymbol{A}_1 = \prod_{m+1\geqslant i>j\geqslant 1} (x_i - x_j)
$$

因为 $x_1, x_2, \cdots, x_N$ 互异，所以 $\det\boldsymbol{A}_1 \neq 0$，故 $\operatorname{rank}\boldsymbol{A} = m+1$. 由定理 6.2，正则方程组(6.8)有唯一解. 证毕

例 6.2 试用最小二乘法求一个多项式，使与下表所列数据

相拟合(计算取 4 位小数)：

x_i	1	3	4	5	6	7	8
y_i	10	5	4	2	1	1	2

解 (1) 作草图(见图(6.1)). 从草图看出,函数的图形近似为抛物线.

(2) 造型. 设拟合曲线为二次多项式

$$y=\varphi(x)=a_0+a_1x+a_2x^2$$

(3) 写出矛盾方程组. 将数据代入拟合曲线

$$\begin{cases} a_0+a_1+a_2=10 \\ a_0+3a_1+9a_2=5 \\ a_0+4a_1+16a_2=4 \\ a_0+5a_1+25a_2=2 \\ a_0+6a_1+36a_2=1 \\ a_0+7a_1+49a_2=1 \\ a_0+8a_1+64a_2=2 \end{cases}$$

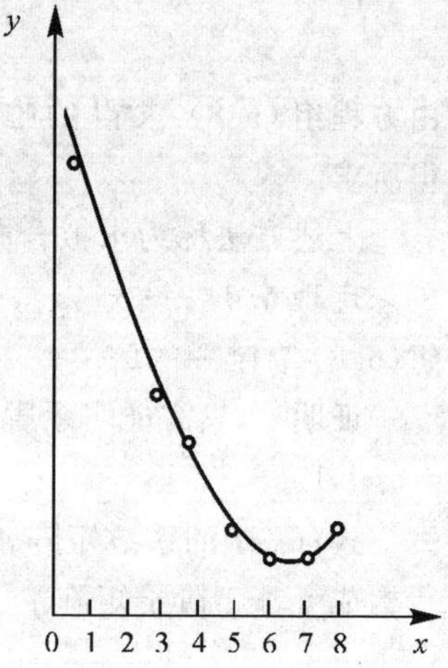

图 6.1

其矩阵形式为 $$\boldsymbol{Ax}=\boldsymbol{b}$$

$$\boldsymbol{A}=\begin{pmatrix} 1 & 1 & 1 \\ 1 & 3 & 9 \\ 1 & 4 & 16 \\ 1 & 5 & 25 \\ 1 & 6 & 36 \\ 1 & 7 & 49 \\ 1 & 8 & 64 \end{pmatrix}, \quad \boldsymbol{x}=\begin{pmatrix} a_0 \\ a_1 \\ a_2 \end{pmatrix}, \quad \boldsymbol{b}=\begin{pmatrix} 10 \\ 5 \\ 4 \\ 2 \\ 1 \\ 1 \\ 2 \end{pmatrix}$$

(4) 写出正则方程组,并求解.

$$\boldsymbol{A}^{\mathrm{T}}\boldsymbol{A}\boldsymbol{x}=\boldsymbol{A}^{\mathrm{T}}\boldsymbol{b}$$

$$\begin{pmatrix} 7 & 34 & 200 \\ 34 & 200 & 1\,288 \\ 200 & 1\,288 & 8\,756 \end{pmatrix}\begin{pmatrix} a_0 \\ a_1 \\ a_2 \end{pmatrix}=\begin{pmatrix} 25 \\ 80 \\ 382 \end{pmatrix}$$

解得 $a_0=13.445\,1$， $a_2=-3.585\,0$， $a_2=0.263\,9$

故所求拟合曲线为

$$y=\varphi(x)=13.445\,1-3.585\,0x+0.263\,9x^2$$

为方便,可以列表计算正则方程组的系数和右端项,见表 6.1.

表 6.1

i	x_i	y_i	x_iy_i	x_i^2	$x_i^2y_i$	x_i^3	x_i^4
1	1	10	10	1	10	1	1
2	3	5	15	9	45	27	81
3	4	4	16	16	64	64	256
4	5	2	10	25	50	125	625
5	6	1	6	36	36	216	1 296
6	7	1	7	49	49	343	2 401
7	8	2	16	64	128	512	4 096
$\sum_{i=1}^{7}$	34	25	80	200	382	1 288	8 756

若用一次多项式拟合上述数据,所得拟合曲线为

$$y=\varphi(x)=9.344\,3-1.188\,5$$

两条拟合曲线哪一个较好地反映客观规律呢？通常根据均方误差$\sqrt{\sum_{i=1}^{N}[\varphi(x_i)-y_i]^2}$ 和最大偏差$\max\limits_{1\leqslant i\leqslant N}|\varphi(x_i)-y_i|$的大小来判断拟合曲线的优劣.当然,均方误差和最大偏差较小的拟合曲线为优.从表 6.2 可以看出,二次多项式优于一次多项式.在解决实际问题时,有时通过观察选择多个函数类型进行计算、分析、比较，最终获得较好的数学模型;有时把经验公式作为数学模型,只用最

小二乘法确定公式中的待定常数.

表 6.2

拟合曲线	均方误差	最大偏差
二次多项式	0.934 8	0.672 5
一次多项式	3.532 1	1.844 2

当 $\varphi(x)=a+b\ln x$ 时,仍可用上述方法求得 a 和 b,从而确认对数函数 $\varphi(x)$.

从以上论述知,当拟合曲线 $\varphi(x)$ 中的待定常数是线性形式时,都可用例 6.2 的方法求得待定常数.当 $\varphi(x)$ 中的待定常数不是线性形式,如幂函数 $\varphi(x)=ax^b$ 或指数函数 $\varphi(x)=ae^{bx}$ 时,应先将 a 和 b 线性化,再用例 6.2 的方法.

例 6.3 试用最小二乘法求一个形如 $y=ae^{bx}$ (a,b 为常数)的经验公式,使它与下表所列数据相拟合(计算取 4 位小数):

x_i	1	2	3	4	5	6	7	8
y_i	15.3	20.5	27.4	36.6	49.1	65.6	87.8	117.6

分析 经验公式中待定常数 a,b 是非线性形式,如果按多项式拟合的方法做,将得到难以求解的非线性方程组.

将数据代入经验公式,得方程组

$$ae^{bx_i}=y_i \quad (i=1,2,\cdots,8)$$

由两边差的平方和

$$Q=Q(a,b)=\sum_{i=1}^{8}(ae^{bx_i}-y_i)^2$$

得关于 a,b 的非线性方程组

$$\begin{cases}\dfrac{\partial Q}{\partial a}=2\sum\limits_{i=1}^{8}(ae^{bx_i}-y_i)e^{bx_i}=0\\[2ex]\dfrac{\partial Q}{\partial b}=2\sum\limits_{i=1}^{8}(ae^{bx_i}-y_i)ae^{bx_i}x_i=0\end{cases}$$

因此，通常采用对经验公式进行变形和变量代换，将经验公式转化为待定常数的线性形式，再用最小二乘法.

解 (1) 对经验公式的两边取对数

$$\ln y = \ln a + bx$$

令代换 $u = \ln y,\quad A = \ln a,\quad B = b$

则 $u = A + Bx$

(2) 将数据代入上式，得矛盾方程组

$$\begin{pmatrix} 1 & 1 \\ 1 & 2 \\ 1 & 3 \\ 1 & 4 \\ 1 & 5 \\ 1 & 6 \\ 1 & 7 \\ 1 & 8 \end{pmatrix} \begin{pmatrix} A \\ B \end{pmatrix} = \begin{pmatrix} \ln 1.53 \\ \ln 20.5 \\ \ln 27.4 \\ \ln 36.6 \\ \ln 49.1 \\ \ln 65.6 \\ \ln 87.8 \\ \ln 117.6 \end{pmatrix}$$

(3) 写出正则方程组并求解

$$\begin{cases} 8A + 36B = 29.978\,7 \\ 36A + 204B = 147.135\,0 \end{cases}$$

解得 $A = 2.436\,9,\quad B = 0.291\,3$

于是 $a = 11.437\,5,\quad b = 0.291\,2$

故经验公式为 $y = 11.437\,5e^{0.291\,2x}$.

习　题　六

1. 求线性方程组

$$\begin{cases}2x_1+4x_2=1\\3x_1-5x_2=3\\x_1+2x_2=6\\4x_1+2x_2=14\end{cases}$$

的最小二乘解(计算取 4 位小数).

2. 试用最小二乘法分别求一次和二次多项式,使与下表所列数据相拟合(计算取 3 位小数),并比较两条拟合曲线的优劣:

x_i	1.36	1.49	1.73	1.81	1.95	2.16	2.28	2.48
y_i	14.094	15.069	16.844	17.378	18.435	19.949	20.963	22.495

3. 试用最小二乘法求形如 $y=a+bx^2$ 的多项式,使与下表所列数据相拟合(计算取 3 位小数):

x_i	19	25	31	38	44
y_i	19.0	32.3	49.0	73.3	97.8

4. 观测一个物体的直线运动,测得数据为

时间 t_i/s	0	0.9	1.9	3.0	3.9	5.0
距离 S_i/m	0	10	30	50	80	110

求这物体的初速度及加速度(假定为常数)(计算取 3 位小数).

5. 某种铝合金的含铝量为 $x\%$,其熔解温度为 y℃,由实验测得 x 与 y 的数据为

x_i	36.9	46.7	63.7	77.8	84.0	87.5
y_i	181	197	235	270	283	292

试用最小二乘法建立 x 与 y 之间的经验公式(计算取 4 位小数).

6. 设一发射源的发射强度公式为 $I = I_0 e^{-at}$,测得 I 与 t 的数据为

t_i	0.2	0.3	0.4	0.5	0.6	0.7	0.8
I_i	3.16	2.38	1.75	1.34	1.00	0.74	0.56

试用最小二乘法确定 I_0 与 a(计算取 3 位小数).

7. 在某电路实验中,测得电压 V 与电流 I 的一组数据为

V_i/V	1	2	3	4	5	6	7	8
I_i/mA	15.3	20.5	27.4	36.6	49.1	65.6	87.8	117.6

试用最小二乘法求曲线 $I = ae^{bV}$,使之拟合上述数据(计算取 4 位小数).

8. 用最小二乘法求一个形如

$$y = \varphi(x) = a + b\ln x$$

的经验公式,使其与函数 $y = f(x)$ 的如下数据相拟合(计算取 4 位小数):

x_i	1	2	3	4
y_i	2.5	3.4	4.1	4.4

9. 用最小二乘法求一个形如

$$y = \varphi(x) = \frac{d}{e + fx}$$

的经验公式,使其与函数 $y = f(x)$ 的如下数据相拟合(计算取 2 位小数):

x_i	2	3	4	5
y_i	4.1	2.5	1.9	1.7

第七章　数值积分与数值微分

对于积分$\int_a^b f(x)\mathrm{d}x$，如果$f(x)$在区间$[a,b]$上连续，且$f(x)$的原函数为$F(x)$，则可用牛顿-莱布尼兹公式

$$I=\int_a^b f(x)\mathrm{d}x=F(b)-F(a)$$

计算定积分. 但在实际计算中常常会碰到$f(x)$的下列三种情况.

(1)$f(x)$的原函数不能用初等函数表达. 例如$\frac{\sin x}{x}$，$\frac{1}{\ln x}$，e^{-x^2}，$\sin x^2$等.

(2)$f(x)$的原函数存在，但其表达式太复杂，例如，定积分$\int_a^b \frac{1}{1+x^4}\mathrm{d}x$，$\frac{1}{1+x^4}$的原函数就比较复杂，计算量太大.

(3)$f(x)$没有解析表达式，其函数关系由表格或图形表示.

因为用牛顿-莱布尼兹公式不能解决上述函数的积分，所以有必要研究积分的数值计算问题. 对于上述第三种函数，其导数无法求得；对于第二种函数，其导数很复杂. 因此有必要研究导数的数值计算问题. 本章介绍数值求积方法和数值求导方法.

7.1　牛顿-柯特斯(Newton－Cotes)求积公式

在积分区间$[a,b]$取一系列点$x_k(k=0,1,\cdots,n)$，设

$$a\leqslant x_0<x_1<x_2<\cdots<x_n\leqslant b$$

用被积函数$f(x)$在这些点的函数值$f(x_k)$的线性组合作为积分近似值

$$\int_a^b f(x)\mathrm{d}x \approx \sum_{k=0}^{n} A_k f(x_k) \tag{7.1}$$

式(7.1)称为数值求积公式，其中 $n+1$ 个点 $x_k(k=0,1,\cdots,n)$ 称为节点，$A_k(k=0,1,\cdots,n)$ 称为求积系数.

记

$$R[f]=\int_a^b f(x)\mathrm{d}x-\sum_{k=0}^{n} A_k f(x_k)$$

称 $R[f]$ 为求积公式(7.1)的截断误差.

一、牛顿-柯特斯求积公式

构造数值求积公式的方法很多，常用的一个方法是利用插值多项式 $P_n(x)$ 来构造求积公式

$$\int_a^b f(x)\mathrm{d}x \approx \int_a^b P_n(x)\mathrm{d}x=\sum_{k=0}^{n} A_k f(x_k) \tag{7.2}$$

称为插值型求积公式.

在区间$[a,b]$上取 $n+1$ 个等距节点 $x_k=a+kh(k=0,1,\cdots,n)$，其中 $h=\dfrac{b-a}{n}$，作 n 次拉格朗日插值多项式 $L_n(x)$，因为

$$f(x)=L_n(x)+R_n(x)$$

所以

$$\int_a^b f(x)\mathrm{d}x=\int_a^b L_n(x)\mathrm{d}x+\int_a^b R_n(x)\mathrm{d}x=$$
$$\sum_{k=0}^{n}\left[f(x_k)\int_a^b l_k(x)\mathrm{d}x\right]+$$
$$\frac{1}{(n+1)!}\int_a^b f^{(n+1)}(\xi)\omega_{n+1}(x)\mathrm{d}x$$

记

$$A_k=\int_a^b l_k(x)\mathrm{d}x=\int_a^b \frac{\omega_{n+1}(x)}{(x-x_k)\omega_{n+1}(x_k)}\mathrm{d}x \tag{7.3}$$

$$R_n[f] = \frac{1}{(n+1)!}\int_a^b f^{(n+1)}(\xi)\omega_{n+1}(x)\mathrm{d}x \tag{7.4}$$

截去第二项

$$\int_a^b f(x)\mathrm{d}x \approx \sum_{k=0}^{n} A_k f(x_k)$$

显然 A_k 与 $f(x)$ 无关，只与节点 $x_k(k=0,1,\cdots,n)$ 有关.

令 $x=a+th$，则当 $x\in[a,b]$ 时，$t\in[0,n]$，于是

$$\omega_{n+1}(x)=\omega_{n+1}(a+th)=h^{n+1}t(t-1)(t-2)\cdots(t-n)$$

而

$$\omega'_{n+1}(x_k)=(x_k-x_0)(x_k-x_1)\cdots(x_k-x_{k-1})(x_k-x_{k+1})\cdots(x_k-x_n)=h^n k!\ (-1)^{n-k}(n-k)!$$

从而得

$$A_k=\frac{(-1)^{(n-k)}h}{k!\ (n-k)!}\int_0^n t(t-1)\cdots[t-(k-1)]\times[t-(k+1)]\cdots(t-n)\mathrm{d}t$$

记

$$C_k^{(n)}=\frac{(-1)^{n-k}}{k!\ (n-k)!\ n}\int_0^n t(t-1)\cdots[t-(k-1)]\times[t-(k+1)]\cdots(t-n)\mathrm{d}t \tag{7.5}$$

则

$$A_k=(b-a)C_k^{(n)}$$

故求积公式(7.1) 可写成

$$\int_a^b f(x)\mathrm{d}x \approx (b-a)\sum_{k=0}^{n} C_k^{(n)} f(x_k) \tag{7.6}$$

式(7.6) 称为牛顿-柯特斯公式，$C_k^{(n)}$ 称为柯特斯系数，式(7.4) 称为牛顿-柯特斯公式的截断误差.

• 当 $n=1$ 时，柯特斯系数为

$$C_0^{(1)}=-\int_0^1(t-1)\mathrm{d}t=\frac{1}{2}$$

$$C_1^{(1)}=\int_0^1 t\mathrm{d}t=\frac{1}{2}$$

牛顿-柯特斯公式为

$$\int_a^b f(x)\mathrm{d}x \approx \frac{b-a}{2}[f(a)+f(b)] \tag{7.7}$$

式(7.7)称为梯形公式.

- 当 $n=2$ 时,柯特斯系数为

$$C_0^{(2)} = \frac{1}{4}\int_0^2 (t-1)(t-2)\mathrm{d}t = \frac{1}{6}$$

$$C_1^{(2)} = -\frac{1}{2}\int_0^2 t(t-2)\mathrm{d}t = \frac{4}{6}$$

$$C_2^{(2)} = \frac{1}{4}\int_0^2 t(t-1)\mathrm{d}t = \frac{1}{6}$$

牛顿-柯特斯公式为

$$\int_a^b f(x)\mathrm{d}x \approx \frac{b-a}{6}\left[f(a)+4f\left(\frac{a+b}{2}\right)+f(b)\right] \tag{7.8}$$

式(7.8)称为辛浦生(Simpson)公式.

- 当 $n=4$ 时,牛顿-柯特斯公式为

$$\int_a^b f(x)\mathrm{d}x \approx \frac{b-a}{90}[7f(x_0)+32f(x_1)+$$
$$12f(x_2)+32f(x_3)+7f(x_4)] \tag{7.9}$$

式(7.9)称为柯特斯公式.

类似可求出 $n=5,6,\cdots$ 时的柯特斯系数,从而建立相应的求积公式.部分柯特斯系数 $C_k^{(n)}$ 见表7.1.

例7.1 试分别用梯形公式和辛浦生公式计算积分 $\int_{0.5}^1 \sqrt{x}\,\mathrm{d}x$(计算取5位小数).

解 利用梯形公式得

$$\int_{0.5}^1 \sqrt{x}\,\mathrm{d}x \approx \frac{1-0.5}{2}(\sqrt{0.5}+\sqrt{1}) \approx 0.426\ 78$$

利用辛浦生公式,得

$$\int_{0.5}^1 \sqrt{x}\,\mathrm{d}x \approx \frac{1-0.5}{6}(\sqrt{0.5}+4\sqrt{0.75}+1) \approx 0.430\ 93$$

原积分的准确值为

$$\int_{0.5}^{1} \sqrt{x}\,\mathrm{d}x = \frac{2}{3}x^{\frac{3}{2}}\Big|_{0.5}^{1} \approx 0.430\ 96$$

表 7.1

n	$C_k^{(n)}$
1	$\frac{1}{2},\frac{1}{2}.$
2	$\frac{1}{6},\frac{4}{6},\frac{1}{6}.$
3	$\frac{1}{8},\frac{3}{8},\frac{3}{8},\frac{1}{8}.$
4	$\frac{7}{90},\frac{16}{45},\frac{2}{15},\frac{16}{45},\frac{7}{90}.$
5	$\frac{19}{288},\frac{25}{96},\frac{25}{144},\frac{25}{144},\frac{25}{96},\frac{19}{288}.$
6	$\frac{41}{840},\frac{9}{35},\frac{9}{280},\frac{34}{105},\frac{9}{280},\frac{9}{35},\frac{41}{840}.$
7	$\frac{751}{17\ 280},\frac{3\ 577}{17\ 280},\frac{1\ 323}{17\ 280},\frac{2\ 989}{17\ 280},\frac{2\ 989}{17\ 280},\frac{1\ 323}{17\ 280},\frac{3\ 577}{17\ 280},\frac{751}{17\ 280}.$
8	$\frac{989}{28\ 350},\frac{5\ 888}{28\ 350},\frac{-928}{28\ 350},\frac{10\ 496}{28\ 350},\frac{-4\ 540}{28\ 350},\frac{10\ 496}{28\ 350},\frac{-928}{28\ 350},\frac{5\ 888}{28\ 350},\frac{989}{28\ 350}.$

二、求积公式的代数精确度

如果某个求积公式对尽可能多的被积函数 $f(x)$ 都准确成立,那么这个公式就具有比较好的使用价值. 从式(7.4) 知,$n+1$

个节点的牛顿-柯特斯求积公式对于 $f(x)$ 是任何不高于 n 次的多项式准确成立，这是因为

$$f^{(n+1)}(x)\equiv 0$$

故
$$R_n[f]\equiv 0$$

定义 7.1 如果求积公式(7.1) 对于任何不高于 m 次的代数多项式都准确成立(即 $R_n[f]\equiv 0$)，而对于某个 $m+1$ 次代数多项式不准确成立(即 $R_n[f]\neq 0$)，则称该求积公式具有 m 次代数精确度，简称代数精度.

容易证明，求积公式有 m 次代数精确度的充要条件是它对于 $f(x)=1,x,x^2,\cdots,x^m$ 都准确成立，而对于 $f(x)=x^{m+1}$ 不准确成立.

利用充要条件，容易验证梯形公式，辛浦生公式，柯特斯公式分别具有 1,3,5 次代数精度. 牛顿-柯特斯公式的代数精度不低于 n. 可以证明，n 为偶数的牛顿-柯特斯求积公式具有 $n+1$ 次代数精度，n 为奇数的牛顿-柯特斯求积公式具有 n 次代数精度.

三、求积公式的截断误差

积分第二中值定理：如果 $f(x)$，$g(x)$ 在区间$[a,b]$ 连续，且 $g(x)$ 在区间(a,b) 不变号，则存在 $\xi\in(a,b)$，使得

$$\int_a^b f(x)g(x)\mathrm{d}x=f(\xi)\int_a^b g(x)\mathrm{d}x$$

定理 7.1 设 $f(x)$ 在区间$[a,b]$ 上具有连续的二阶导数，则梯形公式的截断误差为

$$R_1[f]=-\frac{(b-a)^3}{12}f''(\eta)\quad(\eta\in(a,b))\tag{7.10}$$

证明 当 $n=1$ 时，式(7.4) 为

$$R_1[f]=\frac{1}{2!}\int_a^b f''(\xi)(x-a)(x-b)\mathrm{d}x$$

由于 $f''(\xi)$ 是区间$[a,b]$ 上依赖于 x 的连续函数，$(x-a)(x-b)$

在区间(a,b)不变号，故根据积分第二中值定理，在区间(a,b)内存在一点η，使得

$$R_1[f]=\frac{f''(\eta)}{2!}\int_a^b (x-a)(x-b)\mathrm{d}x=$$

$$-\frac{(b-a)^3}{12}f''(\eta)$$

证毕

如果$\max\limits_{a\leqslant x\leqslant b}|f''(x)|\leqslant M_2$，则有误差估计式

$$|R_1[f]|\leqslant\frac{(b-a)^3}{12}M_2 \tag{7.11}$$

定理 7.2 设$f(x)$在区间$[a,b]$上有连续的 4 阶导数，则辛浦生公式的截断误差为

$$R_2[f]=-\frac{(b-a)^5}{2\ 880}f^{(4)}(\eta)\quad(\eta\in(a,b)) \tag{7.12}$$

证明 当$n=2$时，式(7.4)为

$$R_2[f]=\frac{1}{3!}\int_a^b f'''(\xi)(x-a)\left(x-\frac{a+b}{2}\right)(x-b)\mathrm{d}x$$

因为$(x-a)\left(x-\frac{a+b}{2}\right)(x-b)$在区间$(a,b)$符号不确定，因而不能用积分第二中值定理，常用的方法是作$f(x)$的埃尔米特插值多项式$H_3(x)$，使其满足

$$H_3(a)=f(a),\quad H_3\left(\frac{a+b}{2}\right)=f\left(\frac{a+b}{2}\right)$$

$$H_3(b)=f(b),\quad H'_3\left(\frac{a+b}{2}\right)=f'\left(\frac{a+b}{2}\right)$$

故$H_3(x)$是次数不超过 3 的插值多项式，且截断误差

$$f(x)-H_3(x)=\frac{1}{4!}f^{(4)}(\xi)(x-a)\left(x-\frac{a+b}{2}\right)^2(x-b)$$

由于辛浦生公式具有 3 次代数精度，因而有

$$\int_a^b H_3(x)\mathrm{d}x=\frac{b-a}{6}\left[H_3(a)+4H_3\left(\frac{a+b}{2}\right)+H_3(b)\right]=$$

$$\frac{b-a}{6}\left[f(a)+4f\left(\frac{a+b}{2}\right)+f(b)\right]$$

所以

$$R_2[f]=\int_a^b[f(x)-H_3(x)]\mathrm{d}x=$$

$$\frac{1}{4!}\int_a^b f^{(4)}(\xi)(x-a)\left(x-\frac{a+b}{2}\right)^2(x-b)\mathrm{d}x$$

利用积分第二中值定理，得

$$R_2[f]=\frac{1}{4!}f^{(4)(\eta)}\int_a^b(x-a)\left(x-\frac{a+b}{2}\right)^2(x-b)\mathrm{d}x=$$

$$-\frac{b-a}{180}\left(\frac{b-a}{2}\right)^4 f^{(4)}(\eta)=$$

$$-\frac{(b-a)^5}{2\,880}f^{(4)}(\eta)\quad(\eta\in(a,b))$$

证毕

可以证明柯特斯公式(7.9)的截断误差为

$$R_4[f]=-\frac{8(b-a)}{945}\left(\frac{b-a}{4}\right)^6 f^{(6)}(\eta)\quad(\eta\in(a,b))\tag{7.13}$$

对梯形公式、辛浦生公式及柯特斯公式的截断误差易证，它们的代数精度分别为 1,3,5.

四、牛顿-柯特斯公式的稳定性

由前面的牛顿-柯特斯公式的代数精度及余项的结果看，似乎是求积公式的 n 越大越好，然而事实上并非如此. 因为 n 越大，计算量也越大，误差积累越严重；另一方面，求积公式的稳定性及收敛性也没有保证.

因为牛顿-柯特斯公式(7.6)对于 $f(x)=1$ 必然准确成立，因而有

$$\sum_{k=0}^{n}C_k^{(n)}\equiv 1$$

假设计算 $f(x_k)$ 时有误差 ε_k，即

$$\varepsilon_k = f(x_k) - \overline{f}(x_k)$$

则在实际中用$(b-a)\sum_{k=0}^{n} C_k^{(n)} \overline{f}(x_k)$代替$(b-a)\sum_{k=0}^{n} C_k^{(n)} f(x_k)$所产生的误差为

$$(b-a)\sum_{k=0}^{n} C_k^{(n)} \varepsilon_k$$

如果 $C_k^{(n)}$ 均为正数，令 $\varepsilon = \max\limits_{0 \leqslant k \leqslant n} |\varepsilon_k|$，则有

$$\left|(b-a)\sum_{k=0}^{n} C_k^{(n)} \varepsilon_k\right| \leqslant (b-a)\sum_{k=0}^{n} |C_k^{(n)}| |\varepsilon_k| \leqslant$$

$$(b-a)\varepsilon\sum_{k=0}^{n} C_k^{(n)} = (b-a)\varepsilon$$

用此计算过程是稳定的. 如果 $C_k^{(n)}$ 有正有负，则

$$(b-a)\varepsilon\sum_{k=0}^{n} |C_k^{(n)}| > (b-a)\varepsilon\sum_{k=0}^{n} C_k^{(n)} = (b-a)\varepsilon$$

这时误差得不到控制，因而计算过程中稳定性没有保证，因此在实际中很少使用 n 较大的牛顿-柯特斯公式.

五、待定系数法

利用待定系数法可以得出种种求积公式，而且可以具有尽可能高的代数精度.

给定 $n+1$ 个节点 $x_k(k=0,1,\cdots,n)$，如果要构造至少具有 n 次代数精度的求积公式，只要令求积公式(7.1) 对 $f(x)=1,x,x^2,\cdots,x^n$ 都准确成立，而可得到含求积系数 $A_k(k=0,1,\cdots,n)$ 的代数方程组

$$
\left.\begin{aligned}
&A_0+A_1+\cdots+A_n=b-a\\
&A_0x_0+A_1x_1+\cdots+A_nx_n=\frac{1}{2}(b^2-a^2)\\
&\qquad\qquad\vdots\\
&A_0x_0^n+A_1x_1^n+\cdots+A_nx_n^n=\frac{1}{n+1}(b^{n+1}-a^{n+1})
\end{aligned}\right\}\tag{7.14}
$$

因为方程组的系数行列是范德蒙行列式,其值不为零,因而可求得唯一解 $A_k(k=0,1,\cdots,n)$,由此可构造出至少具有 n 次代数精度的求积公式.

例 7.2　给定求积公式

$$\int_{-2h}^{2h}f(x)\mathrm{d}x\approx A_{-1}(f-h)+A_0f(0)+A_1f(h)$$

试确定 A_{-1},A_0,A_1,使求积公式的代数精度尽量高,并指出代数精度.

解　令求积公式对 $f(x)=1,x,x^2$ 准确成立,则有

$$
\begin{cases}
A_{-1}+A_0+A_1=4h\\
-hA_{-1}\qquad hA_1=0\\
h^2A_{-1}+h^2A_1=\dfrac{16}{3}h^3
\end{cases}
$$

解得

$$A_0=-\frac{4}{3}h,\quad A_1=A_{-1}=\frac{8}{3}h$$

得求积公式

$$\int_{-2h}^{2h}f(x)\mathrm{d}x\approx\frac{4}{3}h[2f(-h)-f(0)+2f(h)]$$

其代数精度至少为 2.

将 $f(x)=x^3$ 代入求积公式,左边 = 右边 = 0,所以公式准确成立.

将 $f(x)=x^4$ 代入求积公式,左边 $=\frac{16}{3}h^5$,右边 $=\frac{64}{5}h^5$,所以公

式不准确成立.故求积公式的代数精度为 3.

7.2 复化求积公式

为了提高数值积分的精确度,常采用将区间$[a,b]$等分成 N 个子区间,其长度为 $h=\frac{b-a}{N}$,在每个子区间上用低阶的求积公式,然后将所有子区间上的计算结果加起来,这样得出的公式称为复化求积公式.

一、常用的复化梯形、复化辛浦生(Simpson)、复化柯特斯求积公式

1.复化梯形公式

将区间$[a,b]$等分成 N 个子区间$[x_k,x_{k+1}]$$(k=0,1,\cdots,N-1)$,$h=\frac{b-a}{N}$,在每个子区间$[x_k,x_{k+1}]$上用梯形公式

$$I_k=\int_{x_k}^{x_{k+1}}f(x)\mathrm{d}x\approx\frac{h}{2}[f(x_k)+f(x_{k+1})]$$

相加后得复化梯形公式

$$\int_a^b f(x)\mathrm{d}x\approx\frac{h}{2}\left[f(a)+2\sum_{k=1}^{N-1}f(x_k)+f(b)\right]\xlongequal{\text{记为}}T_N \tag{7.15}$$

其中 $x_k=a+kh(k=1,2,\cdots,N-1)$.右端记为 T_N.

当 $N\to\infty$ 时,

$$T_N=\frac{1}{2}\left[\sum_{k=0}^{N-1}f(x_k)h+\sum_{k=1}^{N}f(x_k)h\right]\to$$
$$\frac{1}{2}\left[\int_a^b f(x)\mathrm{d}x+\int_a^b f(x)\mathrm{d}x\right]=\int_a^b f(x)\mathrm{d}x$$

即 T_N 收敛于$\int_a^b f(x)\mathrm{d}x$.

2. 复化辛浦生公式

将区间$[a,b]$等分成N个子区间$[x_{2k},x_{2k+2}](k=0,1,\cdots,N-1)$，每个子区间的中点为$x_{2k+1}(k=0,1,\cdots,N-1)$，子区间长度为$h=\dfrac{b-a}{N}$，在每个子区间$[x_{2k},x_{2k+2}]$上用辛浦生公式

$$I_k=\int_{x_{2k}}^{x_{2k+2}}f(x)\mathrm{d}x\approx\frac{h}{6}[f(x_{2k})+4f(x_{2k+1})+f(x_{2k+2})]$$

相加后得复化辛浦生公式

$$\int_a^b f(x)\mathrm{d}x\approx\frac{h}{6}\left[f(a)+4\sum_{k=1}^{N}f(x_{2k-1})+2\sum_{k=1}^{N-1}f(x_{2k})+f(b)\right]\xlongequal{\text{记为}}S_N \tag{7.16}$$

式中$x_k=a+k\times\dfrac{h}{2}(k=1,2,\cdots,2N-1)$.

3. 复化柯特斯公式

类似上述推导，可得复化柯特斯公式

$$\int_a^b f(x)\mathrm{d}x\approx\frac{h}{90}\left[7f(a)+32\sum_{k=1}^{N}f(x_{4k-3})+12\sum_{k=1}^{N}f(x_{4k-2})+32\sum_{k=1}^{N}f(x_{4k-1})+14\sum_{k=1}^{N-1}f(x_{4k})+7f(b)\right]\xlongequal{\text{记为}}C_N \tag{7.17}$$

式中$h=\dfrac{b-a}{N}$，$x_k=a+k\dfrac{h}{4}(k=1,2,\cdots,4N-1)$.

例 7.3 取 9 个节点，用复化梯形公式、复化辛浦生公式和复化柯特斯公式计算积分

$$\int_0^1\frac{4}{1+x^2}\mathrm{d}x$$

的近似值(计算取 6 位小数).

解 计算结果见表 7.2.

表 7.2

x_k	$f(x_k)$	梯形求积系数	辛浦生求积系数	柯特斯求积系数
0	4	1	1	7
0.125	3.938 462	2	4	32
0.25	3.764 706	2	2	12
0.375	3.506 849	2	4	32
0.5	3.2	2	2	14
0.625	2.876 405	2	4	32
0.75	2.56	2	2	12
0.875	2.265 487	2	4	32
1.0	2	1	1	7
积分近似值		3.138 989	3.141 593	3.141 594

计算 T_8，S_4 和 C_2 的计算量相同，但结果的精度不同.

二、常用的复化求积公式的截断误差

定理 7.3 设 $f(x)$ 在区间 $[a,b]$ 上具有连续的二阶导数，则复化梯形公式的截断误差为

$$R_1^{(N)}[f]=-\frac{b-a}{12}h^2 f''(\eta) \quad (\eta\in(a,b)) \tag{7.18}$$

证明 由定理 7.1，在区间 $[x_k,x_{k+1}]$ 上梯形公式的截断误差为

$$-\frac{h^3}{12}f''(\eta_k) \quad (\eta_k\in(x_k,x_{k+1});k=0,1,\cdots,N-1)$$

相加

$$R_1^{(N)}[f]=\int_a^b f(x)\mathrm{d}x-T_N=-\frac{h^3}{12}\sum_{k=0}^{N-1}f''(\eta_k)$$

因为 $f''(x)$ 在区间 $[a,b]$ 连续，所以在 $[a,b]$ 内必存在一点 η，使得

$$f''(\eta)=\frac{1}{N}\sum_{k=0}^{N-1}f''(\eta_k)$$

于是有

$$R_1^{(N)}[f]=-\frac{b-a}{12}h^2f''(\eta)\quad(\eta\in(a,b))$$

证毕

若 $\max\limits_{a\leqslant x\leqslant b}|f''(x)|\leqslant M_2$，则有误差估计式

$$|R_1^{(N)}[f]|\leqslant\frac{b-a}{12}h^2M_2\tag{7.19}$$

类似地可推出复化辛浦生公式的截断误差

$$R_2^{(N)}[f]=-\frac{b-a}{2\ 880}h^4f^{(4)}(\eta)\quad(\eta\in(a,b))\tag{7.20}$$

如果 $\max\limits_{a\leqslant x\leqslant b}|f^{(4)}(x)|\leqslant M_4$，则有误差估计式

$$|R_2^{(N)}[f]|\leqslant\frac{b-a}{2\ 880}h^4M_4\tag{7.21}$$

复化柯特斯公式的截断误差为

$$R_4^{(N)}[f]=-\frac{2(b-a)}{945}\left(\frac{h}{4}\right)^6f^{(6)}(\eta)\quad(\eta\in(a,b))\tag{7.22}$$

如果 $\max\limits_{a\leqslant x\leqslant b}|f^{(6)}(x)|\leqslant M_6$，则有误差估计式

$$|R_4^{(N)}[f]|\leqslant\frac{2(b-a)}{945}\left(\frac{h}{4}\right)^6M_6\tag{7.23}$$

例 7.4 当用复化梯形公式与复化辛浦生公式计算积分 $\int_0^1 e^x\,dx$ 的近似值时，若要求误差不超过 $\frac{1}{2}\times10^{-4}$，问至少各取多少个节点？

解 由 $f(x)=e^x$，$f''(x)=f^{(4)}=e^x$，得

$$\max_{0\leqslant x\leqslant 1}|f''(x)|=\max_{0\leqslant x\leqslant 1}|f^{(4)}(x)|=e=M_2=M_4$$

由式(7.19)，有

$$|R_1^N[f]|\leqslant\frac{e}{12N^2}\leqslant\frac{1}{2}\times10^{-4}$$

解得

$$N > 67.3$$

故 N 至少取 68，节点至少取 $N+1=69$ 个.

由式(7.21)有

$$|R_2^{(N)}[f]| \leqslant \frac{e}{2\,880N^4} \leqslant \frac{1}{2}\times 10^{-4}$$

解得

$$N > 2.1$$

故 N 至少取 3，节点至少取 $2N+1=7$ 个.

三、区间逐次分半求积法

复化求积公式是提高精度的一种有效方法，但在使用复化型求积公式之前，必须根据复化求积公式的余项进行先验估计，以确定节点数目，从而确定合适的等分步长. 因为余项表达式中包含了被积函数的导数，而估计各阶导数的最大值往往是很困难的，且使用这种方法估计的误差上界往往偏大. 所以，实际计算时常采用"事后估计误差"的方法. 即在步长逐次分半的过程中，反复利用复化求积公式进行计算. 并同时查看相继两次计算结果的误差是否达到要求，直到所求得的积分近似值满足精度要求为止. 下面以梯形公式为例，介绍区间逐次分半的求积方法.

假定区间 N 等分时，由公式(7.15)算出的积分近似值为 T_N，由公式(7.18)可知，积分值为

$$I = T_N - \frac{b-a}{12}\left(\frac{b-a}{N}\right)^2 f''(\eta_1) \quad (a < \eta_1 < b)$$

再将各子区间分半，使得区间成 $2N$ 等份. 此时所得积分近似值记为 T_{2N}，则

$$T_{2N} = \frac{h}{4}\left[f(a) + 2\sum_{k=1}^{2N-1} f\left(x_0 + k\times\frac{h}{2}\right) + f(b)\right] =$$

$$\frac{1}{2}T_N + \frac{n}{2}\sum_{k=1}^{N} f\left[a + (2k-1)\,\frac{h}{2}\right]$$

式中 $h = \frac{b-a}{N}$.

由公式(7.18)可知,积分值为

$$I = T_{2N} - \frac{b-a}{12}\left(\frac{b-a}{2N}\right)^2 f''(\eta_2) \quad (a < \eta_2 < b)$$

假定 $f''(x)$ 在$[a,b]$上变化不大,即有 $f''(\eta_1) \approx f''(\eta_2)$,于是得

$$\frac{I - T_N}{I - T_{2N}} \approx 4$$

上式也可改写为

$$I \approx T_{2N} + \frac{1}{3}(T_{2N} - T_N) = T_{2N} + \frac{1}{4-1}(T_{2N} - T_N) \tag{7.24}$$

这说明用 T_{2N} 作为积分 I 的近似值时,其误差近似为$\frac{1}{3}(T_{2N} - T_N)$. 计算过程中常用 $|T_{2N} - T_N| < \varepsilon$ 是否满足作为控制计算精度的条件. 如果满足,则取 T_{2N} 作为 I 的近似值;如果不满足,则再将区间分半,直到满足要求为止.

实际计算中的递推公式为

$$\left.\begin{aligned} T_1 &= \frac{b-a}{2}[f(a) + f(b)] \\ T_{2N} &= \frac{1}{2}T_N + \frac{b-a}{2N}\sum_{j=1}^{N} f\left[a + (2j-1)\,\frac{b-a}{2N}\right] \\ &\qquad\qquad (N = 2^{k-1};\ k = 1,2,\cdots) \end{aligned}\right\} \tag{7.25}$$

在给定控制参数 ε 后,当满足 $|T_{2N} - T_N| \leqslant \varepsilon$ 时,则以 T_{2N} 作为积分 I 的近似值.

例 7.5 用区间逐次分半的梯形公式计算

$$I = \int_0^1 \frac{4}{1+x^2}\,\mathrm{d}x$$

要求其误差不超过 $\varepsilon = \frac{1}{2} \times 10^{-5}$（其精确值为 π）.

解　利用式(7.25) 编程计算,其结果见表 7.3.

表　7.3

$2^k = N$	T_N	$\lvert T_{2N} - T_N \rvert$
2^0	3.0	
2^1	3.1	0.1
2^2	3.131 177	0.03
2^3	3.138 989	0.007
2^4	3.140 942	0.001
2^5	3.141 430	0.000 4
2^6	3.141 553	0.000 1
2^7	3.141 583	0.000 03
2^8	3.141 590	0.000 007
2^9	3.141 592	0.000 002

通过类似的推导,还可得到下面的结论.

对于辛浦生公式,假定 $f^{(4)}(x)$ 在$[a,b]$上变化不大,则有

$$I \approx S_{2N} + \frac{1}{15}(S_{2N} - S_N) = S_{2N} + \frac{1}{4^2 - 1}(S_{2N} - S_N) \tag{7.26}$$

对于柯特斯公式,假定 $f^{(6)}(x)$ 在$[a,b]$上变化不大,则有

$$I \approx C_{2N} + \frac{1}{63}(C_{2N} - C_N) = C_{2N} + \frac{1}{4^3 - 1}(C_{2N} - C_N) \tag{7.27}$$

在区间逐次分半过程中,采用事后估计误差的方法,可以确定合适的计算步长.所以,区间逐次分半求积法也称为步长自动选择

的变步长求积法.

7.3 龙贝格(Romberg)求积算法

由上节公式(7.24)可以看出,将积分区间等分时,用复化梯形公式计算的结果 T_{2N} 作为积分 I 的近似值,其误差近似为 $\frac{1}{3}(T_{2N}-T_N)$. 可以设想,如果用这个误差作为 T_{2N} 的一种补偿,即将

$$T_{2N}+\frac{1}{3}(T_{2N}-T_N)=\frac{4T_{2N}-T_N}{4-1}$$

作为积分的近似值,可望提高其精确程度.

直接根据复化求积公式,不难验证

$$S_N=T_{2N}+\frac{1}{3}(T_{2N}-T_N)=\frac{4T_{2N}-T_N}{4-1} \tag{7.28}$$

这说明,将区间对分前后两次复化梯形公式的值,按式(7.24)作线性组合恰好等于复化辛浦生公式的值 S_N,它比 T_{2N} 更接近于近似值.

同样,根据式(7.26)用 S_{2N} 与 S_N 作线性组合会得到比 S_{2N} 更精确的值,且通过直接验证可得

$$C_N=S_{2N}+\frac{1}{15}(S_{2N}-S_N)=\frac{4^2S_{2N}-S_N}{4^2-1} \tag{7.29}$$

再由式(7.27)用 C_{2N} 与 C_N 作线性组合,又可得到比 C_{2N} 更精确的值,通常记为 R_N,即

$$R_N=C_{2N}+\frac{1}{63}(C_{2N}-C_N)=\frac{4^3C_{2N}-C_N}{4^3-1} \tag{7.30}$$

式(7.30)称为龙贝格求积公式.

上述用若干个积分近似值推算出更为精确的积分近似值的方法,称为外推方法. 我们将序列$\{T_N\}$,$\{S_N\}$,$\{C_N\}$和$\{R_N\}$分别称

为梯形序列、辛浦生序列、柯特斯序列和龙贝格序列. 由龙贝格序列当然还可以继续进行外推,得到新的求积序列. 但由于在新的求积序列中,其线性组合的系数分别为$\frac{4^m}{4^m-1}\approx 1$与$\frac{1}{4^m-1}\approx 0$($m\geqslant 4$). 因此,新的求积序列与前一个序列结果相差不大. 故通常外推到龙贝格序列为止.

可以证明,由梯形序列外推得到辛浦生序列,由辛浦生序列外推得到柯特斯序列以及由柯特斯序列外推得到龙贝格序列,每次外推都可以使误差阶提高二阶.

利用龙贝格序列求积的算法称为龙贝格算法. 这种算法具有占用内存少、精确度高的优点. 因此,成为实际中常用的求积算法. 下面给出龙贝格求积算法的计算步骤.

第一步:算出 $f(a)$ 和 $f(b)$,根据公式(7.25) 计算 T_1;

第二步:将$[a,b]$分半,算出 $f\left(\frac{a+b}{2}\right)$后,根据公式(7.25) 计算 T_2,再根据公式(7.28) 计算 S_1;

第三步: 再将区间分半, 算出 $f\left(a+\frac{b-a}{4}\right)$及 $f\left(a+3\times\frac{b-a}{4}\right)$,并根据公式(7.25),(7.28) 计算 T_4 及 S_2,再由公式(7.29) 计算 C_1;

第四步:将区间再次分半,计算 T_8,S_4,C_2,并由公式(7.30) 计算 R_1;

第五步:将区间再次分半,类似上述过程计算 T_{16},S_8,C_4,R_2.

重复上述过程可计算得到 R_1,R_2,R_4,…,一直算到龙贝格序列中前后两项之差的绝对值不超过给定的误差限为止.

上述计算步骤也可用表 7.4 表示.

可以证明:如果 $f(x)$ 充分光滑,那么梯形序列、辛浦生序列、柯特斯序列与龙贝格序列均收敛到所求的积分值.

表 7.4

k	区间等分数 $N=2^k$	梯形序列 T_2^k	辛浦生序列 S_2^{k-1}	柯特斯序列 C_2^{k-2}	龙贝格序列 R_2^{k-3}
0	$2^0=1$	T_1			
1	$2^1=2$	T_2	S_1		
2	$2^2=4$	T_4	S_2	C_1	
3	$2^3=8$	T_8	S_4	C_2	R_1
4	$2^4=16$	T_{16}	S_8	C_4	R_2
5	$2^5=32$	T_{32}	S_{16}	C_8	R_4
⋮	⋮	⋮	⋮	⋮	⋮

例 7.6 用龙贝格算法计算积分

$$\int_0^1 \frac{4}{1+x^2}\mathrm{d}x$$

要求误差不超过 $\varepsilon=\frac{1}{2}\times 10^{-5}$(其精确值为 π).

解 计算结果见表 7.5.

表 7.5

k	T_2^k	S_2^{k-1}	C_2^{k-2}	R_2^{k-3}
0	3			
1	3.1	3.133 333		
2	3.131 177	3.141 569	3.142 118	
3	3.138 989	3.141 593	3.141 595	3.141 586
4	3.140 942	3.141 593	3.141 593	3.141 593
5	3.141 430	3.141 593	3.141 593	3.141 593

故$\int_0^1 \frac{4}{1+x^2}dx \approx 3.141\,593$.

7.4 高斯型求积公式

当节点等距时，插值型求积公式(7.2)其代数精度是n或$n+1$. 如果对节点适当选择，能否提高插值型求积公式的代数精度呢？答案是肯定的. 可以证明，具有$n+1$个节点的插值型求积公式的代数精度最高可达到$2n+1$.

一、高斯型求积公式

定义 7.2 把具有$n+1$个节点的具有$2n+1$次代数精度的插值型求积公式(7.2)

$$\int_a^b f(x)dx \approx \sum_{k=0}^{n} A_k f(x_k) \tag{7.31}$$

称为高斯(Gauss)型求积公式，节点x_k称为高斯点，A_k称为高斯系数.

构造高斯型求积公式的关键在于确定高斯点$x_k(k=0,1,\cdots,n)$，再由$n+1$个高斯点构造基函数$L_k(x)(k=0,1,2,\cdots,n)$，最后用式(7.3)计算$A_k(k=0,1,2,\cdots,n)$.

定理 7.4 对于插值型求积公式(7.2)，其节点$x_k(k=0,1,\cdots,n)$为高斯点的充要条件是以这些点为零点的多项式$\omega_{n+1}(x)=\prod_{j=0}^{n}(x-x_j)$与任意的次数不超过$n$的多项式$P(x)$在区间$[a,b]$上正交，即

$$\int_a^b P(x)\omega_{n+1}(x)dx = 0$$

证明 *必要性* 设$x_k(k=0,1,\cdots,n)$是插值型求积公式(7.2)的高斯点，$P(x)$是次数不超过n的多项式，则$P(x)\omega_{n+1}(x)$

是次数不超过 $2n+1$ 的多项式，根据高斯点的定义及 $\omega_{n+1}(x_k)=0(k=0,1,\cdots,n)$，有

$$\int_a^b P(x)\omega_{n+1}(x)\mathrm{d}x=\sum_{k=0}^{n}A_kP(x_k)\omega_{n+1}(x_k)=0$$

充分性 设 $\omega_{n+1}(x)$ 与任意的次数不超过 n 的多项式正交，设 $f(x)$ 是任一次数不超过 $2n+1$ 的多项式，则必存在次数不超过 n 的多项式 $P(x),Q(x)$，使

$$f(x)=P(x)\omega_{n+1}(x)+Q(x)$$

因为插值型求积公式至少具有 n 次代数精度，并注意到 $\omega_{n+1}(x_k)=0$，故有

$$\int_a^b f(x)\mathrm{d}x=\int_a^b P(x)\omega_{n+1}(x)\mathrm{d}x+\int_a^b Q(x)\mathrm{d}x=$$

$$\int_a^b Q(x)\mathrm{d}x=\sum_{k=0}^{n}A_kQ(x_k)=$$

$$\sum_{k=0}^{n}A_k[P(x_k)\omega_{n+1}(x_k)+Q(x_k)]=$$

$$\sum_{k=0}^{n}A_kf(x_k)$$

所以求积公式(7.2)至少具有 $2n+1$ 次代数精度. 对于 $2n+2$ 次多项式 $f(x)=\omega_{n+1}^2(x)$，公式(7.2)的左端 $\int_a^b f(x)\mathrm{d}x>0$，而右端 $\sum_{k=0}^{n}A_k\omega_{n+1}^2(x_k)=0$，即公式(7.2)对于某个 $2n+2$ 次多项式不准确成立. 所以，求积公式(7.2)的代数精度是 $2n+1$. 证毕

由定理 7.4 可知：

(1) 具有 $n+1$ 个节点的插值型求积公式(7.2)的代数精确度最高是 $2n+1$. 因此，高斯型求积公式是代数精确度最高的求积公式.

(2) 定理 7.4 给出了求高斯点的方法. 找与任意的次数不超过

n 的多项式 $P(x)$ 在$[a,b]$上正交的多项式 $\omega_{n+1}(x)=\prod_{j=0}^{n}(x-x_j)$，其零点 $x_k(k=0,1,\cdots,n)$ 就是高斯点.

(3) 定理 7.4 可叙述为:插值型求积公式(7.2) 的代数精度为 $2n+1$ 的充分必要条件是 $\omega_{n+1}(x)=\prod_{j=0}^{n}(x-x_j)$ 与任意的次数不超过 n 的多项式 $P(x)$ 在区间$[a,b]$上正交,即

$$\int_a^b P(x)\omega_{n+1}(x)\mathrm{d}x=0$$

二、勒让德(Legendre) 多项式

n 次勒让德多项式为

$$\mathscr{L}_n(x)=\frac{1}{2^n n!}\frac{\mathrm{d}^n}{\mathrm{d}x^n}(x^2-1)^n \quad (x\in[-1,1];n=0,1,2,\cdots) \tag{7.32}$$

其性质有:

(1)n 次勒让德多项式与任意的次数不超过 $n-1$ 次的多项式在区间$[-1,1]$上正交.

(2)n 次勒让德多项式的 n 个零点都在区间$[-1,1]$内.

例如,一次勒让德多项式 $\mathscr{L}_1(x)=x$,其零点为 $x_0=0$.

二次勒让德多项式为 $\mathscr{L}_2(x)=\frac{1}{2}(3x^2-1)$,其零点为

$$x_0=-\frac{\sqrt{3}}{3},\quad x_1=\frac{\sqrt{3}}{3}$$

三次勒让德多项式为 $\mathscr{L}_3(x)=\frac{1}{2}(5x^3-3x)$,其零点为

$$x_0=-\sqrt{0.6},\quad x_1=0,\quad x_2=\sqrt{0.6}$$

三、高斯-勒让德求积公式

当积分区间为$[-1,1]$时,插值型求积公式(7.2) 的代数精度

为 $2n+1$ 的充要条件是 $\omega_{n+1}(x)=\prod_{j=0}^{n}(x-x_j)$ 与任意的次数不超过 n 的多项式 $\mathscr{L}(x)$ 在区间$[-1,1]$上正交.

设 $n+1$ 次勒让德多项式 $\mathscr{L}_{n+1}(x)$ 在$[-1,1]$内的 $n+1$ 个零点为 $x_k(k=0,1,\cdots,n)$，则

$$\mathscr{L}_{n+1}(x)=\frac{1}{2^{n+1}(n+1)!}\frac{\mathrm{d}^{n+1}(x^2-1)^{n+1}}{\mathrm{d}x^{n+1}}=$$
$$\frac{(2n+2)(2n+1)\cdots(n+2)}{2^{n+1}(n+1)!}\times$$
$$(x-x_0)(x-x_1)\cdots(x-x_n)=$$
$$\frac{(2n+2)!}{2^{n+1}[(n+1)!]^2}\prod_{j=0}^{n}(x-x_j)$$

给 $\mathscr{L}_{n+1}$ 乘以$\frac{2^{n+1}[(n+1)!]^2}{(2n+2)!}$仍具有勒让德多项式的两条性质，因此，取

$$\omega_{n+1}(x)=\frac{2^{n+1}[(n+1)!]^2}{(2n+2)!}\mathscr{L}_{n+1}(x)=\prod_{j=0}^{n}(x-x_j)$$

其满足定理的充要条件，也就是用 $n+1$ 次勒让德多项式的零点 $x_k(k=0,1,\cdots,n)$ 作为高斯点，可得高斯型求积公式

$$\int_{-1}^{1}f(x)\mathrm{d}x\approx\sum_{k=0}^{n}A_kf(x_k) \tag{7.33}$$

该公式称为高斯-勒让德求积公式. 求积系数 A_k 可用待定系数法或按式(7.3) 求出. 用式(7.3) 可推得

$$A_k=\frac{2}{(1-x_k^2)[\mathscr{L}'_{n+1}(x_k)]^2}\quad(k=0,1,\cdots,n) \tag{7.34}$$

在高斯-勒让德求积公式(7.33) 中，当 $n=0$ 时，公式为

$$\int_{-2}^{1}f(x)\mathrm{d}x\approx A_0f(x_0)$$

其中 x_0 是一次勒让德多项式的零点 $x_0=0$，由式(7.34) 有

$$A_0=\frac{2}{(1-x_0^2)[\mathscr{L}'_1(x_0)]^2}=2$$

所以,一点高斯-勒让德求积公式为

$$\int_{-1}^{1}f(x)\mathrm{d}x\approx 2f(0) \tag{7.35}$$

当 $n=1$ 时,公式(7.33) 为

$$\int_{-1}^{1}f(x)\mathrm{d}x\approx A_0f(x_0)+A_1f(x_1)$$

其中 x_0,x_1 是二次勒让德多项式的零点

$$x_0=-\frac{\sqrt{3}}{3},\quad x_1=\frac{\sqrt{3}}{3}$$

由公式(7.34) 有

$$A_0=\frac{2}{(1-x_0^2)[\mathscr{L}'_2(x_0)]^2}=1$$

$$A_1=\frac{2}{(1-x_1^2)[\mathscr{L}'_2(x_1)]}=1$$

所以,两点高斯-勒让德求积公式为

$$\int_{-1}^{1}f(x)\mathrm{d}x\approx f\left(-\frac{\sqrt{3}}{3}\right)+f\left(\frac{\sqrt{3}}{3}\right) \tag{7.36}$$

三点高斯-勒让德求积公式为

$$\int_{-1}^{1}f(x)\mathrm{d}x\approx\frac{5}{9}f(-\sqrt{0.6})+\frac{8}{9}f(0)+\frac{5}{9}f(\sqrt{0.6}) \tag{7.37}$$

易验证,一点、两点、三点高斯-勒让德求积公式的代数精度分别为 1,3,5.

表 7.6 给出了部分高斯-勒让德求积公式的节点和系数.

对于积分$\int_a^b f(x)\mathrm{d}x$,可通过变量代换

$$x=\frac{a+b}{2}+\frac{b-a}{2}t$$

将积分转化为$[-1,1]$上的积分

$$\int_a^b f(x)\mathrm{d}x=\frac{b-a}{2}\int_{-1}^1 f\left(\frac{a+b}{2}+\frac{b-a}{2}t\right)\mathrm{d}t=$$

$$\frac{b-a}{2}\int_{-1}^1 \varphi(t)\mathrm{d}t$$

其中$\varphi(t)=f\left(\frac{a+b}{2}+\frac{b-a}{2}t\right)$，然后用高斯-勒让德求积公式计算积分$\int_{-1}^1 \varphi(t)\mathrm{d}t$.

表　7.6

n	x_k	A_k
0	0	2
1	±0.577 350 269 2	1
2	±0.774 596 669 2	0.555 555 555 6
	0	0.888 888 888 9
3	±0.861 136 311 6	0.347 854 845 1
	±0.339 981 043 6	0.652 145 154 9
4	±0.906 179 845 9	0.236 926 885 1
	±0.538 469 310 1	0.478 628 670 5
	0	0.568 888 889
5	±0.932 469 514 2	0.171 324 492 4
	±0.661 209 386 5	0.360 761 573 0
	±0.238 619 186 1	0.467 913 934 6
6	±0.949 107 912 3	0.129 484 966 2
	±0.741 531 185 6	0.279 705 391 5
	±0.405 845 151 4	0.381 830 050 5
	0	0.417 959 183 7
7	±0.960 289 856 6	0.101 228 536 3
	±0.796 666 477 4	0.222 381 034 5
	±0.525 532 409 9	0.313 706 645 9
	±0.183 434 642 5	0.362 683 783 4

例 7.7　用四点高斯-勒让德求积公式计算积分

$$I=\int_0^{\frac{\pi}{2}} x^2\cos x\mathrm{d}x$$

解　作变量代换$x=\frac{\pi}{4}(1+t)$，则

$$I=\frac{\pi}{4}\int_{-1}^{1}\left(\frac{\pi}{4}\right)^{2}(1+t)^{2}\cos\frac{\pi}{4}(1+t)\mathrm{d}t=$$

$$\left(\frac{\pi}{4}\right)^{3}\int_{-1}^{1}(1+t)^{2}\cos\frac{\pi}{4}(1+t)\mathrm{d}t=\left(\frac{\pi}{4}\right)^{3}\int_{-1}^{1}\varphi(t)\mathrm{d}t$$

其中 $\varphi(t)=(1+t)^{2}\cos\frac{\pi}{4}(1+t)$.

因为

$$t_0=-0.861\ 14, t_1=-0.339\ 98, t_2=0.339\ 98, t_3=0.861\ 14$$

$$A_0=A_3=0.347\ 85, A_1=A_2=0.652\ 15$$

所以

$$I\approx\left(\frac{\pi}{4}\right)^{3}[A_0\varphi(t_0)+A_1\varphi(t_1)+A_2\varphi(t_2)+A_3\varphi(t_3)]\approx 0.467\ 402$$

而该积分具有 6 位有效数字的近似值为 0.467 401.

四、高斯型求积公式的截断误差

定理 7.5 设 $f(x)$ 在 $[a,b]$ 内具有 $2n+2$ 阶导数，则高斯型求积公式(7.31)的截断误差为

$$R[f]=\frac{f^{(2n+2)}(\xi)}{(2n+2)!}\int_{a}^{b}\omega_{n+1}^{2}(x)\mathrm{d}x \tag{7.38}$$

式中 $\xi\in[a,b]$，$\omega_{n+1}(x)=\prod_{j=0}^{n}(x-x_j)$.

证明 设 $H_{2n+1}(x)$ 是满足插值条件

$$H_{2n+1}(x_i)=f(x_i),\quad H'_{2n+1}(x_i)=f'(x_i)\quad(i=0,1,\cdots,n)$$

的 $2n+1$ 次埃尔米特插值多项式. 根据第五章可知，其插值余项为

$$f(x)-H_{2n+1}(x)=\frac{f^{(2n+2)}(\eta)}{(2n+2)!}\omega_{n+1}^{2}(x)\quad(\eta\in(a,b)) \tag{7.39}$$

由于高斯型求积公式(7.31)对于 $H_{2n+1}(x)$ 准确成立，因此

$$\int_a^b H_{2n+1}(x)\mathrm{d}x = \sum_{k=0}^{n} A_k H_{2n+1}(x_k) = \sum_{k=0}^{n} A_k f(x_k)$$

故有

$$\begin{aligned} R[f] = & \int_a^b f(x)\mathrm{d}x - \sum_{k=0}^{n} A_k f(x_k) = \\ & \int_a^b f(x)\mathrm{d}x - \sum_{k=0}^{n} A_k H_{2n+1}(x_k) = \\ & \int_a^b f(x)\mathrm{d}x - \int_a^b H_{2n+1}(x)\mathrm{d}x = \\ & \int_a^b [f(x) - H_{2n+1}(x)]\mathrm{d}x = \\ & \int_a^b \frac{f^{(2n+2)}(\eta)}{(2n+2)!}\omega_{n+1}^2(x)\mathrm{d}x \end{aligned}$$

因为 $\omega_{n+1}^2(x)$ 在$[a,b]$上不变号，根据积分第二中值定理可得

$$R[f] = \frac{f^{(2n+2)}(\xi)}{(2n+2)!}\int_a^b \omega_{n+1}^2(x)\mathrm{d}x \quad (\xi \in (a,b))$$ 证毕

由截断误差表达式(7.38)及例7.7的计算结果可以看出，高斯型求积公式的优点是计算精度较高.但当求积节点数增加时，前面计算的函数值不能在后面利用.并且在计算机上使用时，需要预先存入不同节点数目相应的节点值和系数表.为了避免这些缺点，有时也可将区间分割成若干小区间，在每个小区间上应用低阶的高斯型求积公式.

7.5 数值微分

给定函数表$(x_i, f(x_i))(i=0,1,\cdots,n)$，求函数 $f(x)$ 在 x_i 处的导数值，这类问题称为数值微分.

泰勒(Taylor)公式是建立数值微分公式的工具之一.设 $h = x_1 - x_0$，根据泰勒公式可得

$$f'(x_0)=\frac{f(x_0+h)-f(x_0)}{h}+O(h)$$

$$f'(x_0)=\frac{f\left(x_0+\frac{h}{2}\right)-f\left(x_0-\frac{h}{2}\right)}{h}+O(h^2)$$

它们分别表示 $f(x)$ 在 x_0 处的一阶导数可近似用 $f(x)$ 在 x_0+h，x_0 处的一阶差商及在 $x_0-\frac{h}{2},x_0+\frac{h}{2}$ 处的一阶差商代替.后一种数值微分公式的精度较高，通常称为中点公式.

数值微分公式建立的一般原则是根据数值表构造函数 $f(x)$ 的插值多项式 $P_n(x)$，并用插值多项式在节点处的导数值 $P'_n(x_i)$ 作为 $f'(x_i)$ 的近似值.

设 $P_n(x)$ 是满足插值条件 $P_n(x_i)=f(x_i)(i=0,1,\cdots,n)$ 的插值多项式，则

$$f(x)=P_n(x)+\frac{f^{(n+1)}(\xi)}{(n+1)!}\omega_{n+1}(x)$$

式中 $\xi\in(x_0,x_n)$，且是 x 的函数.将上式两边对 x 求导数，得

$$f'(x)=P'_n(x)+\frac{f^{(n+1)}(\xi)}{(n+1)!}\omega'_{n+1}(x)+\frac{\omega_{n+1}(x)}{(n+1)!}\frac{\mathrm{d}}{\mathrm{d}x}f^{(n+1)}(\xi)$$

由于 ξ 与 x 的具体关系无法知道，上式后一项中 $\frac{\mathrm{d}}{\mathrm{d}x}f^{(n+1)}(\xi)$ 无法求得.因此对任意给定的 x，误差 $f'(x)-P'_n(x)$ 无法预估.为此我们限定求确定节点 $x_i(i=0,1,\cdots,n)$ 上的导数值.于是 $\omega_{n+1}(x_i)=0$，数值微分公式为

$$f'(x_i)=P'_n(x_i)+\frac{f^{(n+1)}(\xi)}{(n+1)!}\omega'_{n+1}(x_i)\quad(i=0,1,\cdots,n)\tag{7.40}$$

下面是节点等距分布时，常用的数值微分公式.

(1) 一阶两点公式($n=1$)

$$\left.\begin{aligned} f'(x_0) &= \frac{1}{h}(y_1 - y_0) - \frac{h}{2}f''(\xi_1) \\ f'(x_1) &= \frac{1}{h}(y_1 - y_0) - \frac{h}{2}f''(\xi_2) \end{aligned}\right\} \quad (\xi_i \in (x_0, x_1))$$

(7.41)

(2) 一阶三点公式($n=2$)

$$\left.\begin{aligned} f'(x_0) &= \frac{1}{2h}(-3y_0 + 4y_1 - y_2) + \frac{h^2}{3}f^{(3)}(\xi_1) \\ f'(x_1) &= \frac{1}{2h}(-y_0 + y_2) - \frac{h^2}{6}f^{(3)}(\xi_2) \\ f'(x_2) &= \frac{1}{2h}(y_0 - 4y_1 + 3y_2) + \frac{h^2}{3}f^{(3)}(\xi_3) \\ &(\xi_i \in (x_0, x_2)) \end{aligned}\right\} \quad (7.42)$$

(3) 二阶三点公式($n=2$)

$$\left.\begin{aligned} f''(x_0) &= \frac{1}{h^2}(y_0 - 2y_1 + y_2) - hf^{(3)}(\xi_1) + \frac{h^2}{6}f^{(4)}(\xi_2) \\ f''(x_1) &= \frac{1}{h^2}(y_0 - 2y_1 + y_2) - \frac{h^2}{12}f^{(4)}(\xi_3) \\ f''(x_2) &= \frac{1}{h^2}(y_0 - 2y_1 + y_2) + hf^{(3)}(\xi_4) - \frac{h^2}{6}f^{(4)}(\xi_5) \\ &(\xi_i \in (x_0, x_2)) \end{aligned}\right\}$$

(7.43)

从上面这些数值微分公式的余项来看,似乎步长 h 愈小,精度愈高.但是在实际计算中并不这样简单.下面我们看一个例子.

设 $f(x)=e^x$,用 4 位有效数字给出的函数值如下:

x	0	…	0.90	…	0.99	1.00	1.01	…	1.10	…	2
e^x	1.000	…	2.460	…	2.691	2.718	2.746	…	3.004	…	7.389

现在用数值微分公式(7.42)中的第二项来计算 $f'(1)$ 的近似

值. 对几种不同的步长，计算结果如下：

h	$f'(1)$ 的近似值	误差
1	3.195	0.477
0.1	2.720	0.002
0.01	2.750	0.032

由此可见，当步长由 1 减小到 0.1 时，误差有显著的减小. 但是当步长由 0.1 减小到 0.01 时，误差反而有所增加. 问题的根源在于我们前面讨论的只是截断误差，此外还有舍入误差. 而数值微分恰好对舍入误差非常敏感，它随 h 的缩小而增大，这就是计算的不稳定. 所以在计算数值微分时，要特别注意误差分析. 还要指出的是，当插值多项式 $P_n(x)$ 收敛到 $f(x)$ 时，$P'_n(x)$ 不一定收敛到 $f'(x)$. 为避免这方面的问题，可用样条插值函数的导函数代替函数 $f(x)$ 的导函数. 具体公式读者可在样条插值函数的基础上自行推导. 当然用样条插值函数求数值微分也有其缺点，即需要解线性方程组，其计算量较大.

习　题　七

1. 用梯形公式和辛浦生公式计算积分 $\int_0^1 e^{-x}\,dx$，并估计误差(计算取 5 位小数).

2. 已知函数 $f(x)$ 的下列数据：

x_k	1.8	2.0	2.2	2.4	2.6
$f(x_k)$	3.120 14	4.426 59	6.042 41	8.030 14	10.466 75

用柯特斯公式计算积分 $\int_{1.8}^{2.6} f(x)\,dx$(计算取 5 位小数).

3. 推导下列 3 种矩形求积公式及截断误差.

(1) 左矩形公式

$$\int_a^b f(x)\mathrm{d}x \approx (b-a)f(a), \quad R[f] = \frac{f'(\eta)}{2}(b-a)^2 \quad (\eta \in (a,b))$$

(2) 右矩形公式

$$\int_a^b f(x)\mathrm{d}x \approx (b-a)f(b), \quad R[f] = -\frac{f'(\eta)}{2}(b-a)^2 \quad (\eta \in (a,b))$$

(3) 中矩形公式

$$\int_a^b f(x)\mathrm{d}x \approx (b-a)f\left(\frac{a+b}{2}\right), \quad R[f] = \frac{f''(\eta)}{24}(b-a)^3 \quad (\eta \in (a,b))$$

并说明这些求积公式的几何意义.

4. 若 $f''(x) > 0, x \in [a,b]$,证明用梯形公式计算积分 $\int_a^b f(x)\mathrm{d}x$ 所得的结果比准确值大,并说明几何意义.

5. 确定下列求积公式中的参数,使其代数精度尽量高,并指明所得求积公式的代数精度(计算取 4 位小数).

(1) $\int_{-h}^{h} f(x)\mathrm{d}x \approx A_{-1}f(-h) + A_0 f(0) + A_1 f(h)$.

(2) $\int_{-1}^{1} f(x)\mathrm{d}x \approx \frac{1}{3}[2f(x_1) + 3f(x_2) + f(1)]$.

(3) $\int_0^h f(x)\mathrm{d}x \approx \frac{h}{2}[f(0) + f(h)] + ah^2[f'(0) - f'(h)]$.

(4) $\int_0^1 f(x)\mathrm{d}x \approx A_0 f\left(\frac{1}{4}\right) + A_1 f\left(\frac{1}{2}\right) + A_2 f\left(\frac{3}{4}\right)$.

6. 验证当 $f(x) = x^5$ 时,柯特斯求积公式准确成立.

7. 已知函数 $f(x)$ 的下列数据:

x_k	0	0.1	0.2	0.3	0.4	0.5
$f(x_k)$	1	1.004 971	1.019 536	1.042 668	1.072 707	1.107 432

x_k	0.6	0.7	0.8	0.9	1.0
$f(x_k)$	1.144 157	1.759 859	1.211 307	1.235 211	1.248 375

用复化梯形公式和复化辛浦生公式计算积分 $\int_0^1 f(x)\mathrm{d}x$(计算取 6 位小数).

注意:本题 $f(x) = \cos x + \sin^2 x$,积分真值 $I = 1.114\ 146\ 77$.

8. 用复化梯形公式和复化辛浦生公式计算下列积分:

(1) $\int_0^1 \sqrt{x}\,\mathrm{d}x$　　　　(2) $\int_0^{10} \mathrm{e}^{-x^2}\,\mathrm{d}x$

两种方法均用 11 个节点(计算取 6 位小数).

9. 用积分 $\int_2^8 \frac{1}{x}\mathrm{d}x = 2\ln 2$ 计算 ln2,要使误差不超过 $\frac{1}{2}\times 10^{-5}$. 问用复化梯形公式时至少取多少个节点?

10. 假定函数 $f(x)$ 在区间 $[a,b]$ 可积,证明复化辛浦生公式收敛于积分 $\int_a^b f(x)\mathrm{d}x$.

11. 用龙贝格法计算积分 $I = \frac{2}{\sqrt{\pi}}\int_0^1 \mathrm{e}^{-x}\,\mathrm{d}x$,要求误差不超过 10^{-5}(计算取 6 位小数).

12. 用龙贝格法计算椭圆 $\frac{x^2}{4} + y^2 = 1$ 的周长,使结果有 5 位有效数字(计算取 6 位小数).

13. 用五点高斯-勒让德求积公式计算积分 $\int_0^1 \frac{1}{1+x}\mathrm{d}x$(计算取 8 位小数).

14. 证明求积公式

$$\int_{-1}^1 f(x)\mathrm{d}x \approx \frac{1}{9}[5f(-\sqrt{0.6}) + 9f(0) + 5f(\sqrt{0.6})]$$

对于不高于 5 次的多项式准确成立,并计算积分 $\int_0^1 \frac{\sin x}{1+x}\mathrm{d}x$(计算取 5 位小数).

15. 按下列指定公式计算积分 $\int_1^2 \frac{1}{x}\mathrm{d}x$,并与 ln2 比较(计算取 8 位小数).

(1) 龙贝格算法,要求误差不超过 10^{-5}.

(2) 三点和五点高斯-勒让德求积公式.

(3) 将区间 4 等分,在每段上用两点高斯-勒让德求积公式,然后累加(称复合高斯型求积法).

16. 设 $f(x) \in C^4[x_0 - 2h, x_0 + 2h]$, $h > 0$, $x_k = x_0 + kh$, $f(x_k) = f_k$ $(k = \pm 2, \pm 1, 0)$,求证:

(1) $f'(x_0) = \frac{1}{12h}[f_{-2} - 8f_{-1} + 8f_1 - f_2] + O(h^4)$;

(2) $f''(x_0) = \frac{1}{h^2}[f_1 + f_{-1} - 2f_0] + O(h^2)$.

第八章　常微分方程初值问题的数值解法

由高等数学的知识，我们知道只有一些特殊类型的常微分方程能够求出相应定解问题的解析解．而科学与工程问题中遇到的常微分方程往往很复杂，在许多情况下都不可能求出解的表达式．另一方面，在许多实际问题中，往往只需要获得解在若干个点上的近似值就行了．因此，研究常微分方程的数值解法就很有必要．

本章讨论初值问题常用的数值解法，并介绍有关的基本理论．

设一阶常微分方程初值问题为

$$\begin{cases} \dfrac{\mathrm{d}y}{\mathrm{d}x} = f(x, y) \quad (x_0 \leqslant x) & (8.1) \\ y(x_0) = y_0 & (8.2) \end{cases}$$

式中 $f(x,y)$ 为 x,y 的已知函数，y_0 为给定的初始值．

所谓初值问题的数值解法，就是求初值问题的解在一系列点

$$x_0 < x_1 < x_2 < \cdots < x_n < \cdots$$

处的值 $y(x_n)$ 的近似值 $y_n(n=1,2,3,\cdots)$ 的方法．所求得的 y_1，y_2，$\cdots$ 称为初值问题的数值解．一般采用等距节点 $x_n = x_0 + nh(n=0,1,2,\cdots)$，相邻两节点间的距离 h 叫做步长．

在本章的讨论中，我们总假定初值问题(8.1) 和(8.2) 的解 $y=y(x)$ 在区间$[x_0,b]$(b 为有限或无穷）上存在唯一，且充分光滑，因而要求 $f(x,y)$ 也充分光滑．

初值问题的数值方法按其计算公式是待求量 y_{n+1} 的显式形式和隐式形式分别称为显式方法和隐式方法．如 8.1 节中计算公式(8.3) 的对应的方法就是显式方法，计算公式(8.6) 所对应的方法

就是隐式方法.数值方法若其计算公式中含 $y_n, y_{n-1}, y_{n-2}, \cdots$ 等多个数值解,则称该方法为多步法;若计算公式中仅含有数值解 y_n 的方法,则称为单步法.如公式(8.3)和(8.6)所对应的方法就是单步法,如公式(8.37)和(8.39)所对应的方法就是多步法.

8.1 欧拉(Euler)法与梯形法

一、欧拉法

欧拉法的计算公式为

$$y_{n+1} = y_n + hf(x_n, y_n) \quad (n=0,1,2,\cdots) \tag{8.3}$$

式中 y_0 取式(8.2)中的初值.下面用4种方法推导公式(8.3).

1.泰勒展开法

在 x_n 处展开 $y(x_{n+1}) = y(x_n + h)$ 有

$$y(x_{n+1}) = y(x_n) + hy'(x_n) + \frac{1}{2!}h^2 y''(\xi_n) \quad (x_n \leqslant \xi \leqslant x_{n+1}) \tag{8.4}$$

略去余项,得

$$y(x_{n+1}) \approx y(x_n) + hy'(x_n) = y(x_n) + hf(x_n, y(x_n))$$

用近似值 y_n 代替 $y(x_n)$,把上式右端所得之值记为 y_{n+1},得

$$y_{n+1} = y_n + hf(x_n, y_n) \quad (n=0,1,2,\cdots)$$

2.数值微分

由导数定义知

$$\frac{y(x_{n+1}) - y(x_n)}{h} \approx y'(x_n) = f(x_n, y(x_n))$$

所以
$$y(x_{n+1}) \approx y(x_n) + hf(x_n, y(x_n))$$

用 y_n 代替 $y(x_n)$,把上式右端所得之值记为 y_{n+1},即得式(8.3).

3.数值积分

在区间$[x_n, x_{n+1}]$上对微分方程(8.1)进行积分,得

$$y(x_{n+1}) = y(x_n) + \int_{x_n}^{x_{n+1}} f(x, y(x))\mathrm{d}x \tag{8.5}$$

利用左矩形公式，得

$$y(x_{n+1}) \approx y(x_n) + hf(x_n, y(x_n))$$

类似前两种方法的做法，可得欧拉公式(8.3).

4. 几何方法

设已求得解 $y = y(x)$ 在 x_n 处的近似值为 y_n，则过点 (x_n, y_n) 以 $f(x_n, y_n)$ 为斜率的直线方程为

$$y = y_n + f(x_n, y_n)(x - x_n)$$

将 $x = x_{n+1}$ 处该直线上的函数值作为 $y(x_{n+1})$ 的近似值 y_{n+1}，则

$$\begin{aligned} y_{n+1} &= y_n + f(x_n, y_n)(x_{n+1} - x_n) = \\ &\quad y_n + hf(x_n, y_n) \quad (n = 0, 1, 2, \cdots) \end{aligned}$$

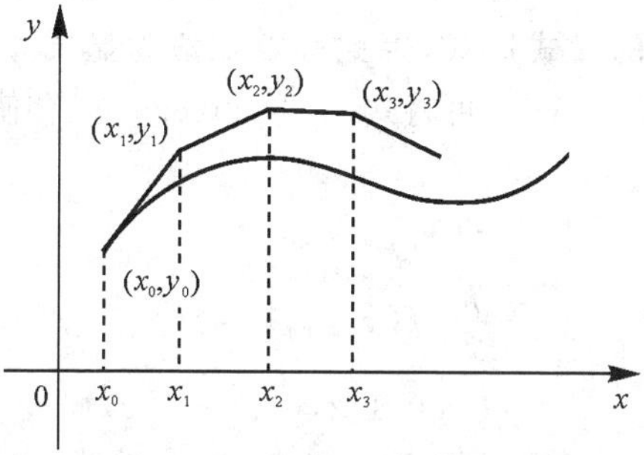

图 8.1

在平面直角坐标系画出各直线段，如图 8.1 所示，则知欧拉法的几何意义就是用一条折线近似表示曲线 $y = y(x)$. 因此，欧拉法也叫欧拉折线法.

上述推导方法中，方法 1 导出单步法，特别是后面的龙格-库塔法(见 8.2 节)；方法 3 推导出多步法(见 8.3 节)；方法 2 不能导出其他更有效和更精确的方法. 因此本章后续内容中各种方法的导出，主要借助于方法 1 和方法 3.

二、梯形法

如果用梯形公式计算式(8.5)等号右端的积分，得

$$y(x_{n+1}) \approx y(x_n) + \frac{h}{2}[f(x_n, y(x_n)) + f(x_{n+1}, y(x_{n+1}))] \quad (n=0,1,2,\cdots)$$

对于上式等号右端，用 y_n 代替 $y(x_n)$，y_{n+1} 代替 $y(x_{n+1})$，将所得之值记为 y_{n+1}，得梯形公式

$$y_{n+1} = y_n + \frac{h}{2}[f(x_n, y_n) + f(x_{n+1}, y_{n+1})] \quad (n=0,1,2,\cdots) \tag{8.6}$$

公式(8.6)称为数值求解初值问题(8.1)和(8.2)的梯形法. 梯形公式是关于 y_{n+1} 的隐式方程，因此称梯形法为隐式方法，而式(8.3)是 y_{n+1} 的显式形式，因此称欧拉法为显式方法. 一般从式(8.6)中不易解出 y_{n+1}，可将式(8.3)和(8.6)联合使用，构成如下计算公式

$$\left.\begin{aligned} & y_{n+1}^{(0)} = y_n + hf(x_n, y_n) \\ & y_{n+1}^{(k+1)} = y_n + \frac{h}{2}[f(x_n, y_n) + f(x_{n+1}, y_{n+1}^{(k)})] \\ & \qquad (k=0,1,2,\cdots; \quad n=0,1,2,\cdots) \end{aligned}\right\} \tag{8.7}$$

使用式(8.7)时，先用第一式算出 x_{n+1} 处 y_{n+1} 的初始近似 $y_{n+1}^{(0)}$，再用第二式反复进行迭代，得到数列 $\{y_{n+1}^{(k+1)}\}_{k=0}^{\infty}$，用 $|y_{n+1}^{(k+1)} - y_{n+1}^{(k)}| \leqslant \varepsilon$ 来控制迭代次数，这里 ε 为允许误差. 把满足误差要求的 $y_{n+1}^{(k+1)}$ 作为 $y(x_{n+1})$ 的近似值 y_{n+1}. 类似地可得出 $y_{n+2}, y_{n+3}, \cdots$. 可以证明，当 $\frac{h}{2}\left|\frac{\partial f}{\partial y}\right| \leqslant L < 1$（$L$ 为一常数）时，上述数列一定收敛.

三、欧拉预估-校正公式

在实用上，当 h 取得较小时，让式(8.7)中第二式只迭代一次

就结束,得到欧拉预估-校正公式:

$$\left.\begin{aligned} &y_{n+1}^{(0)} = y_n + hf(x_n, y_n) \\ &y_{n+1} = y_n + \frac{h}{2}[f(x_n, y_n) + f(x_{n+1}, y_{n+1}^{(0)})] \\ &\qquad\qquad (n = 0,1,2,\cdots) \end{aligned}\right\} \qquad (8.8)$$

第一式称为预估公式,第二式称为校正公式.

例 8.1 用欧拉法、迭代公式(8.7)及欧拉预估-校正法求初值问题

$$\begin{cases} y' = y - \dfrac{2x}{y} \\ y(0) = 1 \end{cases}$$

在区间[0,1]上的数值解(取 $h=0.1$),并与精确解 $y=\sqrt{1+2x}$ 进行比较.

解 将题中所给的 $f(x,y) = y - \dfrac{2x}{y}$ 分别代入有关公式,分别得欧拉法计算公式

$$y_{n+1} = y_n + h\left(y_n - \frac{2x_n}{y_n}\right) \quad (n = 0,1,2,\cdots,9)$$

$$y_0 = 1, \quad h = 0.1$$

和迭代公式(8.7)

$$\begin{cases} y_{n+1}^{(0)} = y_n + h\left(y_n - \dfrac{2x_n}{y_n}\right) \\ y_{n+1}^{(k+1)} = y_n + \dfrac{h}{2}\left[y_n - \dfrac{2x_n}{y_n} + y_{n+1}^{(k)} - \dfrac{2x_{n+1}}{y_{n+1}^{(k)}}\right] \\ y_0 = 1, \quad h = 0.1 \quad (k = 0,1,2,\cdots) \end{cases}$$

若在上式中取 $k=0$,即可得欧拉预估-校正公式.分别用上述各公式计算,所得结果见表 8.1.

表 8.1

x_n	欧拉法 y_n	欧拉预估-校正法 y_n	用公式(8.7)计算 y_n	精确度 $y_n=\sqrt{1+x_n}$
0.1	1.1	1.095 909 091	1.095 655 838	1.095 445 115
0.2	1.191 818 182	1.184 096 569	1.183 593 669	1.183 215 957
0.3	1.277 437 834	1.266 201 361	1.265 440 529	1.264 911 0.64
0.4	1.358 212 600	1.343 360 151	1.342 322 417	1.341 640 787
0.5	1.435 132 919	1.416 401 929	1.415 058 105	1.414 213 562
0.6	1.508 966 254	1.485 955 602	1.484 266 056	1.483 239 697
0.7	1.580 338 238	1.552 514 091	1.550 427 909	1.549 193 339
0.8	1.649 783 431	1.616 474 783	1.613 928 405	1.612 451 550
0.9	1.717 779 348	1.678 166 364	1.675 081 694	1.673 320 053
1.0	1.784 770 832	1.737 867 401	1.734 149 365	1.732 050 808

从上表可以看出，用欧拉法计算的数值解有两位有效数字，而用公式(8.7) 和欧拉预估-校正法计算的数值解有 3 位有效数字，这里用公式(8.7) 迭代求解时，收敛标准为

$$\left|y_{n+1}^{(k+1)}-y_{n+1}^{(k)}\right|<10^{-9}$$

四、数值方法的误差估计、收敛性和稳定性

数值方法的误差，在本章主要指局部截断误差和整体截断误差.

定义 8.1 假定 y_n 为准确值，即 $y_n=y(x_n)$，在此前提下，用某种数值方法计算 y_{n+1} 的误差 $R_n=y(x_{n+1})-y_{n+1}$，称为该数值方

法计算 y_{n+1} 的局部截断误差.在不考虑舍入误差的情况下,考虑每一步局部截断误差的影响而求得的 y_{n+1} 与 $y(x_{n+1})$ 的误差 $\varepsilon_{n+1}=y(x_{n+1})-y_{n+1}$ 称为该数值方法在计算 y_{n+1} 时的整体截断误差.

局部与整体截断误差是方法的理论误差,而后面要讲的稳定性概念是研究舍入误差对计算结果的影响.

按照这一定义,容易得出欧拉法的局部截断误差为

$$R_n=y(x_{n+1})-y_{n+1}=\frac{h^2}{2}y''(\xi_n)\quad(x_n\leqslant\xi_n\leqslant x_{n+1})\tag{8.9}$$

而梯形法的局部截断误差为

$$R_n=y(x_{n+1})-y_{n+1}=-\frac{h^3}{12}y'''(\xi_n)\quad(x_n\leqslant\xi_n\leqslant x_{n+1})\tag{8.10}$$

需要指出的是,除了用数值积分方法推导局部截断误差外,泰勒展开方法也是推导局部截断误差的常用方法.以欧拉预估-校正法为例,来说明这方法的具体过程.

引进记号 $k_1=hf(x_n,y_n)$,则 $f(x_{n+1},y_n+hf(x_n,y_n))=f(x_n+h,y_n+k_1)$,因此欧拉预估-校正法式(8.8)可以写成

$$\left.\begin{aligned}&y_{n+1}=y_n+\frac{1}{2}(k_1+k_2)\\&k_1=hf(x_n,y_n)\\&k_2=hf(x_n+h,y_n+k_1)\end{aligned}\right\}\tag{8.11}$$

在 $y_n=y(x_n)$ 的假定下,$k_1=hf(x_n,y_n)=hy'(x_n)$,而

$$\begin{aligned}k_2=&hf(x_n+h,y_n+k_1)=\\&hf(x_n+h,y(x_n)+k_1)=\\&h[f(x_n,y(x_n))+h\frac{\partial}{\partial x}f(x_n,y(x_n))+\\&k_1\frac{\partial}{\partial y}f(x_n,y(x_n))+O(h^2)]=\\&hf(x_n,y(x_n))+h^2\left[\frac{\partial}{\partial x}f(x_n,y(x_n))+\right.\end{aligned}$$

$$f(x_n, y(x_n)) \frac{\partial}{\partial y} f(x_n, y(x_n)) + O(h)\Big] =$$

$$hy'(x_n) + h^2 y''(x_n) + O(h^3)$$

将 k_1, k_2 代入式(8.11),有

$$y_{n+1} = y_n + \frac{1}{2}[hy'(x_n) + hy'(x_n) + h^2 y''(x_n) + O(h^3)] =$$

$$y_n + hy'(x_n) + \frac{1}{2}h^2 y''(x_n) + O(h^3)$$

而 $$y(x_{n+1}) = y(x_n + h) =$$

$$y(x_n) + hy'(x_n) + \frac{h^2}{2!} y''(x_n) + \frac{h^3}{3!} y'''(\xi_n)$$

$$(x_n \leqslant \xi_n \leqslant x_{n+1})$$

故 $$R_n = y(x_{n+1}) - y_{n+1} = \frac{h^3}{3!} y'''(\xi_n) - O(h^3) = O(h^3) \tag{8.12}$$

从式(8.10)和(8.12)知,梯形法与欧拉预估-校正法具有相同的局部截断误差阶 $O(h^3)$.

定义 8.2 若某一数值方法的局部截断误差为 $R_n = O(h^{p+1})$,p 为正整数,则称这个数值方法为 p 阶方法,或者说该方法具有 p 阶精度.

根据这个定义,欧拉方法是一阶方法,而梯形法和欧拉预估-校正法是二阶方法.

关于上述方法的整体截断误差,有如下结论.

定理 8.1 如果 $f(x, y)$ 关于 y 满足李普希兹(Lipschitz)条件

$$|f(x, y_1) - f(x, y_2)| \leqslant L |y_1 - y_2| \tag{8.13}$$

且局部截断误差有界:

$$|R_n| \leqslant \frac{1}{2}h^2 M_2 \quad (n = 1, 2, \cdots)$$

则欧拉法式(8.3)的整体截断误差 ε_n 满足估计式

$$|\varepsilon_n| = e^{(b-a)L}|\varepsilon_0| + \frac{hM_2}{2L}[e^{(b-a)L} - 1] \tag{8.14}$$

其中 L 为李普希兹常数，$(b-a)$ 为求解区间长度，$M_2 = \max\limits_{a \leqslant x \leqslant b}|y''(x)|$.

证明 由式(8.3)和(8.4)，有

$$y(x_n) = y(x_{n-1}) + hf(x_{n-1}, y(x_{n-1})) + R_{n-1}$$

$$y_n = y_{n-1} + hf(x_{n-1}, y_{n-1})$$

两式相减，得

$$\varepsilon_n = \varepsilon_{n-1} + h[f(x_{n-1}, y(x_{n-1})) - f(x_{n-1}, y_{n-1})] + R_{n-1}$$

由李普希兹条件及 $|R_i| \leqslant \frac{h^2}{2}M_2$，有

$$|\varepsilon_n| \leqslant |\varepsilon_{n-1}| + hL|\varepsilon_{n-1}| + \frac{1}{2}h^2M_2 = (1+hL)|\varepsilon_{n-1}| + \frac{1}{2}h^2M_2$$

反复使用这个不等式，得

$$\begin{aligned}|\varepsilon_n| &\leqslant (1+hL)|\varepsilon_{n-1}| + \frac{1}{2}h^2M_2 \leqslant \\ &(1+hL)^3|\varepsilon_{n-2}| + (1+hL)\frac{1}{2}h^2M_2 + \\ &\frac{1}{2}h^2M_2 \leqslant \cdots \leqslant \\ &(1+hL)^n|\varepsilon_0| + \frac{1}{2}h^2M_2\sum_{i=0}^{n-1}(1+hL)^i = \\ &(1+hL)^n|\varepsilon_0| + \frac{1}{2}h^2M_2\frac{(1+hL)^n - 1}{hL} = \\ &(1+hL)^n|\varepsilon_0| + \frac{h}{2L}M_2[(1+hL)^n - 1] \\ &\qquad (n = 1, 2, \cdots)\end{aligned}$$

考虑到 $nh=b-a$，$(1+hL)^n=[(1+hL)^{\frac{1}{hL}}]^{nhL}\leqslant e^{(b-a)L}$，因此有

$$|\varepsilon_n|\leqslant e^{(b-a)L}|\varepsilon_0|+\frac{hM_2}{2L}[e^{(b-a)L}-1]$$ 证毕

式(8.14)表明，欧拉法的整体截断误差由初始误差 ε_0 和局部截断误差界 $\frac{h^2}{2}M_2$ 决定. 若 $|\varepsilon_0|=0$，则 $|\varepsilon_n|=O(h)$，整体截断误差与 h 同阶，比局部截断误差低一阶，这也是定义 8.2 的含义.

对于其他单步方法，也有类似于式(8.14)的结论，即都可以得出整体截断误差比局部截断误差低一阶的结论.

定义 8.3 如果某一数值方法对于任意固定的 $x_n=x_0+nh$，当 $h\to 0$（同时 $n\to\infty$）时有 $y_n\to y(x_n)$，则称该方法是收敛的.

可以看出，欧拉法、梯形法及欧拉预估-校正法都是收敛的.

定义 8.4 用某一数值方法求解初值问题，如果当步长 h 固定进行计算时，仅在一个节点值 y_n 上产生大小为 δ 的扰动，而由这个扰动引起以后各节点值 $y_m(m>n)$ 的变化均不超过 δ，则称这个数值方法是稳定的.

由于稳定性问题比较复杂，通常的做法是将满足李普希兹条件的微分方程模型化. 设 $\frac{\partial f}{\partial y}=\lambda=$ 常数，此时微分方程为线性方程

$$y'=\lambda y \tag{8.15}$$

为保证微分方程的稳定性，假定 $\lambda<0$. 称式(8.15)为式(8.1)的模型方程.

讨论某方法的稳定性，就是讨论该方法对模型方程的稳定性. 以欧拉法为例，此时，对式(8.15)应用欧拉法，得到

$$y_{n+1}=(1+\lambda h)y_n \tag{8.16}$$

设在 y_n 上有扰动 δ_n，它的传播使 y_{n+1} 产生大小为 δ_{n+1} 的扰动值. 假设用 $y_n^*=y_n+\delta_n$ 按欧拉法计算，得出 $y_{n+1}^*=y_{n+1}+\delta_{n+1}$ 的过程中不再有新的误差，则

$$y_{n+1}^* = (1+\lambda h) y_n^*$$

将该式与式(8.16)相减，可得

$$\delta_{n+1} = (1+\lambda h)\delta_n \tag{8.17}$$

可见扰动值满足原来的差分方程(8.16). 为了保证扰动值不在以后的计算中被放大，只要选取 h 充分小，使得

$$|1+\lambda h| \leqslant 1 \tag{8.18}$$

成立，即要求 h 满足：

$$0 \leqslant h \leqslant -\frac{2}{\lambda} \tag{8.19}$$

根据定义，当 h 满足上式时，欧拉法是稳定的. 我们说欧拉法是条件稳定的，其稳定性条件是式(8.18)或式(8.19).

对于梯形法的稳定性，将式(8.15)代入梯形法公式，得

$$y_{n+1} = y_n + \frac{h}{2}[\lambda y_n + \lambda y_{n+1}]$$

即

$$y_{n+1} = \left(\frac{1+\frac{1}{2}\lambda h}{1-\frac{1}{2}\lambda h}\right) y_n \tag{8.20}$$

若 y_n 有扰动 δ_n，则所得之 $y_{n+1}^* = y_{n+1} + \delta_{n+1}$，即

$$y_{n+1} + \delta_{n+1} = \left(\frac{1+\frac{1}{2}\lambda h}{1-\frac{1}{2}\lambda h}\right)(y_n + \delta_n)$$

两式相减，得

$$\delta_{n+1} = \left(\frac{1+\frac{1}{2}\lambda h}{1-\frac{1}{2}\lambda h}\right)\delta_n \tag{8.21}$$

要使 $|\delta_{n+1}| \leqslant |\delta_n|$，则必有

$$\left|\frac{1+\frac{1}{2}\lambda h}{1-\frac{1}{2}\lambda h}\right| \leqslant 1 \tag{8.22}$$

由于 $\lambda < 0$，故上式对任何步长 h 总是成立的，我们称它为无条件稳定或称绝对稳定的.

需要指出的是，一个数值方法用于模型方程(8.15)时，其扰动方程总是和原方法的差分方程的本身一样，如式(8.17)和式(8.21)，这是由于模型方程(8.15)是常系数齐次线性方程的缘故.

读者可以自己证明，欧拉预估-校正公式的稳定性条件是

$$\left|1+\lambda h+\frac{1}{2}(\lambda h)^2\right| \leqslant 1 \tag{8.23}$$

对于非线性方程，应视 $\lambda=\frac{\partial f}{\partial y}$，此时 λ 将是变化的. 如果步长 h 固定，$\lambda=\frac{\partial f}{\partial \lambda}$ 的变化将引起 λh 的变化，此时，若 $\lambda h=h\frac{\partial f}{\partial y}$ 属于绝对稳定区域，则认为对此方程而言，方法是稳定的.

例 8.2 对于初值问题

$$\begin{cases} y'=-20y \\ y(0)=1 \end{cases}$$

用欧拉法、梯形法及欧拉预估-校正法计算 $y(1)$ 的近似值，要求分别取 $h=0.2, 0.1, 0.01, 0.001, 0.000\,1$ 进行计算.

解 题中 $f(x,y)=-20y$，即 $\lambda=-20$，容易求得精确解为 $y=e^{-20x}$，$y(1)=0.206\,115\,4E-8$，分别对各种 h 的取值及各种方法进行计算，结果见表 8.2.

由于 $\lambda=-20$，故当 $h \leqslant \frac{-2}{-20}=0.1$ 时欧拉法稳定，而当 $h \leqslant 0.1$ 时，由式(8.23)知，欧拉预估-校正法也稳定. 当 $h=0.2$ 时，欧拉法和欧拉预估-校正方法都不稳定，计算结果严重偏离精确值.

取其他 h 值($\leqslant 0.1$),两种方法都稳定,但要使计算结果充分接近于精确值还需取较小的 h 值,可以看出,h 越小,计算结果越好.对于梯形法,理论上讲对于任何 h 值都稳定,但明显看出,要保证有较高的精度,也必须取较小的 h 值.另外,由表可见,两个二阶方法精度也较高.

本例也说明了收敛性与稳定性的联系与区别.

表 8.2

h	欧拉法	梯形法	欧拉预估-校正法
0.2	−243	−0.411 522 6E−2	3 125
0.1	1.0	0	1.0
0.01	0.203 703 7E−9	0.192 745 0E−8	0.240 649 8E−8
0.001	0.168 296 5E−8	0.205 977 9E−8	0.206 394 5E−8
0.000 1	0.202 028 9E−8	0.206 114 5E−8	0.206 117 6E−8

8.2 泰勒(Taylor)展开法与龙格-库塔(Runge-Kutta)方法

上节的泰勒展开方法和数值积分方法是推导高阶方法的最简单的方法.本节以泰勒展开法为基础,介绍如何推导高阶单步数值方法.

一、泰勒展开法

由式(8.4)知,为了获得求解初值问题(8.1),(8.2)的更好的方法,根据局部截断误差阶与整体截断误差阶的关系,应从提高局部截断误差的阶数入手.因此,在式(8.4)中应当采用更多的项,比如 $p+1$ 项,这样可得到 p 阶泰勒级数方法

$$
\left.\begin{aligned}
y_{n+1} &= y_N + hy'_n + \frac{h^2}{2!}y''_n + \cdots + \frac{h^p}{p!}y_n^{(p)} \\
R_n &= \frac{h^{p+1}}{(p+1)!}y^{(p+1)}(\xi_n)
\end{aligned}\right\} \tag{8.24}
$$

其中 $y_n^{(k)}$，根据复合函数求导法则，其计算公式为

$$
\begin{cases}
y'_n = f(x_n, y_n) \\
y''_n = [f_x + ff_y]_{(x_n, y_n)} \\
y'''_n = [f_{xx} + 2f_{xy}f + f_{yy}f^2 + f_xf_y + f_y^2f]_{(x_n, y_n)} \\
\qquad\vdots
\end{cases}
$$

式(8.24) 称为 p 阶泰勒方法，特别当 $p=1$ 时，就是欧拉公式(8.3)；$p=2$ 时，得二阶泰勒方法

$$
\begin{aligned}
y_{n+1} &= y_n + hy'_n + \frac{h^2}{2}y''_n = \\
&\quad y_n + hf(x_n, y_n) + \frac{h^2}{2}[f'_x + ff'_y]_{(x_n, y_n)}
\end{aligned} \tag{8.25}
$$

例 8.3 取步长 $h=0.1$，用一阶、二阶和四阶泰勒方法求解初值问题

$$
\begin{cases}
y' = y^2 \quad \left(0 \leqslant x \leqslant \dfrac{1}{2}\right) \\
y(0) = 1
\end{cases}
$$

解 由于 $y'=y^2$，$y''=2yy'=2y^3$，$y'''=6y^2y'=6y^4$，$y^{(4)}=24y^3y'=24y^5$，故按式(8.24)，一、二、四阶泰勒方法计算公式分别为

$$
y_{n+1} = y_n + hy_n^2 = (1+hy_n)y_n
$$

$$
y_{n+1} = y_n + hy_n^2 + \frac{1}{2}h^2 \times 2y_n^3 = [(hy_n+1)hy_n+1]y_n
$$

$$
\begin{aligned}
y_{n+1} &= y_n + hy_n^2 + \frac{1}{2}h^2 \times 2y_n^3 + \frac{1}{6}h^3 \times 6y_n^4 + \frac{1}{24}h^4 \times 24y_n^6 = \\
&\quad \{[((hy_n+1)hy_n+1)hy_n+1]hy_n+1\}y_n
\end{aligned}
$$

从 $y_0=1$ 开始，h 取作 0.1，按上述公式计算，结果见表 8.3.

表　8.3

p \ y_n \ x_n	0.1	0.2	0.3	0.4	0.5
1	1.100 000	1.221 000	1.370 084	1.557 797	1.800 470
2	1.110 000	1.246 86	1.421 745	1.652 619	1.970 870
4	1.111 100	1.249 965	1.428 482	1.666 446	1.999 425
精确解 $y(x_n)$	1.111 111	1.250 000	1.428 571	1.666 667	2.000 000

表中精确解 $y(x_n)=\dfrac{1}{1-x_n}$. 从上表可以看出，在每一点 x_n 处，方法阶数 p 越大，y_n 越接近 $y(x_n)$，但需计算 $f(x,y)$ 的高阶导数值，计算量也较大，特别当 $f(x,y)$ 较复杂时，$y(x)$ 的高阶导数会很复杂. 因此泰勒级数法很少单独使用，但可以用它来启发思路.

二、龙格-库塔方法

为了避免计算高阶导数，龙格-库塔方法利用 $f(x,y)$ 在某些点处的值的线性组合，构造一类计算公式，使其按泰勒级数展开后与初值问题的解的泰勒展式比较，有尽可能多的项完全相同，从而保证算式有较高的精度. 这种方法已间接利用了泰勒展开的思想，避免了计算高阶导数的困难.

一般地龙格-库塔方法的形式为

$$\left.\begin{aligned}
&y_{n+1}=y_n+c_1k_1+c_2k_2+\cdots+c_Nk_N\\
&k_1=hf(x_n,y_n)\\
&k_2=hf(x_n+a_2h,y_n+\beta_{21}k_1)\\
&k_3=hf(x_n+a_3h,y_n+\beta_{31}k_1+\beta_{32}k_2)\\
&\qquad\qquad\vdots\\
&k_N=hf(x_n+\alpha_Nh,y_n+\beta_{N1}k_2+\cdots+\beta_{N,N-1}k_{N-1})
\end{aligned}\right\}\tag{8.26}$$

其中 $\alpha_i, \beta_{i,j}, c_i$ 均为待定参数. 选取这些参数的原则，是要求式(8.26)中第一式右端在(x_n, y_n)处作泰勒展开式，并按 h 的幂次从低到高的排列式

$$y_{n+1} = y_n + \gamma_1 h + \frac{\gamma_2}{2!}h^2 + \frac{\gamma_3}{3!}h^3 + \cdots$$

与微分方程解的泰勒展式

$$y(x_{n+1}) = y(x_n) + f_n h + \frac{1}{2!}f'_n h^2 + \frac{1}{3!}f''_n h^3 + \cdots$$

有尽可能多的项重合，即要求

$$\gamma_1 = f_n, \quad \gamma_2 = f'_n, \quad \gamma_3 = f''_n, \cdots$$

这里 $f_n, f'_n, f''_n, \cdots$ 分别表示 $y'(x_n) = f(x_n, y_n), y''(x_n), y'''(x_n), \cdots$. 通常把式(8.26)称为 N 级龙格-库塔方法，简记为 N 级 R-K 方法. 显然，欧拉法(8.3)是一级一阶 R-K 方法.

下面就二级情形具体说明如何推导 R-K 方法，二级 R-K 方法的形式为

$$\left.\begin{aligned} y_{n+1} &= y_N + c_1 k_1 + c_2 k_2 \\ k_1 &= hf(x_n, y_n) \\ k_2 &= hf(x_n + \alpha_2 h, y_n + \beta_{21} k_1) \end{aligned}\right\} \tag{8.27}$$

由二元函数的泰勒公式，有

$$\begin{aligned} k_2 = {} & hf(x_n + \alpha_2 h, y_n + \beta_{21} k_1) = \\ & h\{f(x_n, y_n) + \alpha_2 h f_x(x_n, y_n) + \beta_{21} k_1 f_y(x_n, y_n) + \\ & \frac{1}{2!}[\alpha_2^2 h^2 f_{xx}(x_n, y_n) + 2\alpha_2 \beta_{21} h k_1 f_{xy}(x_n, y_n) + \\ & \beta_{21}^2 k_1^2 f_{yy}(x_n, y_n)] + O(h^3)\} = \\ & h\{y'(x_n) + \alpha_2 h f_x(x_n, y_n) + \beta_{21} h y'(x_n) f_y(x_n, y_n) + \\ & \frac{1}{2!}[\alpha_2^2 h^2 f_{xx}(x_n, y_n) + 2h^2 \alpha_2 \beta_{21} y'(x_n) f_{xy}(x_n, y_n) + \\ & \beta_{21}^2 h^2 (y'(x_n))^2 f_{yy}(x_n, y_n)] + O(h^3)\} \end{aligned}$$

故

$$
\begin{aligned}
y_{n+1} = y_n + c_1 k_1 + c_2 k_2 = \\
& y(x_n) + c_1 h y'(x_n) + c_2 h y'(x_n) + \\
& a_2 c_2 h^2 f_x(x_n, y_n) + c_2 \beta_{21} h^2 y'(x_n) f_y(x_n, y_n) + \\
& \frac{1}{2}\alpha_2^2 c_2 h^3 f_{xx}(x_n, y_n) + c_2 \alpha_2 \beta_{21} h^3 y'(x_n) f_{xy}(x_n, y_n) + \\
& \frac{1}{2} c_2 \beta_{21}^2 h^3 (y'(x_n))^2 f_{yy}(x_n, y_n) + O(h^4) = \\
& y(x_n) + (c_1 + c_2) y'(x_n) h + \\
& [\alpha_2 c_2 f_x + c_2 \beta_{21} f f_y]_{(x_n, y_n)} h^2 + \\
& \left[\frac{1}{2}\alpha_2^2 c_2 f_{xx} + \alpha_2 \beta_{21} c_2 f f_{xy} + \right. \\
& \left. \frac{1}{2} c_2 \beta_{21}^2 f^2 f_{yy}\right]_{(x_n, y_n)} h^3 + O(h^4)
\end{aligned}
$$

而 $y(x_{n+1})$ 在 x_n 处的泰勒展式为

$$
\begin{aligned}
y(x_{n+1}) = & y(x_n) + y'(x_n) h + \frac{1}{2} y''(x_n) h^2 + \\
& \frac{1}{3!} y'''(x_n) h^3 + O(h^4) = \\
& y(x_n) + y'(x_n) h + \frac{1}{2}[f_x + f f_y]_{(x_n, y_n)} h^2 + \\
& \frac{1}{3!}[f_{xx} + 2 f f_{xy} + f^2 f_{yy} + \\
& f_y (f_x + f f_y)]_{(x_n, y_n)} h^3 + O(h^4)
\end{aligned}
$$

两式相减,得

$$
\begin{aligned}
R_n = y(x_{n+1}) - y_{n-1} = \\
& (1 - c_1 - c_2) y'(x_n) h + \left[\left(\frac{1}{2} - \alpha_2 c_2\right) f_x + \right. \\
& \left. \left(\frac{1}{2} + c_2 \beta_{21}\right) f f_y\right]_{(x_n, y_n)} h^2 + \left[\left(\frac{1}{6} - \frac{1}{2}\alpha_2^2 c_2\right) f_{xx} + \right. \\
& \left(\frac{1}{3} - \alpha_2 \beta_{21} c_2\right) f f_{xy} + \left(\frac{1}{6} - \frac{1}{2} c_2 \beta_{21}^2\right) f^2 f_{yy} +
\end{aligned}
$$

$$\left.\frac{1}{6}f_y(f_x + ff_y)\right]_{(x_n,y_n)} h^3 + O(h^4) \tag{8.28}$$

我们希望 R_n 尽量小,因而应首先让 h,h^2 项的系数为 0,即

$$c_1 + c_2 = 1,\quad c_2\alpha_2 = \frac{1}{2},\quad c_2\beta_{21} = \frac{1}{2} \tag{8.29}$$

这里有 4 个未知量,3 个方程,第四个方程可由 h^3 的系数得到. 注意到 $c_2 \neq 0$,把式(8.29) 改写成

$$c_1 = 1 - c_2,\quad \alpha_2 = \frac{1}{2c_2},\quad \beta_{21} = \frac{1}{2c_2}$$

代回式(8.28),得

$$R_n = h^3\left[\left(\frac{1}{6} - \frac{1}{8c_2}\right)(f_{xx} + 2ff_{xy} + f^2 f_{yy}) + \frac{1}{6}f_y(f_x + ff_y)\right] + O(h^4)$$

为使 R_n 最小,应令

$$\frac{1}{6} - \frac{1}{8c_2} = 0$$

则 $c_2 = \frac{3}{4}$,于是可得

$$c_1 = \frac{1}{4},\quad \alpha_2 = \frac{2}{3},\quad \beta_{21} = \frac{2}{3},\quad c_2 = \frac{3}{4} \tag{8.30}$$

局部截断误差现在为

$$R_n = \frac{h^3}{6}f_y(f_x + ff_y) + O(h^4) \tag{8.31}$$

其二级 R-K 方法为

$$\left.\begin{aligned} y_{n+1} &= y_n + \frac{1}{4}(k_1 + 3k_2) \\ k_1 &= hf(x_n, y_n) \\ k_2 &= hf\left(x_n + \frac{2}{3}h, y_n + \frac{2}{3}k_1\right) \end{aligned}\right\} \tag{8.32}$$

目前一些教材上还流行着另外一些二级 R-K 方法. 特别令式

(8.29) 中的 $c_1=c_2=\frac{1}{2}$，则 $\alpha_2=\beta_{21}=1$，此时有

$$\left.\begin{aligned}&y_{n+1}=y_n+\frac{1}{2}(k_1+k_2)\\&k_1=hf(x_n,y_n)\\&k_2=hf(x_n+h,y_n+k_1)\end{aligned}\right\}\tag{8.33}$$

这就是欧拉预估-校正公式(8.9).

总之式(8.29) 中含有一个任意参数，因此可得无穷多个二级 R－K 方法，这些方法的局部截断误差阶均为 $O(h^3)$，即都是二阶方法，但只有式(8.32) 才是允许 f 任意变化情况下截断误差最小的二阶方法.

用类似的方法可确定三级和四级 R－K 方法的参数，它们都有无穷多组解，且三级 R－K 方法的阶数不可能超过 3，四级 R－K 方法的阶数不可能超过 4，详细结论可见参考文献[8]. 更高阶的 R－K 方法由于计算量较大，一般不再采用. 下面给出最常用的一个四级四阶 R－K 方法的计算公式

$$\left.\begin{aligned}&y_{n+1}=y_n+\frac{1}{6}(k_1+2k_2+2k_3+k_4)\\&k_1=hf(x_n,y_n)\\&k_2=hf\left(x_n+\frac{h}{2},y_n+\frac{k_1}{2}\right)\\&k_3=hf\left(x_n+\frac{h}{2},y_n+\frac{k_2}{2}\right)\\&k_4=hf(x_n+h,y_n+k_3)\end{aligned}\right\}\tag{8.34}$$

这个公式又称为经典的四级四阶 R－K 方法.

例 8.4 用式(8.32)，(8.33) 和(8.34) 分别求解初值问题

$$\begin{cases}y'=y-\dfrac{2x}{y}\\y(0)=1\end{cases}$$

在[0,1] 上的解,取 $h=0.1$.

解 式(8.33) 的解在例 8.1 中给出,下面仅就式(8.32) 和(8.34) 写出计算公式

$$\begin{cases} y_{n+1}=y_n+\dfrac{1}{4}(k_1+3k_2) \\ k_1=h(y_n-2x_n/y_n) \\ k_2=h\left[y_n+\dfrac{2}{3}k_1-2\left(x_n+\dfrac{2}{3}h\right)\Big/\left(y_n+\dfrac{2}{3}k_1\right)\right] \end{cases}$$

$$\begin{cases} y_{n+1}=y_n+\dfrac{1}{6}(k_1+2k_2+2k_3+k_4) \\ k_1=h\left(y_n-\dfrac{2x_n}{y_n}\right) \\ k_2=h\left[y_n+\dfrac{1}{2}k_1-\dfrac{2\left(x_n+\dfrac{1}{2}h\right)}{\left(y_n+\dfrac{1}{2}k_1\right)}\right] \\ k_3=h\left[y_n+\dfrac{1}{2}k_2-\dfrac{2\left(x_n+\dfrac{1}{2}h\right)}{\left(y_n+\dfrac{1}{2}k_2\right)}\right] \\ k_4=h\left[y_n+k_3-\dfrac{2(x_n+h)}{(y_n+k_3)}\right] \end{cases}$$

计算结果见表 8.4.

表 8.4

x_n	式(8.32) 的解	式(8.33) 的解	式(8.34) 的解	精确解 $y(x_n)$
0.1	1.095 625	1.095 909	1.095 446	1.095 445
0.2	1.183 572	1.184 097	1.183 217	1.183 216
0.3	1.265 449	1.266 201	1.264 912	1.264 911
0.4	1.342 374	1.347 360	1.341 642	1.341 641
0.5	1.415 162	1.416 402	1.414 215	1.414 214

续表

x_n	式(8.32)的解	式(8.33)的解	式(8.34)的解	精确解 $y(x_n)$
0.6	1.484 431	1.485 956	1.483 242	1.483 240
0.7	1.550 663	1.552 514	1.549 196	1.549 193
0.8	1.614 246	1.616 475	1.612 455	1.612 452
0.9	1.675 493	1.678 167	1.673 324	1.673 320
1.0	1.734 671	1.737 868	1.732 056	1.732 051

从表中可以看出，式(8.32)确实比式(8.33)精确，但二者都有3位有效数字；式(8.34)有6位有效数字，比式(8.32)和(8.33)精确得多，这与误差阶的分析是一致的. 但式(8.34)的计算量比二级R－K方法的要大一倍左右.

如果取 $h=0.2$，用四级R－K方法式(8.34)来计算，结果见表8.5.

表 8.5

x_i	0.2	0.4	0.6	0.8	1.0
y_i	1.183 229	1.341 667	1.483 281	1.612 514	1.732 142

可以看出，取 $h=0.2$ 时，四级R－K方法的结果仍然有4位有效数字，仍比式(8.32)和(8.33)精确，但只需要五步就到达1.0，计算量与二阶方法在 $h=0.1$ 时的差不多. 这个例子也说明了选择算法的重要性.

可以证明，二级R－K方法的稳定性条件是

$$\left|1+\lambda h+\frac{1}{2!}(\lambda h)^2\right|\leqslant 1$$

四级R－K方法的稳定性条件则是

$$\left|1+\lambda h+\frac{1}{2!}(\lambda h)^2+\frac{1}{3!}(\lambda h)^3+\frac{1}{4!}(\lambda h)^4\right|\leqslant 1$$

8.3 线性多步法

前两节介绍的都是单步方法.只要给定初值,利用单步方法就可以进行计算,这是它的优点,但这也是它的缺点.由于它只利用前一步的值,所以,为了提高精度,就需增加一些非节点处的函数 $f(x,y)$ 值的计算,R-K 方法就是通过这种途径提高单步法的精度的.这样做就使计算量增加了许多.本节介绍多步法,它在计算量增加不多的情况下可取得较高的精确度.

线性多步方法的一般形式为

$$\begin{aligned}y_{n+1}&=\alpha_0 y_n+\alpha_1 y_{n-1}+\cdots+\alpha_r y_{n-r}+\\&\quad h(\beta_{-1}f_{n+1}+\beta_0 f_n+\beta_1 f_{n-1}+\cdots+\beta_r f_{n-r})\end{aligned}\tag{8.35}$$

式中 $f_{n-k}=f(x_{n-k},y_{n-k})(k=-1,0,1,\cdots,r)$,$\alpha_i$,$\beta_j$ 都为实数,且 $|\alpha_r|+|\beta_r|\neq 0$.当 $\beta_{-1}\neq 0$ 时式(8.35)为隐式方法,当 $\beta_{-1}=0$ 时式(8.35)为显式方法.由于求 y_{n+1} 用到前面 $y_n,y_{n-1},\cdots,y_{n-r}$ 等 $r+1$ 个值,且关于 y_{n-j} 和 $f_{n-j}(j=0,1,2,\cdots,r)$ 都是线性的,因此称式(8.35)为线性 $r+1$ 步方法.

线性多步公式的构造一般用两种方法,即前述的泰勒展开方法和数值积分方法.

一、用数值积分法构造线性多步法

将初值问题式(8.1)和(8.2)写成与它等价的形式

$$\left.\begin{aligned}&y(x_{n+1})=y(x_{n-k})+\int_{x_{n-k}}^{x_{n+1}}f(x,y(x))\mathrm{d}x\\&y(x_0)=y_0\end{aligned}\right\}\tag{8.36}$$

记 $F(x)=f(x,y(x))$,当 k 取不同的值以及对 $F(x)$ 用不同的插

值多项式近似时，由式(8.36)就可推导出不同的线性多步公式．下面推导常用的四阶阿达姆斯(Adams)内插、外插公式．

1．阿达姆斯外插公式

在式(8.36)中取$k=0$，并选择$x_n, x_{n-1}, x_{n-2}, x_{n-3}$作为插值节点，作函数$F(x)$的三次插值多项式

$$P_3(x)=\sum_{i=0}^{3}\left(\prod_{\substack{j=0\\ j\neq i}}^{3}\frac{x-x_{n-j}}{x_{n-i}-x_{n-j}}\right)F(x_{n-i})$$

其插值余项为

$$R_3(x)=\frac{1}{4!}F^{(4)}(\xi_n)(x-x_n)(x-x_{n-1})(x-x_{n-2})(x-x_{n-3})$$

$$(x_{n-3}\leqslant\xi\leqslant x_n)$$

把$F(x)=P_3(x)+R_3(x)$代入式(8.36)，得

$$y(x_{n+1})=y(x_n)+\int_{x_n}^{x_{n+1}}P_3(x)\mathrm{d}x+\int_{x_n}^{x_{n+1}}R_3(x)\mathrm{d}x$$

略去上式等号右端第三项，得

$$y(x_{n+1})\approx y(x_n)+\int_{x_n}^{x_{n+1}}P_3(x)\mathrm{d}x\quad(n=3,4,5,\cdots)$$

对于上式积分部分用变量代换$x=x_n+th$，并注意到

$$x_n-x_{n-1}=x_{n-1}-x_{n-2}=x_{n-2}-x_{n-3}=h$$

则
$$\begin{aligned}\int_{x_n}^{x_{n+1}}P_3(x)\mathrm{d}x=\int_0^1\Big[&\frac{F(x_n)}{3!}(t+1)(t+2)(t+3)+\\&\frac{F(x_{n-1})}{-2}t(t+2)(t+3)+\\&\frac{F(x_{n-2})}{2}t(t+1)(t+3)+\\&\frac{F(x_{n-3})}{-3}t(t+1)(t-2)\Big]h\mathrm{d}t=\\&\frac{h}{24}[55F(x_n)-59F(x_{n-1})+\end{aligned}$$

$$37F(x_{n-2})-9F(x_{n-3})]$$

最后得线性四步阿达姆斯显式公式

$$y_{n+1}=y_n+\frac{h}{24}[55f(x_n,y_n)-59f(x_{n-1},y_{n-1})+$$
$$37f(x_{n-2},y_{n-2})-9f(x_{n-3},y_{n-3})]\quad(n=3,4,5,\cdots)$$
$$(8.37)$$

其局部截断误差就是数值积分的误差

$$R_n=\int_{x_n}^{x_{n+1}}R_3(x)\mathrm{d}x=$$
$$\int_{x_n}^{x_{n+1}}\frac{1}{4!}F^{(4)}(\xi_n)(x-x_n)(x-x_{n-1})(x-x_{n-2})(x-x_{n-3})\mathrm{d}x$$

因$(x-x_n)(x-x_{n-1})(x-x_{n-2})(x-x_{n-3})$在$[x_n,x_{n+1}]$上不变号,并设$F^{(4)}(x)$在$[x_n,x_{n+1}]$上连续,利用积分第二中值定理,存在$\eta_n\in[x_n,x_{n+1}]$,使得

$$R_n=\frac{1}{4!}F^{(4)}(\eta_n)\int_{x_n}^{x_{n+1}}(x-x_n)(x-x_{n-1})(x-x_{n-2})(x-x_{n-3})\mathrm{d}x=$$
$$\frac{251}{720}h^5F^{(4)}(\eta_n)=\frac{251}{720}h^5y^{(5)}(\eta_n)\qquad(8.38)$$

因为插值多项式$P_3(x)$是在$[x_{n-3},x_n]$上作出的,而积分区间为$[x_n,x_{n+1}]$,所以式(8.37)也叫阿达姆斯外插公式.

2. 阿达姆斯内插公式

若在式(8.36)中仍取$k=0$,但以$x_{n+1},x_n,x_{n-1},x_{n-2}$为插值节点作$f(x,y(x))$的三次插值多项式,仿上面的做法,可得线性三步阿达姆斯隐式公式及局部截断误差:

$$y_{n+1}=y_n+\frac{h}{24}[9f_{n+1}+19f_n-5f_{n-1}+f_{n-2}]\qquad(8.39)$$

$$R_n=-\frac{19}{720}h^5y^{(5)}(\eta_n)\qquad(8.40)$$

该公式也称阿达姆斯内插公式.

由于阿达姆斯内插公式是隐式公式,故用它计算时也需用迭

代法.通常把阿达姆斯外推公式与内插公式结合起来使用,先由前者提供初值,再由后者进行修正,即

$$\begin{cases} y_{n+1}^{(0)} = y_n + \dfrac{h}{24}[55f_n - 59f_{n-1} + 37f_{n-2} - 9f_{n-3}] \\ y_{n+1}^{(k+1)} = y_n + \dfrac{h}{24}[9f(x_{n+1}, y_{n+1}^{(k)}) + 19f_n - 5f_{n-1} + f_{n-2}] \\ \qquad (k = 0,1,2,\cdots; \quad n = 3,4,5,\cdots) \end{cases}$$

当 $\left|\dfrac{3}{8}h\dfrac{\partial f}{\partial y}\right| \leqslant L \leqslant 1$ 在求解区域内成立时,迭代收敛.如果式(8.41)的第2式只迭代一次,便得到阿达姆斯预估-校正公式

$$\left.\begin{aligned} y_{n+1}^{(0)} &= y_n + \frac{h}{24}[55f_n - 59f_{n-1} + 37f_{n-2} - 9f_{n-3}] \\ y_{n+1} &= y_n + \frac{h}{24}[9f(x_{n+1}, y_{n+1}^{(0)}) + 19f_n - 5f_{n-1} + f_{n-2}] \\ &\qquad (h = 3,4,5,\cdots) \end{aligned}\right\} \tag{8.41}$$

二、用泰勒展开法构造线性多步公式

用泰勒展开方法不仅可以构造用数值积分法得出的数值方法,而且还可导出积分法得不到的方法.因此,它比积分法更灵活.下面仅举一例说明如何用这种方法构造线性多步法.

首先以 x_{n-1}, x_n, x_{n+1} 为节点,构造形如

$$y_{n+1} = \alpha_0 y_n + \alpha_1 y_{n-1} + h(\beta_{-1} f_{n+1} + \beta_0 f_n + \beta_1 f_{n-1}) \tag{8.42}$$

的公式.假设上式右边

$$y_i = y(x_i) \quad (i = n-1, n)$$

$$y'(x_i) = f(x_i, y(x_i)) \approx f(x_i, y_i) = f_i \quad (i = n-1, n, n+1)$$

将函数 $y(x_{n-1}), y'(x_{n-1}), y'(x_{n+1})$ 在 $x = x_n$ 处展开,并按 h 的幂次整理,得

$$
\begin{aligned}
y_{n+1} = & (\alpha_0 + \alpha_1) y(x_n) + h(-\alpha_1 + \beta_{-1} + \beta_0 + \beta_1) y'(x_n) + \\
& \left(\frac{1}{2!}\alpha_1 + \beta_{-1} - \beta_1\right) h^2 y''(x_n) + \\
& \left(-\frac{1}{3!}\alpha_1 \ \frac{1}{2}\beta_{-1} + \frac{1}{2}\beta_1\right) h^3 y'''(x_n) + \\
& \left(\frac{1}{4!}\alpha_1 + \frac{1}{3!}\beta_{-1} - \frac{1}{3!}\beta_1\right) h^4 y^{(4)}(x_n) + \\
& \left(-\frac{1}{5!}\alpha_1 + \frac{1}{4!}\beta_{-1} + \frac{1}{4!}\beta_1\right) h^5 y^{(5)}(x_n) + \cdots
\end{aligned} \tag{8.43}
$$

与

$$
\begin{aligned}
y(x_{n+1}) = & y(x_n) + \frac{1}{1!} h y'(x_n) + \frac{h^2}{2!} y''(x_n) + \frac{h^3}{3!} y'''(x_n) + \\
& \frac{h^4}{4!} y^{(4)}(x_n) + \frac{1}{5!} h^5 y^{(5)}(x_n) + \cdots
\end{aligned} \tag{8.44}
$$

比较,选择系数 $\alpha_i(i=0,1)$ 和 $\beta_i(i=-1,0,1)$ 使两式中关于 h 的同次幂的系数有尽可能多的项相等. 于是可得

$$
\left.
\begin{aligned}
& h^0: \alpha_0 + \alpha_1 = 1 \\
& h^1: -\alpha_1 + \beta_{-1} + \beta_0 + \beta_1 = 1 \\
& h^2: \frac{1}{2}\alpha_1 + \beta_{-1} - \beta_1 = \frac{1}{2} \\
& h^3: -\frac{1}{6}\alpha_1 + \frac{1}{2}\beta_{-1} + \frac{1}{2}\beta_1 = \frac{1}{6} \\
& h^4: \frac{1}{24}\alpha_1 + \frac{1}{6}\beta_{-1} - \frac{1}{6}\beta_1 = \frac{1}{24}
\end{aligned}
\right\} \tag{8.45}
$$

求解上述方程组,得出 $\alpha_0,\alpha_1,\beta_{-1},\beta_0,\beta_1$. 所得到的算式的局部截断误差为 $O(h^5)$. 也可以只要求前面几个方程成立,例如要求前面 4 个方程成立时,所得的算式的局部截断误差为 $O(h^4)$. 由式(8.45) 解得 $\alpha_0=1,\alpha_1=1,\beta_{-1}=\beta_1=1/3,\beta_0=4/3$,于是推得计算公式为

$$
y_{n+1} = y_{n-1} + \frac{h}{3}(f_{n+1} + 4f_n + f_{n-1}) \tag{8.46}
$$

值得注意的是，此时式(8.45) 中第 5 式也恰巧成立. 由式(8.44) 减去式(8.43)，得式(8.46) 的局部截断误差为

$$R_n = \left[\frac{1}{120} - \left(-\frac{1}{120}\alpha_1 + \frac{1}{24}\beta_{-1} + \frac{1}{24}\beta_1\right)\right]h^5 y^{(5)}(x_n) + O(h^6) = -\frac{1}{90}h^5 y^{(5)}(x_n) + O(h^6) \tag{8.47}$$

称式(8.46) 为辛浦生公式，它可由数值积分方法而得到.

再如令 $\beta_{-1}=0$，则可由式(8.45) 的前 4 式解得

$$\alpha_0 = -4, \quad \alpha_1 = 5, \quad \beta_0 = 4, \quad \beta_1 = 2$$

计算公式为

$$y_{n+1} = -4y_n + 5y_{n-1} + h(4f_n + 2f_{n-1}) \tag{8.48}$$

它是一个显式公式，其局部截断误差为

$$R_n = -\frac{1}{6}h^4 y^{(4)}(x_n) + O(h^5) \tag{8.49}$$

需要指出的是，式(8.48) 不能用数值积分方法得到. 读者可按上述方法得到形如式(8.42) 的其他计算公式. 也可用类似的方法构造其他的线性多步方法，如前述的阿达姆斯公式(8.37) 和(8.39) 等.

三、出发值的计算

使用线性 k 步方法求解初值问题时，需要知道 k 个出发值 y_0，y_1，…，y_{k-1} 才能进行计算. 然而初值问题式(8.1) 和(8.2) 只提供了一个初发值 y_n，还有 $k-1$ 个出发值，需要通过别的方法计算出来. 常用的方法是一步方法，由于初发值对于确定微分方程的解有重要作用，因而在求数值解时，对出发值的精度也必须有相应的要求. 为了保证多步方法的精确度，用于计算出发值的一步方法的阶数至少不低于多步方法的阶. 理论上讲，可用泰勒展开法和龙格-库塔方法，计算出发值. 但由于泰勒展开法要计算高阶导数值，故

通常还是选择与多步方法同阶的龙格-库塔方法.一旦出发值算出后,线性多步方法的计算量(尤其是显式公式)就会很小,每次只须计算一次 f 值.

例 8.5 用阿达姆斯外推公式求解初值问题

$$\begin{cases}\dfrac{dy}{dx}=y-\dfrac{2x}{y}\\ y(0)=1\end{cases}$$

在[0,1]上的解,取 $h=0.1$.

解 先用四阶 R-K 方法求出 3 个出发值,然后用公式(8.37)计算其他点处的值,结果列表,见表 8.6.

表 8.6

x_i	0.0	0.1	0.2	0.3	0.4
四阶 R-K 法	1	1.095 446	1.183 217	1.264 916	
式(8.37)	1				1.341 551
$y(x_n)$	1	1.095 445	1.183 216	1.264 911	1.341 641

x_i	0.5	0.6	0.7	0.8	0.9	1.0
四阶 R-K 法						
式(8.37)	1.414 045	1.483 017	1.548 917	1.612 114	1.672 914	1.731 566
$y(x_n)$	1.414 214	1.483 240	1.549 193	1.612 452	1.673 320	1.732 051

有关线性多步方法的整体截断误差、收敛性及数值稳定性的讨论参见文献[1-2];有关预估-校正方法的进一步讨论参见文献

[1-2];而有关隐式方法迭代收敛的一般性讨论参见文献[2].

*8.4 一阶微分方程组的数值解法

前面几节介绍的关于一阶常微分方程的各种方法对于一阶微分方程组也都适用.为了书写的简明,本节以含两个未知函数的微分方程组为例来说明如何应用有关公式.

设考虑的微分方程组初值问题为

$$\left.\begin{aligned}&\frac{\mathrm{d}y}{\mathrm{d}t}=f(t,y,z),\quad y(t_0)=y_0\\&\frac{\mathrm{d}z}{\mathrm{d}t}=g(t,y,z),\quad z(t_0)=z_0\quad t_0\leqslant t\leqslant T\end{aligned}\right\}\tag{8.50}$$

一、欧拉公式

计算公式为

$$\begin{cases}y_{n+1}=y_n+hf(t_n,y_n,z_n)\\z_{n+1}=z_n+hg(t_n,y_n,z_n)\end{cases}\quad(n=0,1,2,\cdots,N-1)$$

二、标准四阶龙格-库塔公式

计算公式为

$$\left.\begin{aligned}&y_{n+1}=y_n+\frac{1}{6}(k_1+2k_2+2k_3+k_4)\\&z_{n+1}=z_n+\frac{1}{6}(m_1+2m_2+2m_3+m_4)\\&\qquad\qquad(n=0,1,2,\cdots,N-1)\end{aligned}\right\}\tag{8.51}$$

其中

$$
\begin{cases}
k_1 = hf(t_n, y_n, z_n) \\
m_1 = hg(t_n, y_n, z_n) \\
k_2 = hf\left(t_n + \dfrac{h}{2}, y_n + \dfrac{k_1}{2}, z_n + \dfrac{m_1}{2}\right) \\
m_2 = hg\left(t_n + \dfrac{h}{2}, y_n + \dfrac{k_1}{2}, z_n + \dfrac{m_1}{2}\right) \\
k_3 = hf\left(t_n + \dfrac{h}{2}, y_n + \dfrac{k_2}{2}, z_n + \dfrac{m_2}{2}\right) \\
m_3 = hg\left(t_n + \dfrac{h}{2}, y_n + \dfrac{k_2}{2}, z_n + \dfrac{m_2}{2}\right) \\
k_4 = hf(t_n + h, y_n + k_3, z_n + m_3) \\
m_4 = hg(t_n + h, y_n + k_3, z_n + m_3)
\end{cases}
$$

三、四阶阿达姆斯(Adams)外推公式

计算公式为

$$
\left.
\begin{aligned}
y_{n+1} &= y_n + \frac{h}{24}[55f_n - 59f_{n-1} + 37f_{n-2} - 9f_{n-3}] \\
z_{n+1} &= z_n + \frac{h}{24}[55g_n - 59g_{n-1} + 37g_{n-2} - 9g_{n-3}] \\
&\qquad (n = 3, 4, 5, \cdots, N-1)
\end{aligned}
\right\} \quad (8.52)
$$

其他方法也可类似地得到. 实际上,只需把原方程组看作是向量形式 $\dfrac{d\boldsymbol{y}}{dx} = f(x, \boldsymbol{y})$ 即可.

关于高阶常微分方程初值问题,可先化为含多个未知函数的一阶微分方程组的形式,然后按前述方法求解即可,例如对于二阶常微分方程初值问题

$$\left.\begin{aligned}&\frac{\mathrm{d}^2 y}{\mathrm{d}x^2}=f\left(x,y,\frac{\mathrm{d}y}{\mathrm{d}x}\right)\quad(x_0\leqslant x\leqslant b)\\&y(x_0)=y_0,\quad \left.\frac{\mathrm{d}y}{\mathrm{d}x}\right|_{x=x_0}=z_0\end{aligned}\right\}\tag{8.53}$$

可令 $z=\frac{\mathrm{d}y}{\mathrm{d}x}$,则式(8.51)可化为一阶常微分方程组的初值问题:

$$\left.\begin{aligned}&\frac{\mathrm{d}y}{\mathrm{d}x}=z,\quad y(x_0)=y_0\\&\frac{\mathrm{d}z}{\mathrm{d}x}=f(x,y,z),\quad z(x_0)=z_0\quad(x_0\leqslant x\leqslant b)\end{aligned}\right\}\tag{8.54}$$

若用欧拉预估-校正公式求解式(8.54),则计算公式为

$$\left.\begin{aligned}&y_{n+1}=y_n+\frac{1}{2}(k_1+k_2)\\&z_{n+1}=z_n+\frac{1}{2}(m_1+m_2)\\&\qquad\qquad(n=0,1,2,\cdots,N-1)\end{aligned}\right\}\tag{8.55}$$

其中

$$\begin{cases}k_1=hz_n\\m_1=hf(x_n,y_n,z_n)\\k_2=h(z_n+m_1)\\m_2=hf(x_n+h,y_n+k_1,z_n+m_1)\end{cases}$$

有关常微分方程初值问题的数值解法,还有一些其他的办法.对一些特殊的问题(如刚性问题)也有更加特殊的理论与方法,感兴趣的读者可参阅文献[3-4].二阶常微分方程边值问题的解法与初值问题的解法完全不同,可参见文献[1-5].

习 题 八

1.用欧拉法与欧拉预估-校正法求解初值问题

$$\begin{cases} y' = x^2 - y^2 & (0 < x \leqslant 0.5) \\ y(0) = 1 \end{cases}$$

取步长 $h = 0.1$ 计算(计算取 7 位小数).

2. 用梯形法与欧拉预估-校正法求解初值问题

$$\begin{cases} y' = x + y & (0 < x \leqslant 1) \\ y(0) = 1 \end{cases}$$

取步长 $h = 0.1$,并与准确解 $y = -x - 1 + 2e^x$ 相比较(计算取 6 位小数).

3. 对于初值问题

$$\begin{cases} y' = ax + b & (x > 0) \\ y(0) = 0 \end{cases}$$

分别导出欧拉法与梯形法的数值解的表达式,并与准确解 $y = \frac{1}{2}ax^2 + bx$ 相比较.

4. 试用迭代公式(8.7)求解初值问题

$$\begin{cases} y = \dfrac{2}{y - x} + 1 & (0 < x \leqslant 1) \\ y(0) = 2 \end{cases}$$

取步长 $h = 0.2$,要求 $|y_{n+1}^{(k+1)} - y_{n+1}^{(k)}| < 10^{-4}$(计算取 6 位小数).

5. 用经典四级四阶 R-K 方法求解第 4 题中的初值问题,取 $h = 0.2$.

6. 取 $h = 0.1$,用公式(8.32)计算初值问题

$$\begin{cases} y' = x^2 - y & (0 < x \leqslant 1) \\ y(0) = 1 \end{cases}$$

(计算取 7 位小数).

7. 用阿达姆斯外插法求

$$y' = x + y, \quad y(0) = 0$$

在[0,1]上的数值解,取 $h = 0.1$(计算取 8 位小数).

8. 试分别用数值微分法和数值积分法推导公式

$$y_{n+1} = y_{n-1} + 2hf(x_n, y_n) \quad (n = 1, 2, \cdots)$$

及其局部截断误差 $R_n = \frac{1}{3}h^3 y^{(3)}(\xi_n)$.

9. 证明对任何参数 t,下列是二阶龙格-库塔公式.

$$\begin{cases} y_{n+1} = y_n + \dfrac{1}{2}(k_2 + k_3) \\ k_1 = hf(x_n, y_n) \\ k_2 = hf(x_n + th, y_n + tk_1) \\ k_3 = hf(x_n + (1-t)h, y_n + (1-t)k_1) \end{cases}$$

10. 设有求解初值问题 $y' = f(x,y), y(x_0) = y_0$ 的计算公式

$$y_{n+1} = y_n + h[af(x_n, y_n) + bf(x_{n-1}, y_{n-1})]$$

假设 $y_{n-1} = y(x_{n-1}), y_n = y(x_n)$，试确定参数 a, b，使该公式的局部截断误差为 $O(h^3)$.

11. 在公式(8.36) 中，取 $k = 0$，x_{n-1}, x_n 为插值节点，作函数 $f(x, y(x))$ 的一次插值多项式 $P_1(x)$，试由此推出一个线性两步方法，并求出它的局部截断误差.

12. 试用欧拉预估-校正方法求解初值问题

$$\begin{cases} \dfrac{dy}{dx} = xy - z, \quad y(0) = 1 \\ \dfrac{dz}{dx} = (x+y)/z, \quad z(0) = 2 \end{cases} \quad (0 < x \leqslant 0.5)$$

取步长 $h = 0.1$(计算取 6 位小数).

第九章　偏微分方程的差分解法

数学、物理及工程技术中出现的偏微分方程,大多数无法求出其解析解,而实际问题又需要得到具有一定精确度的近似解,因此,有必要研究偏微分方程的数值解法.偏微分方程定解问题的数值解法主要有两种,一是差分解法,二是有限元方法.本章仅介绍抛物型方程、双曲型方程及椭圆型方程定解问题的差分解法,并讨论差分格式的稳定性和收敛性.

差分解法的基本思想是:在偏微分方程中,用差商(均差)代替偏导数,把偏微分方程定解问题转化为求解线性代数方程问题,从而得到定解问题的解函数在离散点的近似值.线性代数方程称为差分方程,差分方程的解称为偏微分方程定解问题的数值解.这种解法称为差分解法.

对于一元函数 $f(x)$,当 x 有增量 h 时,由泰勒展开式

$$f(x+h)=f(x)+hf'(x)+O(h^2)$$
$$f(x-h)=f(x)-hf'(x)+O(h^2)$$

得

$$f'(x)=\frac{f(x+h)-f(x)}{h}+O(h)$$

$$f'(x)=\frac{f(x)-f(x-h)}{h}+O(h)$$

$$f'(x)=\frac{f(x+h)-f(x-h)}{2h}+O(h)$$

由泰勒展开式

$$f(x+h)=f(x)+hf'(x)+\frac{h^2}{2!}f''(x)+$$

$$\frac{h^3}{3!}f'''(x)+O(h^4)$$

$$f(x-h)=f(x)-hf'(x)+\frac{h^2}{2!}f''(x)-$$

$$\frac{h^3}{3!}f'''(x)+O(h^4)$$

得

$$f''(x)=\frac{f(x+h)-2f(x)+f(x-h)}{h^2}+O(h^2)$$

对于二元函数 $u(x,t)$，当 t 有增量 τ 和 x 有增量 h 时，类似地有

$$\frac{\partial u(x,t)}{\partial t}=\frac{u(x,t+\tau)-u(x,t)}{\tau}+O(\tau) \tag{9.1}$$

$$\frac{\partial u(x,t)}{\partial t}=\frac{u(x,t)-u(x,t-\tau)}{\tau}+O(\tau) \tag{9.2}$$

$$\frac{\partial u(x,t)}{\partial t}=\frac{u(x,t+\tau)-u(x,t-\tau)}{2\tau}+O(\tau) \tag{9.3}$$

$$\frac{\partial^2 u(x,t)}{\partial t^2}=\frac{u(x,t+\tau)-2u(x,t)+u(x,t-\tau)}{\tau^2}+O(\tau^2) \tag{9.4}$$

$$\frac{\partial^2 u(x,t)}{\partial x^2}=\frac{u(x+h,t)-2u(x,t)+u(x-h,t)}{h^2}+O(h^2) \tag{9.5}$$

9.1 抛物型方程的差分解法

本节以一维热传导方程的混合边值问题

$$\left.\begin{aligned}&\frac{\partial u}{\partial t}=a^2\frac{\partial^2 u}{\partial x^2}\quad(0<x<L,0<t<T)\\&u(x,0)=\varphi(x)\quad(0<x<L)\\&u(0,t)=\mu_1(t),u(l,t)=\mu_2(t)\quad(0\leqslant t\leqslant T)\end{aligned}\right\} \tag{9.6}$$

为例，讨论抛物型方程的差分解法. 其中 $\varphi(x)$，$\mu_1(t)$，$\mu_2(t)$ 都是已知的连续函数，并且满足相容性条件

$$\varphi(0)=\mu_1(0),\quad \varphi(l)=\mu_2(0)$$

首先在 xOt 坐标平面上将求解区域

$$D: 0\leqslant x\leqslant L,\quad 0\leqslant t\leqslant T$$

划分成矩形网格. 把 x 的变化区间 $[0,L]$ 分成 m 等份，每份长 $h=\dfrac{L}{m}$；将 t 的变化区间 $[0,T]$ 分成 n 等份，每份长 $\tau=\dfrac{T}{n}$. h 与 τ 分别称为 x 方向和 t 方向的步长. 在 xOt 坐标平面作两族平行于坐标轴的平行线

$$x=x_i=ih\quad (i=0,1,\cdots,m)$$

$$y=y_j=j\tau\quad (j=0,1,\cdots,n)$$

这样，将区域 D 划分成矩形网格，如图 9.1 所示. 两族平行线的交点 (x_i,t_j) 称为网格节点，简称节点，简记为 (i,j). 混合边值问题 (9.6) 的解函数 $u(x,t)$ 在节点 (x_i,t_j) 的函数值 $u(x_i,t_j)$ 记为 $u(i,j)$，$u(i,j)$ 的近似值记为 $u_{i,j}$. 直线 $t=t_j$ 上全体节点 $\{(i,j)\mid i=0,1,\cdots,m\}$ 称为网格的第 j 层. 本节的目的就是求混合边值问题 (9.6) 的解函数 $u(x,t)$ 在求解区域内各节点 (i,j) 处的近似值 $u_{i,j}$.

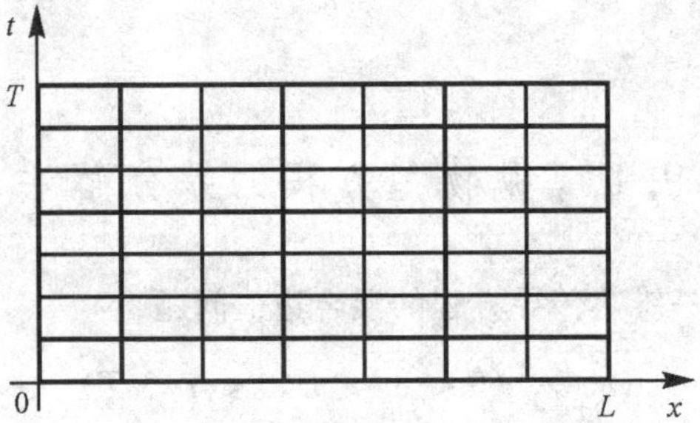

图 9.1

下面介绍几种常用的差分格式.

一、古典差分格式的建立

1. 古典显式差分格式

混合边值问题(9.6) 的偏微分方程在节点(i,j)处表示为

$$\left(\frac{\partial y}{\partial t}\right)_{(i,j)}=a^2\left(\frac{\partial^2 u}{\partial x^2}\right)_{(i,j)} \tag{9.7}$$

由式(9.1) 和式(9.5) 有

$$\left(\frac{\partial u}{\partial t}\right)_{(i,j)}=\frac{u(i,j+1)-u(i,j)}{\tau}+O(\tau)$$

$$\left(\frac{\partial^2 u}{\partial x^2}\right)_{(i,j)}=\frac{u(i+1,j)-2u(i,j)+u(i-1,j)}{h^2}+O(h^2)$$

把上两式代入式(9.7) 得

$$\frac{u(i,j+1)-u(i,j)}{\tau}=\frac{a^2}{h^2}[u(i+1,j)-2u(i,j)+u(i-1,j)]+O(\tau)+O(h^2)$$

记$\lambda=\dfrac{a^2\tau}{h^2}$，称其为网比. 略去上式的截断误差$R_{h,\tau}=O(\tau)+O(h^2)$，用$u_{i,j}$代替$u(i,j)$，得差分格式

$$u_{i,j+1}=\lambda u_{i-1,j}+(1-2\lambda)u_{i,j}+\lambda u_{i+1,j} \tag{9.8}$$

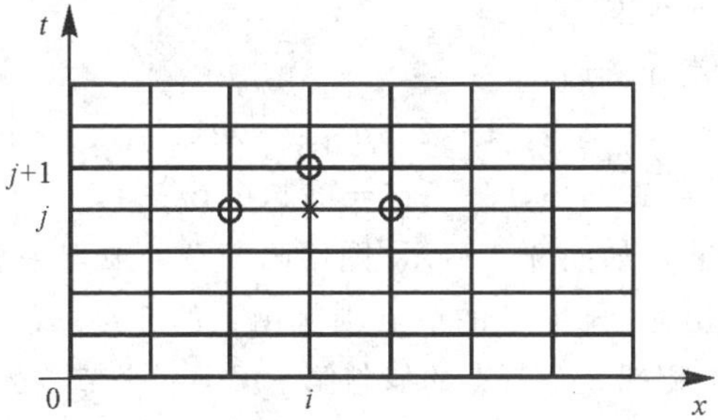

图 9.2

此式也称为差分方程，它用到的节点如图 9.2 所示. 图中画“×”的

节点表示差分格式是在这点列出的，画"○"的节点则是用到的点. 式(9.8)表示第 $j+1$ 层任一内节点之值依赖于第 j 层上相邻 3 个节点上的值. 式(9.8)是显式差分格式，称为古典显式差分格式.

混合边值问题(9.6)的定解条件在区域 D 的边界节点上可表示为

$$\left.\begin{aligned}&u_{i,0}=\varphi(ih)\quad(i=1,2,\cdots,m-1)\\&u_{0,j}=\mu_1(j\tau),\quad u_{m,j}=\mu_2(j,\tau)\quad(j=0,1,\cdots,m)\end{aligned}\right\}\tag{9.9}$$

差分格式的计算是按 t 增加的方向逐层计算的. 计算的步骤为：① 先由式(9.9)的第一式算出第 0 层上的值 $u_{i,0}(i=0,1,\cdots,m)$，再用式(9.8)算出第 1 层上的值 $u_{i,1}(i=0,1,\cdots,m-1)$；② 由式(9.9)中的第二式可算出第 1 层上的 $u_{0,1}$ 和 $u_{m,1}$，再由式(9.8)算出第 2 层上的值 $u_{i,2}(i=1,2,\cdots,m-1)$. 如此一层一层地计算下去，可求得网格上全部节点上的数值解 $u_{i,j}(i=0,1,\cdots,m;j=0,1,\cdots,n)$.

2. 古典隐式差分格式

由式(9.2)有

$$\left(\frac{\partial u}{\partial t}\right)_{(i,j)}=\frac{u(i,j)-u(i,j-1)}{\tau}+O(\tau)$$

可导出另一差分格式

$$\left.\begin{aligned}&-\lambda u_{i-1,j+1}+(1+2\lambda)u_{i,j+1}-\lambda u_{i+1,j+1}=u_{i,j}\\&(i=1,2,\cdots,m-1;j=0,1,\cdots,n-1)\end{aligned}\right\}\tag{9.10}$$

上式用到的节点如图 9.3 所示. 图中画"×"的节点表示差分格式是在这点列出的，画"○"的节点则是用到的节点. 式(9.10)表示第 $j+1$ 层上相邻 3 个节点的值与第 j 层上一个节点的值的关系. 它是隐式差分格式，称为古典隐式差分格式，其截断误差为

$$R_{h,\tau}=O(\tau)+O(h^2)$$

差分格式(9.10)的计算是按 t 增加的方向逐层计算的. 如果

已知第 j 层上的数值解 $u_{0,j},u_{1,j},\cdots,u_{m,j}$，在求第 $j+1$ 层上的数值解时，必须解一个含 $m-1$ 个未知数 $u_{1,j+1},u_{2,j+1},\cdots,u_{m-1,j+1}$ 的 $m-1$ 阶线性代数方程组

$$\left.\begin{aligned}&(1+2\lambda)u_{1,j+1}-\lambda u_{2,j+1}=u_{1,j}+\lambda u_{0,j+1}\\&-\lambda u_{1,j+1}+(1+2\lambda)u_{2,j+1}-\lambda u_{3,j+1}=u_{2,j}\\&\qquad\qquad\vdots\\&-\lambda u_{m-3,j+1}+(1+2\lambda)u_{m-2,j+1}-\lambda u_{m-1,j+1}=u_{m-2,j}\\&-\lambda u_{m-2,j+1}+(1+2\lambda)u_{m-1,j+1}=u_{m-1,j}+\lambda u_{m,j+1}\end{aligned}\right\}\tag{9.11}$$

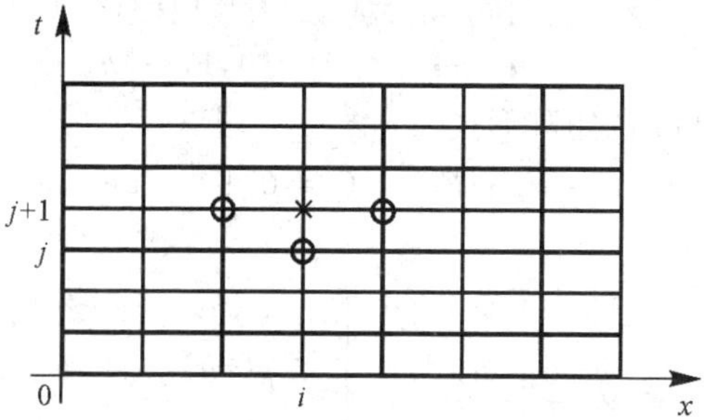

图 9.3

式中 $u_{0,j+1},u_{m,j+1}$ 由式(9.9)的第二式确定

$$u_{0,j+1}=\mu_1[(j+1)\tau],\quad u_{m,j+1}=\mu_2[(j+1)\tau]$$

记式(9.11)的系数矩阵为

$$\boldsymbol{A}=\begin{bmatrix}1+2\lambda & -\lambda & & & \\ -\lambda & 1+2\lambda & -\lambda & & \\ & \ddots & \ddots & \ddots & \\ & & -\lambda & 1+2\lambda & -\lambda \\ & & & -\lambda & 1+2\lambda\end{bmatrix}$$

$m-1$ 维向量记为

$$\boldsymbol{u}_{j+1}=\begin{bmatrix}u_{1,j+1}\\u_{2,j+1}\\\vdots\\u_{m-1,j+1}\end{bmatrix},\quad \boldsymbol{F}_{j+1}=\begin{bmatrix}\lambda\mu_1[(j+1)\tau]\\0\\\vdots\\0\\\lambda\mu_2[(j+1)\tau]\end{bmatrix}$$

$$\boldsymbol{V}_{j+1}=\begin{bmatrix}u_{1,j}+\lambda\mu_1[(j+1)\tau]\\u_{2,j}\\\vdots\\u_{m-1,j}+\lambda\mu_2[(j+1)\tau]\end{bmatrix}=$$

$$\boldsymbol{u}_j+\boldsymbol{F}_{j+1}\quad(j=0,1,\cdots,n-1)$$

于是,式(9.11)的矩阵形式为

$$\boldsymbol{A}\boldsymbol{u}_{j+1}=\boldsymbol{u}_j+\boldsymbol{F}_{j+1}\quad(j=0,1,\cdots,n-1)\tag{9.12}$$

同时注意到

$$\boldsymbol{u}_0=\begin{bmatrix}u_{1,0}\\u_{2,0}\\\vdots\\u_{m-1,0}\end{bmatrix}=\begin{bmatrix}\varphi(h)\\\varphi(2h)\\\vdots\\\varphi[(m-1)h]\end{bmatrix}$$

是由方程组(9.9)中第一式确定.

因为矩阵 $\boldsymbol{A}$ 是对称的、严格的主对角线占优的稀疏矩阵,所以宜用追赶法和迭代法求解式(9.12).

计算步骤为:① 对式(9.2)取 $j=0$,解 $m-1$ 阶线性方程组 $\boldsymbol{A}\boldsymbol{u}_1=\boldsymbol{u}_0+\boldsymbol{F}_1$,得第1层上的数值解

$$\boldsymbol{u}_1=\begin{bmatrix}u_{1,1}\\u_{2,1}\\\vdots\\u_{m-1,1}\end{bmatrix}$$

② 对式(9.12)取 $j=1$,解方程组 $\boldsymbol{A}\boldsymbol{u}_2=\boldsymbol{u}_1+\boldsymbol{F}_2$,得第2层上的数值解

$$\boldsymbol{u}_2 = \begin{bmatrix} u_{1,2} \\ u_{2,2} \\ \vdots \\ u_{m-1,2} \end{bmatrix}$$

依次计算下去,可得各层的数值解.

例 9.1 用古典显示格式求热传导方程混合问题

$$\begin{cases} \dfrac{\partial u}{\partial t} = \dfrac{\partial^2 u}{\partial x^2} & (0 < x < 1, 0 < t) \\ u(x,0) = 4x(1-x) & (0 \leqslant x \leqslant 1) \\ u(0,t) = 0, u(1,t) = 0 & (0 \leqslant t) \end{cases}$$

的数值解.取 $h=0.1, \tau=\dfrac{1}{600}$,计算到 $j=36$(计算保留 5 位小数).

解 $$m=\frac{1}{h}=10,\quad n=36,\quad \lambda=\frac{\tau}{h^2}=\frac{1}{6}$$

因为 $u(0,0)=u(1,0)=0$,从定解条件可知,解函数 $u(x,t)$ 关于 $i=5$,即直线 $x=\dfrac{1}{2}$ 对称,如图 9.4 所示,所以,必有

$$u_{1,j}=u_{9,j},\quad u_{2,j}=u_{8,j},\quad u_{3,j}=u_{7,j},\quad u_{4,j}=u_{6,j}$$

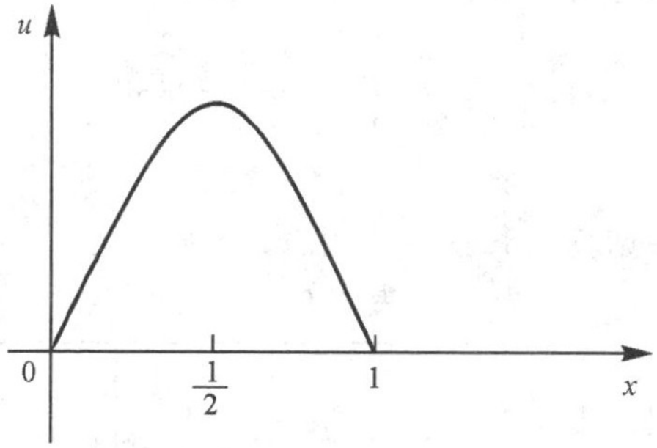

图 9.4

因此,只需计算 $u_{i,j}(i=1,2,3,4,5;j=0,1,\cdots,36)$. 差分格式为

$$\begin{cases} u_{i,j+1}=\dfrac{1}{6}u_{i+1,j}+\dfrac{2}{3}u_{i,j}+\dfrac{1}{6}u_{i-1,j} \\ \qquad\qquad (i=1,2,3,4,5;j=0,1,\cdots,36) \\ u_{i,0}=0.4i(1-0.1i) \quad (i=1,2,3,4,5) \\ u_{0,j}=0 \quad (j=0,1,2,3,\cdots,36) \end{cases}$$

(1) 第 0 层上的值: $u_{0,0}=0$

$u_{1,0}=0.4(1-0.1)=0.36$

$u_{2,0}=0.8(1-0.2)=0.64$

$u_{3,0}=1.2(1-0.3)=0.84$

$u_{4,0}=1.6(1-0.4)=0.96$

$u_{5,0}=2(1-0.5)=1$

(2) 第一层上的值:

$u_{0,1}=0$

$$u_{1,1}=\frac{1}{6}u_{2,0}+\frac{2}{3}u_{1,0}+\frac{1}{6}u_{0,0}=0.346\ 67$$

$$u_{2,1}=\frac{1}{6}u_{3,0}+\frac{2}{3}u_{2,0}+\frac{1}{6}u_{1,0}=0.626\ 67$$

$$u_{3,1}=\frac{1}{6}u_{4,0}+\frac{2}{3}u_{3,0}+\frac{1}{6}u_{2,0}=0.826\ 67$$

$$\vdots$$

计算结果见表 9.1.

表 9.1

j \ $u_{i,j}$ \ i	0	1	2	3	4	5
0	0	0.360 00	0.650 00	0.840 00	0.960 00	1.000 00
1	0	0.346 67	0.626 67	0.826 67	0.946 67	0.986 67

续 表

$u_{i,j}$ i / j	0	1	2	3	4	5
2	0	0.335 56	0.613 33	0.813 33	0.933 33	0.973 33
3	0	0.325 93	0.600 37	0.800 00	0.920 00	0.960 00
⋮	⋮	⋮	⋮	⋮	⋮	⋮
34	0	0.182 48	0.346 96	0.477 31	0.560 88	0.589 64
35	0	0.179 48	0.341 27	0.469 51	0.551 57	0.580 05
36	0	0.176 53	0.335 68	0.461 81	0.542 76	0.570 61

3. 六点对称格式

将式(9.8)与式(9.10)相加,得

$$-\lambda u_{i-1,j+1}+2(1+\lambda)u_{i,j+1}-\lambda u_{i+1,j+1}=\lambda u_{i-1,j}+2(1-\lambda)u_{i,j}+\lambda u_{i+1,j}$$

$$(i=1,2,\cdots,m-1;j=0,1,\cdots,n-1) \tag{9.13}$$

该式称为六点对称格式,其截断误差是$R_{h,\tau}=O(\tau^2)+O(h^2)$,所用的节点如图9.5所示.由于式(9.13)是隐式格式,因此解法与古典隐式差分格式(9.10)一样,是逐层求解.已知第j层上的数值解,要计算第$j+1$层的数值解,必须解一个$m-1$阶的三对角型线性方程组

$$\begin{bmatrix} 2(1+\lambda) & -\lambda & & & \\ -\lambda & 2(1+\lambda) & -\lambda & & \\ & \ddots & \ddots & \ddots & \\ & & -\lambda & 2(1+\lambda) & -\lambda \\ & & & -\lambda & 2(1+\lambda) \end{bmatrix}\begin{bmatrix} u_{1,j+1} \\ u_{2,j+1} \\ \vdots \\ u_{m-2,j+1} \\ u_{m-1,j+1} \end{bmatrix}=$$

$$\begin{bmatrix} \lambda u_{0,j}+2(1-\lambda)u_{1,j}+\lambda u_{2,j}+\lambda u_{0,j+1} \\ \lambda u_{1,j}+2(1-\lambda)u_{2,j}+\lambda u_{3,j} \\ \vdots \\ \lambda u_{m-3,j}+2(1-\lambda)u_{m-2,j}+\lambda u_{m-1,j} \\ \lambda u_{m-2,j}+2(1-\lambda)u_{m-1,j}+\lambda u_{m,j}+\lambda u_{m,j+1} \end{bmatrix}$$

$$(j=0,1,\cdots,n-1)$$

解方程组时用到边界上的 u 值仍由式(9.9)确定.由于方程组的系数矩阵是对称的、严格的对角线占优的三对角稀疏矩阵,宜用追赶法或迭代法求解.

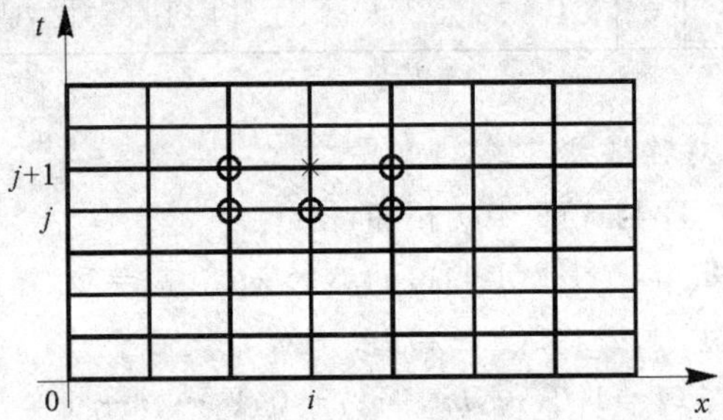

图 9.5

二、差分格式的稳定性及收敛性

差分格式的解能否作为微分方程的近似解,还必须讨论差分格式的稳定性和收敛性.

设在节点 (i,j) 处微分方程的精确解为 $u(i,j)$,差分方程的精确解为 $u_{i,j}$,差分方程的近似解为 $\tilde{u}_{i,j}$,$\varepsilon_{i,j}=\tilde{u}_{i,j}-u_{i,j}$ 表示计算 $u_{i,j}$ 时产生的误差.若按某一格式进行计算,当 j 增加时,误差 $\varepsilon_{i,j}$ 有减少的趋势或至少不增加,则称该差分格式是稳定的,否则是不稳定的.

下面介绍讨论差分格式稳定性的两种常用方法——ε 图法及

分离变量法.

1.ε 图法

所谓 ε 图法,就是误差 ε 的传播图.下面以古典显式差分格式为例,分别取网比 $\lambda=1,\lambda=\frac{1}{2}$,用 ε 图对误差传播情况进行分析.

取 $\lambda=1$,古典显式差分格式(9.8)为

$$u_{i,j+1}=u_{i-1,j}-u_{i,j}+u_{i+1,j}$$

容易推知 $\varepsilon_{i,j}$ 满足同一方程

$$\varepsilon_{i,j+1}=\varepsilon_{i-1,j}-\varepsilon_{i,j}+\varepsilon_{i+1,j} \tag{9.14}$$

假设在第 j 层之前不存在误差,而在计算第 j 层上的点(i,j)处的数值解 $u_{i,j}$ 时产生误差 $\varepsilon_{i,j}=\varepsilon$,这一层上的其他点处也无误差,而且假定在以后的计算中不再产生新的误差.利用式(9.14)算出误差 ε 的传播图见表 9.2.

表 9.2

$j+4$	ε	-4ε	10ε	-16ε	19ε	-16ε	10ε	-4ε	ε
$j+3$		ε	-3ε	6ε	-7ε	6ε	-3ε	ε	
$j+2$			ε	-2ε	3ε	-2ε	ε		
$j+1$				ε	$-\varepsilon$	ε			
j					ε				
j \ i	$i-4$	$i-3$	$i-2$	$i-1$	i	$i+1$	$i+2$	$i+3$	$i+4$

从表 9.2 看出,误差随计算层数的增加而不断增大.因此,当 $\lambda=1$ 时,古典显式格式是不稳定的.

取 $\lambda=\frac{1}{2}$ 时,误差 ε 满足方程

$$\varepsilon_{i,j+1}=\frac{1}{2}(\varepsilon_{i+1,j}+\varepsilon_{i-1,j})$$

误差传播图见表 9.3.

表 9.3

$j+4$	$\frac{\varepsilon}{16}$	0	$\frac{\varepsilon}{4}$	0	$\frac{3}{8}\varepsilon$	0	$\frac{\varepsilon}{4}$	0	$\frac{\varepsilon}{16}$
$j+3$		$\frac{\varepsilon}{8}$	0	$\frac{3}{4}\varepsilon$	0	$\frac{3}{4}\varepsilon$	0	$\frac{\varepsilon}{8}$	
$j+2$			$\frac{\varepsilon}{4}$	0	$\frac{\varepsilon}{2}$	0	$\frac{\varepsilon}{4}$		
$j+1$				$\frac{\varepsilon}{2}$	0	$\frac{\varepsilon}{2}$			
j					ε				
j \ i	$i-4$	$i-3$	$i-2$	$i-1$	i	$i+1$	$i+2$	$i+3$	$i+4$

从表 9.3 看出,误差随计算层数的增加而逐渐衰减.因此,当 $\lambda=\frac{1}{2}$ 时,古典显式格式是稳定的.

用 ε 图法讨论差分格式的稳定性,其优点是简单直观明了,但它只能就具体的 λ 值来讨论,无法用这种方法得出使差分格式稳定的 λ 取值范围.此外,对于古典稳式格式,ε 图不好作,因而这种方法有其局限性.

下面给出求差分格式稳定的 λ 取值范围的分离变量法.

2. 分离变量法

仍以古典显式格式为例.误差 $\varepsilon_{i,j}$ 满足差分方程(9.8),即

$$\varepsilon_{i,j+1}=\varepsilon_{i,j}+\lambda(\varepsilon_{i+1,j}-2\varepsilon_{i,j}+\varepsilon_{i-1,j}) \tag{9.15}$$

把 $\varepsilon_{i,j}$ 表示成一个简谐波形式

$$\varepsilon_{i,j}=G^j e^{i_0 K x_i}=G^j e^{i_0 K i h} \tag{9.16}$$

其中 $i_0=\sqrt{-1}$,K 是频率参数,把它代入式(9.15),得

$$G^{j+1} e^{i_0 K i h}=G^j e^{i_0 K i h}+\lambda\left[G^j e^{i_0 K(i+1)h}-2G^j e^{i_0 K i h}+G^j e^{i_0 K(i-1)h}\right]$$

消去 $G^j e^{i_0 K i h}$,得

$$G = 1 + \lambda[\mathrm{e}^{i_0 Kh} + \mathrm{e}^{-i_0 Kh}] \tag{9.17}$$

称式(9.17)为差分方程(9.8)的特征方程.整理式(9.17),有

$$G = 1 - 4\lambda \sin^2 \frac{Kh}{2}$$

把 G 叫做传播因子或增长因子.从式(9.16)知,$|\varepsilon_{i,j}| = |G|^j$,当 $|G| > 1$ 时,误差随着 j 作指数增大;当 $|G| \leqslant 1$ 时,则误差不增长.由此得,古典显示格式稳定的条件是

$$|G| = \left|1 - 4\lambda \sin^2 \frac{Kh}{2}\right| \leqslant 1$$

对一切 K 成立.解此不等式,得

$$0 < \lambda \leqslant \frac{1}{2}$$

上式就是古典显式格式稳定的充要条件.计算时,步长 h 和 τ 的取值使得 $\lambda = \frac{a^2\tau}{h^2} \leqslant \frac{1}{2}$ 即可.

同理,对于古典隐式格式,解得传播因子

$$G = \frac{1}{1 + 4\lambda \sin^2 \frac{Kh}{2}}$$

为使 $|G| \leqslant 1$,只须 $\lambda > 0$ 即可.

六点对称格式的传播因子

$$G = \frac{1 - 2\lambda \sin^2 \frac{Kh}{2}}{1 + 2\lambda \sin^2 - \frac{Kh}{2}}$$

同理,六点对称格式稳定的条件为 $\lambda > 0$.

因为无论 h 和 τ 如何取值,恒有 $\lambda = \frac{a^2\tau}{h^2} > 0$,因此,称古典隐式格式和六点对称格式是无条件稳定的,而古典显式格式是条件稳定的.

当 h,τ 按一定方式趋于零时，差分方程的精确解 $u_{i,j}$ 无限趋于微分方程的解 $u(i,j)$，即

$$\max \mid u_{i,j} - u(i,j) \mid \to 0$$

则称差分格式是收敛的.

一般说来，讨论差分格式的收敛性比较困难，为了利用著名的 Lax 定理，要先给出差分方程与微分方程相容性的概念.

如果当 $h,\tau \to 0$ 时，对任何充分光滑的函数 $u(x,t)$，差分格式的截断误差 $R_{h,\tau} \to 0$，则称差分格式与微分方程是相容的.

易知，古典显式、隐式及六点对称格式都是与一维热传导方程相容的差分格式.

关于相容差分格式的稳定性与收敛性的关系，有下面著名的定理.

定理 9.1(Lax 定理) 对于给定一个适定的线性初值问题，如果差分格式与其相容，则差分格式的稳定性是其收敛性的充要条件.

由定理 9.1 知，古典显式格式收敛的充要条件是 $0 < \lambda \leqslant \frac{1}{2}$. 而古典隐式格式和六点对称格式是绝对收敛的.

定理 9.1 在理论上和实际应用中都非常重要. 因为要证明一个差分格式的收敛性比较困难，而判断其稳定性却相对容易些. 有了 Lax 定理，差分格式的收敛性和稳定性就同时解决了.

从以上讨论可知，不收敛和不稳定的差分格式都是不能应用的.

9.2 双曲型方程的差分解法

本节以一维波动方程的混合边值问题

$$\left.\begin{array}{l}\dfrac{\partial^2 u}{\partial t^2}=a^2\dfrac{\partial^2 u}{\partial x^2}\quad(0<x<L,0<t<T)\\[2mm] u(x,0)=\varphi(x),\quad \left.\dfrac{\partial u}{\partial t}\right|_{t=0}=\Psi(x)\quad(0<x<L)\\[2mm] u(0,t)=\mu_1(t),\quad u(L,t)=\mu_2(t)\quad(0\leqslant t\leqslant T)\end{array}\right\}\tag{9.18}$$

为例，讨论双曲型方程的差分解法.

一、差分格式的建立

先将求解区域

$$D:0\leqslant x\leqslant L,\quad 0\leqslant t\leqslant T$$

划分成矩形网格. 取 x 方向和 t 方向步长分别为 $h=\dfrac{L}{m}$，$\tau=\dfrac{T}{n}$，作两族平行线

$$x=x_i=ih\quad(i=0,1,\cdots,m)$$

$$t=t_j=j\tau\quad(j=0,1,\cdots,n)$$

则在 xOt 坐标平面作成一矩形网格.

在区域 D 内的节点 (i,j) 处，由式(9.4)和式(9.5)，有

$$\left(\frac{\partial^2 u}{\partial t^2}\right)_{(i,j)}=\frac{u(i,j+1)-2u(i,j)+u(i,j+1)}{\tau^2}+O(\tau^2)$$

$$\left(\frac{\partial^2 u}{\partial x^2}\right)_{(i,j)}=\frac{u(i+1,j)-2u(i,j)+u(i-1,j)}{h^2}+O(h^2)$$

把上面两个式子代入混合边值问题(9.18)的偏微分方程在节点 (i,j) 的表示式

$$\left(\frac{\partial^2 u}{\partial t^2}\right)_{(i,j)}=a^2\left(\frac{\partial^2 u}{\partial x^2}\right)_{(i,j)}$$

有

$$\frac{u(i,j+1)-2u(i,j)+u(i,j-1)}{\tau^2}=$$

$$\frac{a^2}{h^2}[u(i+1,j)-2u(i,j)+u(i-1,j)]+$$

$$O(\tau^2)+O(h^2)$$

略去截断误差 $R_{h,\tau}=O(\tau^2)+O(h^2)$，用 $u_{i,j}$ 代替 $u(i,j)$，则得差分格式（方程）

$$\frac{u_{i,j+1}-2u_{i,j}+u_{i,j-1}}{\tau^2}=$$

$$\frac{a^2}{h^2}[u_{i+1,j}-2u_{i,j}+u_{i-1,j}]$$

记 $\lambda=\frac{|a|\tau}{h}$，则上式可写为

$$u_{i,j+1}=\lambda^2u_{i+1,j}+2(1-\lambda^2)u_{i,j}+\lambda^2u_{i-1,j}-u_{i,j-1} \quad (9.19)$$

式(9.19)用到的节点如图 9.6 所示.

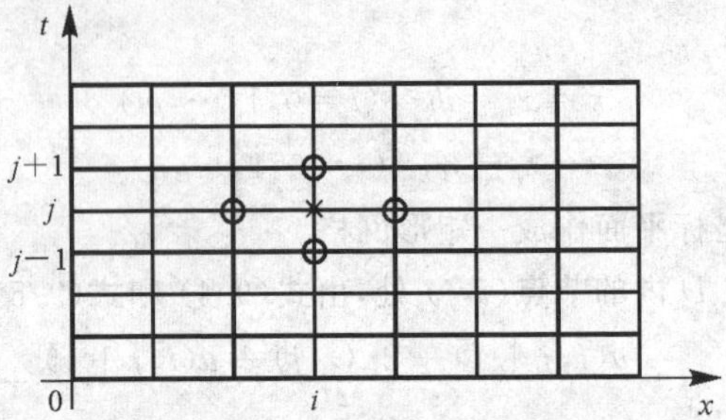

图 9.6

初始条件 $u(x,0)=\varphi(x)$ 可写为

$$u(i,0)=u_{i,0}=\varphi(ih) \quad (i=1,2,\cdots,m-1) \quad (9.20)$$

对于 $\left.\frac{\partial u}{\partial t}\right|_{t=0}=\psi(x)$，则如下有两种处理方法.

(1) 利用式(9.1)有

$$\frac{u(i,1)-u(i,0)}{\tau}+O(\tau)=\psi(ih)$$

略去截断误差 $O(\tau)$，用 $u_{i,1}$，$u_{i,0}$ 分别代替 $u(i,1)$，$u(i,0)$，有

$$u_{i,1}=u_{i,0}+\tau\psi(ih)=\varphi(ih)+\tau\psi(ih)\quad(i=1,2,\cdots,m-1)\tag{9.21}$$

(2) 利用式(9.3)有

$$\frac{u(i,1)-u(i,-1)}{2\tau}+O(\tau^2)=\psi(ih)$$

同理有

$$u_{i,1}=u_{i,-1}+2\tau\psi(ih)\tag{9.22}$$

但这样又出现了新的未知量 $u_{i,-1}$，为了消去 $u_{i,-1}$，将 $j=0$ 代入式(9.19)(这里要求微分方程在 $t=0$ 时成立)，有

$$u_{i,-1}=\lambda^2u_{i+1,0}+2(1-\lambda^2)u_{i,0}+\lambda^2u_{i-1,0}-u_{i,1}=\lambda^2\varphi_{i+1}+2(1-\lambda^2)\varphi_i+\lambda^2\varphi_{i-1}-u_{i,1}$$

把上式代入式(9.22)，有

$$u_{i,1}=\varphi_i+2\tau\psi_i+\frac{\lambda^2}{2}(\varphi_{i+1}-2\varphi_i+\varphi_{i-1})\tag{9.23}$$

其中 $\varphi_i=\varphi(ih)$，$\psi_i=\psi(ih)$. 式(9.23)的截断误差是 $O(\tau^2)$.

由以上推导得一维波动方程混合问题的两种差分格式.

第一种差分格式

$$\left.\begin{aligned}&u_{i,j+1}=\lambda^2u_{i+1,j}+2(1-\lambda^2)u_{i,j}+\lambda^2u_{i-1,j}-u_{i,j-1}\\&\qquad(i=1,2,\cdots,m-1;j=1,2,\cdots,n-1)\\&u_{i,0}=\varphi_i,\quad u_{i,1}=\varphi_i+i\psi_i\quad(i=1,2,\cdots,m-1)\\&u_{0,j}=\mu_1(j\tau),\quad u_{m,j}=\mu_2(j\tau)\quad(j=0,1,\cdots,n)\end{aligned}\right\}\tag{9.24}$$

第二种差分格式

$$\left.\begin{aligned}&u_{i,j+1}=\lambda^2u_{i+1,j}+2(1-\lambda^2)u_{i,j}+\lambda^2u_{i-1,j}-u_{i,j-1}\\&\qquad(i=1,2,\cdots,m-1;j=1,2,\cdots,n-1)\\&u_{i,0}=\varphi_i,\quad u_{i,1}=\varphi_i+2\tau\psi_i+\frac{\lambda^2}{2}(\varphi_{i+1}-2\varphi_i+\varphi_{i-1})\\&\qquad(i=1,2,\cdots,m-1)\\&u_{0,j}=\mu_1(j\tau),\quad u_{m,j}=\mu_2(j\tau)\quad(j=0,1,\cdots,n)\end{aligned}\right\}\tag{9.25}$$

用第二种差分格式的初始条件求得的 $u_{i,1}$ 比用第一种格式的初始条件求得的要精确些. 但第二种格式建立要求微分方程在 $t=0$ 成立. 这两种格式都是显式 3 层格式. 利用初始条件和边界条件可求得第 0 层和第 1 层上的数值解，再利用式(9.24)中的第 1 式逐层求出数值解.

计算步骤为：① 先利用式(9.24)的第 2，3 式算出第 0 层和第 1 层上的值，再用式(9.24)的第 1 式算出第 2 层上的值；② 先用式(9.24)的第 2 式算得 $u_{0,2}$，$u_{m,2}$，再用式(9.24)的第 1 层算得第 3 层上的值. 依次逐层算得各层的数值解.

例 9.2 用第一种差分格式求解一维波动方程的混合问题

$$\begin{cases}\dfrac{\partial^2 u}{\partial t^2}=\dfrac{\partial^2 u}{\partial x^2} \quad (0<x<1,0<t)\\ u(x,0)=\sin\pi x, \quad \left.\dfrac{\partial u}{\partial t}\right|_{t=0}=x(1-x) \quad (0<x<1)\\ u(0,t)=u(1,t)=0 \quad (0\leqslant t)\end{cases}$$

的数值解. (1) 取 $\lambda=1,h=0.2$，要求算出第 1，2，3 层的数值解. (2) 取 $\lambda=1,h=0.05$，要求算出第 1，2，…，20 层的数值解. (计算保留 7 位小数)

解 (1) 当 $\lambda=1,h=0.2,a=1,L=1$ 时，$\tau=0.2,m=\dfrac{L}{h}=5$.

混合问题的第一种差分格式

$$\begin{cases}u_{i,j+1}=u_{i+1,j}+u_{i-1,j}-u_{i,j-1}\\ \qquad\qquad (i=1,2,3,4;j=1,2)\\ u_{i,0}=\sin 0.2i\pi,\ u_{i,1}=\sin 0.2i\pi+0.04i(1-0.2i)\\ \qquad\qquad (i=1,2,3,4)\\ u_{0,j}=0,\ u_{5,j}=0 \quad (j=0,1,2,3)\end{cases}$$

利用上述差分格式依次计算第 0，1，2，3 层的数值解. 节点如图 9.7 所示.

由定解条件知，解函数关于直线 $x=0.5$ 对称，所以有

$$u_{0,j}=u_{5,j}, \quad u_{1,j}=u_{4,j}, \quad u_{2,j}=u_{3,j} \quad (j=0,1,\cdots)$$

第 0 层

$u_{0,0}=u_{5,0}=0$

$u_{1,0}=u_{4,0}=\sin 0.2\pi=0.587\ 785\ 2$

$u_{2,0}=u_{3,0}=\sin 0.4\pi=0.951\ 056\ 5$

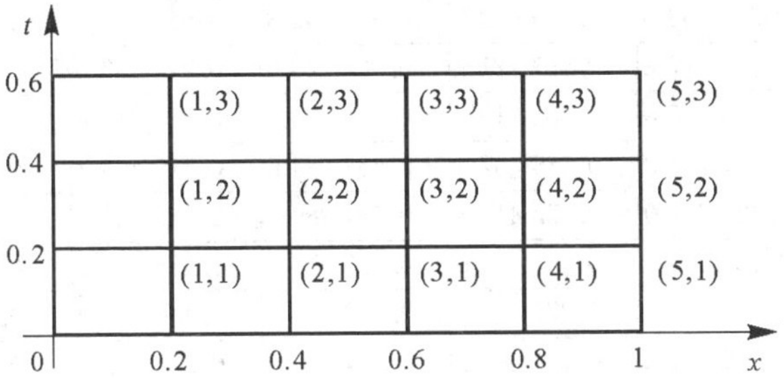

图 9.7

第 1 层

$u_{0,1}=u_{5,1}=0$

$u_{1,1}=u_{4,1}=\sin 0.2\pi+0.04(1-0.2)=0.619\ 785\ 2$

$u_{2,1}=u_{3,1}=\sin 0.4\pi+0.08(1-0.4)=0.999\ 056\ 5$

第 2 层

$u_{0,2}=u_{5,2}=0$

$u_{1,2}=u_{4,2}=u_{2,1}+u_{0,1}-u_{1,0}=0.411\ 271\ 2$

$u_{2,2}=u_{3,2}=u_{3,1}+u_{1,1}-u_{2,0}=0.667\ 785\ 2$

第 3 层

$u_{0,3}=u_{5,3}=0$

$u_{1,3}=u_{4,3}=u_{2,2}+u_{0,2}-u_{1,1}=0.048\ 000\ 0$

$u_{2,3}=u_{3,3}=u_{3,2}+u_{1,2}-u_{2,1}=0.079\ 999\ 9$

(2) 当 $\lambda=1, h=0.05, a=1, L=1$ 时，$\tau=0.05, m=\dfrac{L}{h}=20$.

编程上机,计算结果见表 9.4.

表 9.4

j \ i	2	4	6	8	5
	18	16	14	12	
0	0.313 517 0	0.595 785 2	0.819 517 0	0.963 056 5	0.012 499
1	0.310 158 0	0.589 062 0	0.809 846 3	0.951 388 3	1.000 126
2	0.298 877 2	0.567 721 9	0.780 245 0	0.916 378 6	0.963 236 3
3	0.280 045 0	0.532 219 0	0.731 433 0	0.858 916 4	0.902 776 7
4	0.254 204 9	0.483 337 4	0.664 583 6	0.780 425 2	0.820 257 2
5	0.222 061 0	0.422 416 3	0.581 289 2	0.682 821 7	0.717 706 0
6	0.184 460 1	0.351 066 6	0.483 517 2	0.568 462 2	0.597 614 2
7	0.142 371 3	0.271 131 2	0.373 804 7	0.440 079 0	0.462 866 7
8	0.096 861 6	0.184 640 0	0.254 945 2	0.300 706 0	0.316 667 2
9	0.049 070 1	0.093 759 7	0.129 920 9	0.153 849 7	0.162 451 7
10	0.000 179 8	0.000 740 3	0.001 828 9	0.003 150 2	0.003 798 2
11	−0.048 611 6	−0.092 140 0	−0.126 195 2	−0.147 706 2	−0.155 167 2
12	−0.096 121 3	−0.182 631 0	−0.251 054 7	−0.295 079 0	−0.310 366 7
13	−0.141 210 0	−0.268 566 5	−0.369 767 3	−0.435 212 2	−0.457 864 2
14	−0.182 811 0	−0.347 916 3	−0.479 539 1	−0.564 571 7	−0.593 956 0
15	−0.219 957 9	−0.418 837 4	−0.577 583 6	−0.679 925 3	−0.715 257 2
16	−0.251 795 0	−0.479 719 0	−0.661 433 3	−0.778 416 4	−0.818 776 7
17	−0.277 627 2	−0.528 971 9	−0.728 995 4	−0.857 628 6	−0.901 986 3
18	−0.296 907 9	−0.565 312 0	−0.778 596 3	−0.915 638 3	−0.962 876 6
19	−0.309 016 9	−0.587 785 2	−0.809 016 9	−0.951 056 5	−0.999 999 9
20	−0.313 516 8	−0.595 785 0	−0.819 516 3	−0.963 056 1	−1.012 491

二、差分格式的稳定性及收敛性

用分离变量法讨论稳定性问题.

记 $\varepsilon_{i,j}=\tilde{u}_{i,j}-u_{i,j}$,假定在第 j 层之前不存在误差,而在计算第 j 层上节点 (i,j) 处的数值解 $u_{i,j}$ 时产生误差 $\varepsilon_{i,j}$,这一层上其他节

点处没有误差，而且假定在这以后的计算中不再产生新的误差，则误差 $\varepsilon_{i,j}$ 满足差分格式(9.19)

$$\varepsilon_{i,j+1}=\lambda^2\varepsilon_{i+1,j}+2(1-\lambda^2)u_{i,j}+\lambda^2\varepsilon_{i-1,j}-\varepsilon_{i,j-1} \tag{9.26}$$

设 $\varepsilon_{i,j}=G^j e^{i_0 Kx_i}=G^j e^{i_0 Kih}$，代入上式

$$G^{j+1}e^{i_0 Kih}=\lambda^2\left[G^j e^{i_0 K(i+1)h}+G^j e^{i_0 K(i-1)h}\right]+2(1-\lambda^2)G^j e^{i_0 Kih}-G^{j-1}e^{i_0 Kih}$$

两端消去因子 $G^{j-1}e^{i_0 Kih}$，有

$$G^2-2\left(1-2\lambda^2\sin^2\frac{Kh}{2}\right)G+1=0 \tag{9.27}$$

这是关于 G 的二次方程，称为差分方程(9.19)的特征方程. 从 $|\varepsilon_{i,j}|=|G|^j$ 知，当 $|G|\leqslant 1$，则误差不增长，故差分格式就稳定，否则就不稳定. 因此，差分格式(9.19)稳定的充要条件是 $|G_i|\leqslant 1(i=1,2)$，其中 G_1,G_2 是特征方程(9.27)的根.

定理 9.2 特征方程(9.27)的根 G_1,G_2 的模 $|G_i|\leqslant 1(i=1,2)$ 的充要条件是

$$\left|1-2\lambda^2\sin^2\frac{Kh}{2}\right|\leqslant 1$$

证明 必要性证明.

因为 $$|G_i|\leqslant 1\quad(i=1,2)$$

所以 $$\left|1-2\lambda^2\sin^2\frac{Kh}{2}\right|=\frac{|G_1+G_2|}{2}\leqslant\frac{|G_1|+|G_2|}{2}\leqslant 1$$

充分性证明.

因为 $$\left|1-2\lambda^2\sin^2\frac{Kh}{2}\right|\leqslant 1$$

所以 $$\Delta=\left(2-4\lambda^2\sin^2\frac{Kh}{2}\right)^2-4\leqslant 0$$

当 $\Delta=0$ 时，$G_1=G_2$，有

$$|G_1+G_2|=2|G_i|\quad(i=1,2)$$

而 $$|G_1+G_2|=\left|2-4\lambda^2\sin^2\frac{Kh}{2}\right|\leqslant 2$$

所以 $$|G_i| \leqslant 1 \quad (i=1,2)$$

当 $\Delta < 0$ 时，G_1 和 G_2 是共轭复根，有

$$|G_i|^2 = G_1 G_2 = 1$$

即 $$|G_i| = 1 \quad (i=1,2)$$

故当 $\left|1-2\lambda^2\sin^2\frac{Kh}{2}\right| \leqslant 1$ 时，有 $|G_i| \leqslant 1(i=1,2)$.

证毕

由上述推理知，差分格式(9.19)稳定的充要条件是 $\left|1-2\lambda^2\sin^2\frac{Kh}{2}\right| \leqslant 1$. 因为当且仅当 $\lambda \leqslant 1$ 时，必有 $\left|1-2\lambda^2\sin^2\frac{Kh}{2}\right| \leqslant 1$ 成立，所以，当 $\lambda \leqslant 1$ 时，差分格式(9.19)是稳定的. 可以证明，当 $\lambda \leqslant 1$ 时，差分格式(9.19)也是收敛的. 收敛性的证明可以参见有关文献[8].

9.3 椭圆型方程的差分解法

本节以二维泊松(Poisson)方程第一边值问题

$$\left.\begin{aligned} &\frac{\partial^2 u}{\partial x^2}+\frac{\partial^2 u}{\partial y^2}=f(x,y) \quad ((x,y)\in D) \\ &u|_{\Gamma}=\varphi(x,y) \quad (\Gamma \text{ 是 } D \text{ 的边界}) \end{aligned}\right\} \tag{9.28}$$

为例，讨论椭圆型方程的差分解法. 其中区域 D 是 xOy 平面上由分段光滑曲线 Γ 围成的单连通区域. 当方程右端的函数 $f(x,y)\equiv 0$ 时，就是拉普拉斯(Laplace)方程.

取 h_1, h_2 分别为 x 方向和 y 方向的步长，在 xOy 坐标平面作两族平行于坐标轴的平行线

$$x = x_i = ih_1 \quad (i=0,\pm 1,\pm 2,\cdots)$$
$$y = y_j = jh_2 \quad (j=0,\pm 1,\pm 2,\cdots)$$

这两族平行线构成的矩形网格覆盖了区域 D. 平行线的交点 $(x_i,$

y_i) 称为网格节点，简称为节点，简记为(i,j). 用 $D_h=\{(x_i,y_j)\in D\}$ 表示所有属于 D 内部的节点集合（并称这样的点为内点），Γ_h 表示网线 $x=x_i$ 和 $y=y_j$ 与 Γ 的交点构成的集合（称这样的点为边界点）. 如果内点的 4 个相邻点全是内点，则称这样的内点为正则内点，否则称为非正则内点. 正则内点的集合记为 D'_h，非正则内点的集合记为 D''_h. 如图 9.8 所示，画"○"的点为正则内点，画"×"的点为非正则内点，画"•"的点为边界点. 为方便起见，函数 $f(x,y)$ 在节点 (i,j) 的函数值记为 $f_{i,j}$. 本节的目的是求 u 在内点的近似值.

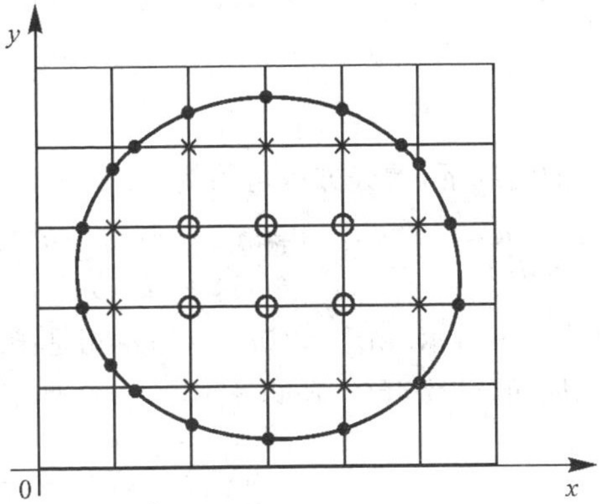

图 9.8

一、差分格式的建立

1. 第一种差分格式

第一边值问题(9.28) 的偏微分方程在正则内点(i,j) 处表示为

$$\left(\frac{\partial^2 u}{\partial x^2}\right)_{(i,j)}+\left(\frac{\partial^2 u}{\partial y^2}\right)_{(i,j)}=f_{i,j} \tag{9.29}$$

由式(9.5) 有

$$\left(\frac{\partial^2 u}{\partial x^2}\right)_{(i,j)}=\frac{u(i-1,j)-2u(i,j)+u(i+1,j)}{h_1^2}+O(h_1^2)$$

$$\left(\frac{\partial^2 u}{\partial y^2}\right)_{(i,j)} = \frac{u(i,j-1) - 2u(i,j) + u(i,j+1)}{h_2^2} + O(h_2^2)$$

把上述两式代入式(9.29),有

$$\frac{1}{h_1^2}[u(i-1,j) - 2u(i,j) + u(i+1,j)] +$$
$$\frac{1}{h_2^2}[u(i,j-1) - 2u(i,j) + u(i,j+1)] +$$
$$O(h_1^2) + O(h_2^2) = f_{i,j}$$

略去上式中的截断误差 $R_h = O(h_1^2) + O(h_2^2)$,用 $u_{i,j}$ 代替 $u(i,j)$,得差分格式(方程)

$$\frac{1}{h_1^2}(u_{i-1,j} - 2u_{i,j} + u_{i+1,j}) + \frac{1}{h_2^2}(u_{i,j-1} - 2u_{i,j} + u_{i,j+1}) = f_{i,j}$$

在 $h_1 = h_2 = h$ 的情况下,差分方程可写为

$$u_{i-1,j} + u_{i+1,j} + u_{i,j-1} + u_{i,j+1} - 4u_{i,j} = h^2 f_{i,j}$$
$$((i,j) \in D'_h) \tag{9.30}$$

用到的节点如图 9.9 所示. 由于式(9.30) 的左端是函数 $u(x,y)$ 在 5 个节点的近似值的线性组合,所以把式(9.30) 叫做五点菱形格式. 简记为

$$\frac{1}{h^2}\Diamond u_{i,j} = f_{i,j} \tag{9.31}$$

2. 第二种差分格式

如果使用 $u(x,y)$ 在 5 个节点 $(i,j)(i-1,j-1)$, $(i-1,j+1)$, $(i+1,j-1)$, $(i+1,j+1)$ 的近似值,如图 9.10 所示,可得五点正方形格式

$$\frac{1}{2h^2}(u_{i-1,j-1} + u_{i+1,j-1} + u_{i-1,j+1} + u_{i+1,j+1} - 4u_{i,j}) = f_{i,j}$$
$$((i,j) \in D'_h) \tag{9.32}$$

简记为

$$\frac{1}{2h^2}\Box_{i,j} = f_{i,j}$$

其截断误差 $R_h=O(h^2)$.

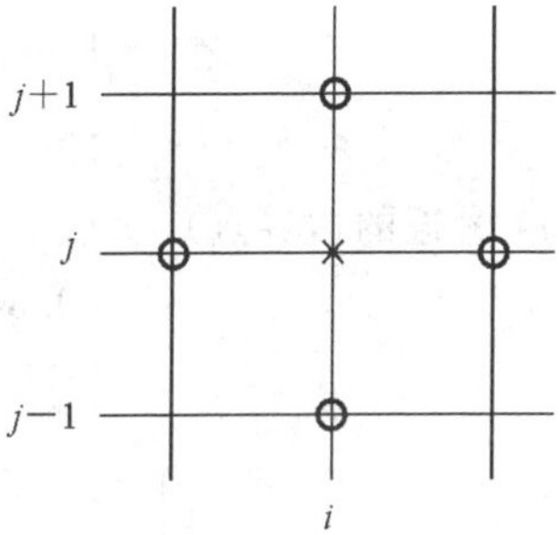

图 9.9

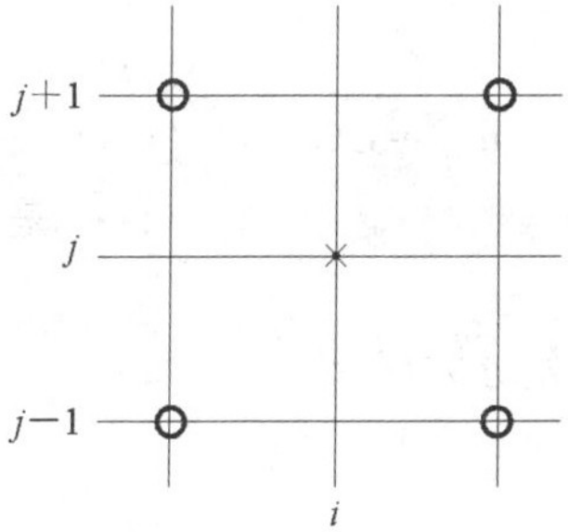

图 9.10

二、边界条件的处理

对于差分方程(9.30)和(9.32)中出现的非正则内点的 u 值,则要由处理边界条件得出.对于边界条件的处理,常用下述两种方法.

1.直接转移法

对于非正则内点 $P(i,j)$,取距点 $P(i,j)$ 最近的边界点 $E(\bar{i},\bar{j})$ 的值 $\varphi(\bar{i},\bar{j})$ 作为 $u_{i,j}$,即取

$$u_{i,j}=\varphi(\bar{i},\bar{j}) \tag{9.33}$$

其截断误差为 $O(h)$.

2.线性插值法

设点 $P(i,j)\in D''_h$,在直线 $t=jh$ 上有与点 P 相邻的内点 $Q(i+1,j)$ 和边界点 $E(\bar{i},j)$,其中 Q 在 P 的右边,如图 9.11 所示.$h'=|PE|$.过点 E 和 Q 作线性插值函数,得

$$u_{i,j}=\frac{h'u_{i+1,j}+h\varphi(\bar{i},j)}{h+h'}\quad((i,j)\in D''_h)$$

如果点 Q 在点 P 的右边,如图 9.12 所示,可有

$$u_{i,j}=\frac{h'u_{i-1,j}+h\varphi(\bar{i},j)}{h+h'}\quad((i,j)\in D''_h)$$

经上述处理,得泊松方程第一边值问题的差分方程

$$
\left.\begin{aligned}
&\frac{1}{h^2}(u_{i-1,j-1}+u_{i+1,j-1}+u_{i-1,j+1}+u_{i+1,j+1}-4u_{i,j})=f_{i,j}\\
&\qquad\qquad ((i,j)\in D'_h)\\
&u_{i,j}=\varphi(\bar{i},\bar{j})\quad ((i,j)\in D''_h)\\
&\qquad\qquad (\text{点}(\bar{i},\bar{j})\text{是距点}(i,j)\text{最近的边界点})
\end{aligned}\right\}
\tag{9.34}
$$

或差分方程

$$
\left.\begin{aligned}
&\frac{1}{h^2}(u_{i-1,j-1}+u_{i+1,j-1}+u_{i-1,j+1}+\\
&u_{i+1,j+1}-4u_{i,j})=f_{i,j}\quad ((i,j)\in D'_h)\\
&\qquad u_{i,j}=\frac{h'u_{i+1,j}+h\varphi(\bar{i},j)}{h+h'}\\
&\qquad\qquad ((i,j)\in D''_h,\ (\bar{i},j)\in \Gamma_h,\text{图 9.11})\\
&\qquad u_{i,j}=\frac{h'u_{i-1,j}+h\varphi(\bar{i},j)}{h+h'}\\
&\qquad\qquad ((i,j)\in D''_h,(i,j)\in \Gamma_h,\text{图 9.12})
\end{aligned}\right\}
\tag{9.35}
$$

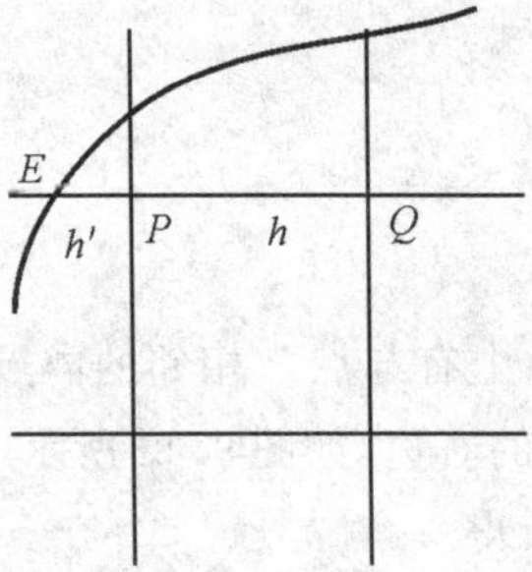

图 9.11

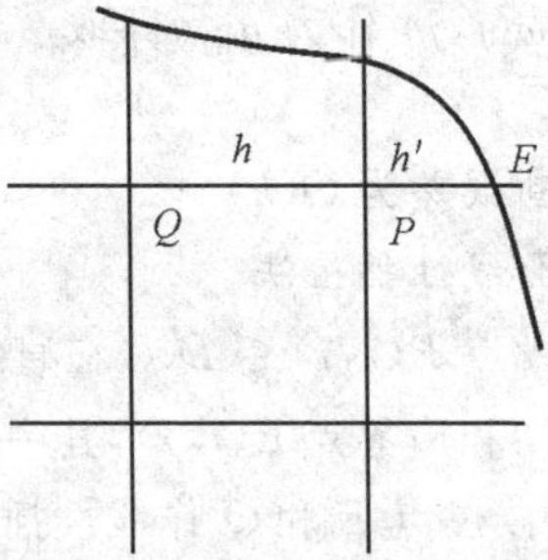

图 9.12

差分方程(9.34)的计算过程:设集合 D_h 有 N 个内点,N_1 个正则内点,N_2 个非正则内点. ① 写出 N_1 个正则内点满足的差分方程,得 N_1 阶线性方程组,其未知数是 u 在 N_1 个正则内点处的近似值;② 线性方程组中出现的 u 在非正则内点的近似值由式

(9.34) 中的第二式确定；③ 求解 N_1 阶线性方程组，得数值解.

差分方程(9.35) 的计算过程：①，③ 步同差分方程(9.34) 的计算过程；② 步的线性方程组中出现的 u 在非正则内点的近似值由式(9.35) 中的第二、三式确定.

例 9.3 设区域 $D: 0 \leqslant x \leqslant 0.5, 0 \leqslant y \leqslant 0.5$，用差分方程(9.34) 求第一边值问题

$$\begin{cases} \dfrac{\partial^2 u}{\partial x^2} + \dfrac{\partial^2 u}{\partial y^2} = 0 \quad ((x, y) \in D) \\ u(0, t) = 0, \quad u(0.5, y) = 200y \quad (0 \leqslant y \leqslant 0.5) \\ u(x, 0) = 0, \quad u(x, 0.5) = 200x \quad (0 < x < 0.5) \end{cases}$$

的数值解. 取 $h = 0.125$，计算取 2 位小数.

解 作两族平行线

$$x = 0.125i \quad (i = 0, 1, \cdots, 4)$$
$$y = 0.125j \quad (j = 0, 1, \cdots, 4)$$

将区域 D 划分成矩形网格，如图 9.13 所示.

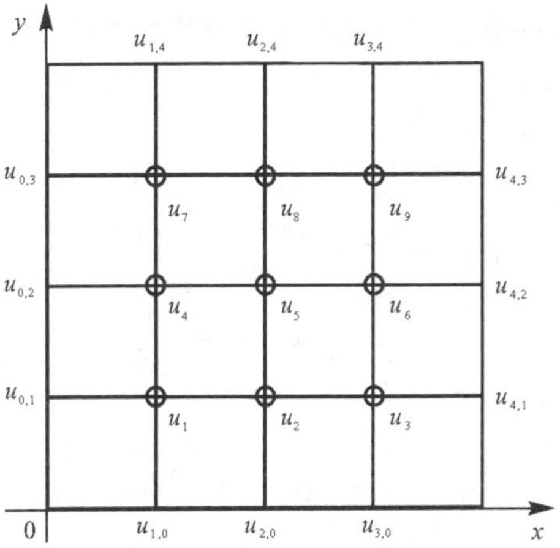

图 9.13

边界上 9 个节点的 u 值由边界条件确定.

$$\begin{cases} u_{0,j}=0, \quad u_{4,j}=25j \quad (j=1,2,3) \\ u_{i,0}=0, \quad u_{i,4}=25i \quad (i=1,2,3) \end{cases}$$

为方便起见,将内节点按单下标排列,9 个内节点的数值解记为 $u_1,u_2,\cdots,u_9$. 按式(9.34)的第一式,由 9 个内节点列出的差分方程为

$$\begin{cases} -4u_1+u_2+u_4+u_{1,0}+u_{0,1}=0 \\ u_1-4u_2+u_3+u_5+u_{2,0}=0 \\ u_2-4u_3+u_6+u_{3,0}+u_{4,1}=0 \\ u_1-4u_4+u_5+u_7+u_{0,2}=0 \\ u_2+u_4-4u_5+u_6+u_8=0 \\ u_3+u_5-4u_6+u_9+u_{4,2}=0 \\ u_4-4u_7+u_8+u_{0,3}+u_{1,4}=0 \\ u_5+u_7-4u_9+u_9+u_{2,4}=0 \\ u_6+u_8-4u_9+u_{4,5}+u_{3,4}=0 \end{cases}$$

代入边界节点的值后,上述线性方程组的矩阵形式为

$$\begin{bmatrix} -4 & 1 & 0 & 1 & 0 & 0 & 0 & 0 & 0 \\ 1 & -4 & 1 & 0 & 1 & 0 & 0 & 0 & 0 \\ 0 & 1 & -4 & 0 & 0 & 1 & 0 & 0 & 0 \\ 1 & 0 & 0 & -4 & 1 & 0 & 1 & 0 & 0 \\ 0 & 1 & 0 & 1 & -4 & 1 & 0 & 1 & 0 \\ 0 & 0 & 1 & 0 & 1 & -4 & 0 & 0 & 1 \\ 0 & 0 & 0 & 1 & 0 & 0 & -4 & 1 & 0 \\ 0 & 0 & 0 & 0 & 1 & 0 & 1 & -4 & 1 \\ 0 & 0 & 0 & 0 & 0 & 1 & 0 & 1 & -4 \end{bmatrix} \times$$

$$\begin{bmatrix} u_1 \\ u_2 \\ u_3 \\ u_4 \\ u_5 \\ u_6 \\ u_7 \\ u_8 \\ u_9 \end{bmatrix} = \begin{bmatrix} 0 \\ 0 \\ -25 \\ 0 \\ 0 \\ -50 \\ -25 \\ -50 \\ -150 \end{bmatrix}$$

用赛德尔迭代法求解的结果为

$(u_1, u_2, u_3, u_4, u_5, u_6, u_7, u_8, u_9)^{\mathrm{T}} =$

$(6.25, 12.50, 18.75, 12.50, 25.00, 37.50, 18.75, 37.50, 56.25)^{\mathrm{T}}$

将方程组的系数矩阵 $\boldsymbol{A}$ 分成 3×3 的分块矩阵，记

$$\boldsymbol{B} = \begin{bmatrix} -4 & 1 & 0 \\ 1 & -4 & 1 \\ 0 & 1 & -4 \end{bmatrix}, \quad \boldsymbol{E} = \begin{bmatrix} 1 & 0 & 0 \\ 0 & 1 & 0 \\ 0 & 0 & 1 \end{bmatrix}$$

矩阵

$$\boldsymbol{A} = \begin{bmatrix} \boldsymbol{B} & \boldsymbol{E} & \boldsymbol{O} \\ \boldsymbol{E} & \boldsymbol{B} & \boldsymbol{E} \\ \boldsymbol{O} & \boldsymbol{E} & \boldsymbol{B} \end{bmatrix}$$

称为三对角块矩阵. 矩阵 $\boldsymbol{A}$ 具有对称、对角线占优、稀疏等特性，宜用迭代法或追赶法求解.

三、差分方程解的收敛性

类似于常微分方程边值问题的讨论，可以用极值原理推出边值问题(9.28) 的差分解的误差估计式，由误差估计式易证差分解收敛于边值问题(9.28) 的解. 详细证明读者可参见文献[8].

习　题　九

1. 试用古典显式格式求解混合边值问题

$$\begin{cases}\dfrac{\partial u}{\partial t}=\dfrac{\partial^2 u}{\partial x^2} & (0<x<1,\ 0<t)\\ u(0,t)=u(1,t)=0 & (0\leqslant t)\\ u(x,0)=4x(1-x) & (0\leqslant x\leqslant 1)\end{cases}$$

的数值解，取 $h=0.2,\lambda=\dfrac{1}{6}$，计算 $j=1,2$ 两层的值(计算取 6 位小数).

2. 试用隐式差分格式求第 1 题中，当边值问题取 $\lambda=1,h=\dfrac{1}{3},j=1,2$ 层的数值解.

3. 试用六点对称格式列出第 1 题的差分格式.

4. 对于双曲型方程的初值问题

$$\begin{cases}\dfrac{\partial^2 u}{\partial t^2}=\dfrac{\partial^2 u}{\partial x^2}=f(x,t) & (0<t,-\infty<x<+\infty)\\ u(x,0)=\varphi(x)\\ \left.\dfrac{\partial u}{\partial t}\right|_{t=0}=0 & (-\infty<x<+\infty)\end{cases}$$

写出第一种差分格式.

5. 试用第一种显式差分格式求混合问题

$$\begin{cases}\dfrac{\partial^2 u}{\partial t^2}=\dfrac{\partial^2 u}{\partial x^2} & (0<x<1,\ \ 0<t)\\ u(x,0)=\sin\pi x,\left.\dfrac{\partial u}{\partial t}\right|_{t=0}=x(1-x) & (0\leqslant x\leqslant 1)\\ u(0,t)=u(1,t)=0 & (0\leqslant t)\end{cases}$$

$j=1,2,3$ 层的数值解. 取 $\lambda=1,h=0.2$(计算取 4 位小数).

6. 用五点菱形格式对于泊松方程第一边值题

$$\begin{cases}\dfrac{\partial^2 u}{\partial x^2}+\dfrac{\partial^2 u}{\partial y^2}=x+y+1 & (0<x<1,\ \ 0<y<1)\\ u\,|_{\Gamma}=1+x^2 & (\Gamma\text{ 为单位正方形区域的边界})\end{cases}$$

取 $h=\dfrac{1}{3}$ 列出差分方程，并求数值解(计算取 4 位小数).

习题答案

习 题 一

1. 4位,1位,3位,5位,1位,4位.

2. (1) $|e_r(y^*)|\leqslant 0.0005$; (2) $|e_r(y^*)|\leqslant 0.51$;

(3) $|e_r(y^*)|\leqslant 0.51$.

3. (1) 绝对误差$\frac{1}{2}\times 10^0$,相对误差0.1397×10^{-3},4位有效数字;

(2) 绝对误差$\frac{1}{2}\times 10^{-5}$,相对误差$0.1051\times 10^{-2}$,3位有效数字;

(3) 绝对误差$\frac{1}{2}\times 10^{-1}$,相对误差$0.3497\times 10^{-3}$,4位有效数字;

(4) 绝对误差$\frac{1}{2}\times 10^{-2}$,相对误差$0.169\times 10^{-3}$,4位有效数字;

(5) 绝对误差$\frac{1}{2}\times 10^{-5}$,相对误差$0.879\times 10^{-6}$,6位有效数字.

4. 绝对误差$\frac{1}{2}\times 10^{-1}$,相对误差$0.159\times 10^{-1}$,2位有效数字;

绝对误差$\frac{1}{2}\times 10^{-2}$,相对误差$0.159\times 10^{-2}$,3位有效数字;

绝对误差$\frac{1}{2}\times 10^{-6}$,相对误差$0.16\times 10^{-6}$,7位有效数字.

5. $n\geqslant 4$.

6. 利用式(1.10)和式(1.11).

7. $|y_{100}^*-y_{100}|\leqslant \frac{1}{2}\times 10^{-3}$;不稳定.

8. 就绝对误差而言,$\frac{1}{99+70\sqrt{2}}$误差最小.

9.(1) 用 $\sin\frac{x}{2}$ 或 $\frac{x}{2!}-\frac{x^3}{4!}+\frac{x^5}{6!}-\frac{x^7}{8!}+\cdots$ 代替.

(2) 用 $\frac{x}{3}\left(1+\frac{x^2}{15}+\cdots\right)$ 代替.

(3) 用 $\ln(N+1)-\frac{1}{2N}+\frac{1}{3N^2}-\frac{1}{4N^2}+\cdots$ 代替.

习　题　二

1. $\alpha\approx x_5=0.303\ 125$ 或者 $\alpha\approx 0.30$.

2. 15 次.

3. (1),(2) 收敛;(3),(4) 发散. $\alpha\approx 1.466$.

4. $\alpha\approx 1.044\ 76$.

5. $\alpha\approx 0.090\ 5$.

6. (1) 一个根,$\left[0,\frac{\pi}{4}\right]$,$x_{n+1}=\frac{\sin x_n+\cos x_n}{4}$;

(2) 一个根,$[1,2]$,$x_{n+1}=\mathrm{lb}(4-x_n)$.

7. $\alpha\approx 0.567\ 1$.

8. $\alpha\approx 0.610\ 4$.

9. $\alpha\approx 1.879$.

10. $\alpha\approx 1.442\ 250$.

11. $\alpha\approx 1.324\ 72$.

习　题　三

1. (1) 精确解为 $x_1=3,x_2=x_3=1$;

(2) 精确解为 $x_1=2,x_2=1,x_3=\frac{1}{2}$;

(3) $x_1=1.040\ 6,x_2=0.987\ 0,x_3=0.935\ 1,x_4=0.881\ 3$.

2. (1) 精确解 $x_1=3,x_2=6,x_3=-1$;

(2) 精确解 $x_1=-4,x_2=1,x_3=1$.

3. (1) $A^{-1}=\frac{1}{3}\begin{pmatrix}0&1&1\\0&1&-2\\-3&2&-1\end{pmatrix}$； (2) $A^{-1}=\begin{pmatrix}1&-4&-3\\1&-5&-3\\-1&6&4\end{pmatrix}$.

4. (1) $x_1=1,x_2=2,x_3=3$；

(2) $x_1=2,x_2=-2,x_3=1$.

5. (1) $x_1=0,x_2=2,x_3=1$；

(2) $x_1=1,x_2=\frac{1}{2},x_3=\frac{1}{3}$.

6. (1) $x_1=3,x_2=2,x_3=1$；

(2) $x_1=1;x_2=2,x_3=3$.

9. (2) $(-3.999,2.999,1.999)^{\mathrm{T}}$.

10. (1) $\begin{pmatrix}0&-2&2\\-1&0&-1\\-2&-2&0\end{pmatrix}$, $\lambda_1=\lambda_2=\lambda_3=0$；

$\begin{pmatrix}0&-2&2\\0&2&-3\\0&0&2\end{pmatrix}$, $\lambda_1=0,\lambda_2=\lambda_3=2$.

(2) 精确解 $x_1=1,x_2=1,x_3=1$.

$B=\begin{pmatrix}-1&1&1\\1&-1&0\\1&0&0\end{pmatrix}$, $|\lambda E-B|=\lambda^3+2\lambda^2-\lambda-1$，3个特征值分别在区间$(-3,-2),(-1,0),(0,1)$内，因此，$\rho(B)>1$，故发散.

$(E-B_1)^{-1}B_2=\begin{pmatrix}-1&1&1\\-1&0&1\\-1&1&1\end{pmatrix}$, $\lambda_1=\lambda_2=\lambda_3=0$.

12. $x^{(10)}=(0.499\,96,0.999\,97,-0.500\,01)^{\mathrm{T}}$.

13. 记 A,L,U 的 k 阶主子矩阵 A_k,L_k,U_k，考虑 $A_k=L_kU_k$.

14. $\rho(B)=\frac{2}{|a|}$, $|a|>2$.

习　题　四

1. (1) 11, $(0.5,1,0.75)^{\mathrm{T}}$；

(2)9.005,$(1,0.6056,-0.3945)^{T}$.

2. $-13.22018,(1,-0.23510,-0.17162)^{T}$.

3. $\lambda_1 \approx 3.4142, \lambda_2 \approx 1.9998, \lambda_3 \approx 0.5959$.

$\boldsymbol{x}^{(1)} \approx (0.9926,-0.1207,0)^{T}, \boldsymbol{x}^{(2)} \approx (0.1207,0.9926,0)^{T}$,

$\boldsymbol{x}^{(3)} \approx (0,0,1)^{T}$.

习　题　五

1. 0.1214.

3. 1.94472.

4. $\frac{1}{162}(23x^3-63x^2-234x+324)$.

7. $f(1.682) \approx 2.5957$

$f(1.813) \approx 2.9833$.

8. 0.5.

10. 0.99884.

11. 2.498×10^{-2}.

12. (1) $-3x^2+13x^2-17x+9, \frac{1}{4!}f^{(4)}(\xi)(x-1)^2(x-2)^2$

$(\xi \in (1,2))$;

(2) $x^3-\frac{9}{2}x^2+\frac{11}{2}x-1, \frac{1}{4}f^{(4)}(\xi)(x-1)(x-2)^2(x-3)$

$(\xi \in (1,3))$.

13. (1) $\begin{cases} S_1(x)=\frac{1}{15}x(1-x)(15-11x) & (x \in [0,1]) \\ S_2(x)=\frac{1}{15}(x-1)(x-2)(7-3x) & (x \in [1,2]) \\ S_3(x)=\frac{1}{15}(x-3)^2(x-2) & (x \in [2,3]) \end{cases}$

(2) $\begin{cases} S_1(x)=\frac{1}{90}x(1-x)(19x-26) & (x \in [0,1]) \\ S_2(x)=\frac{1}{90}(x-1)(x-2)(5x-12) & (x \in [1,2]) \\ S_3(x)=\frac{1}{90}(3-x)(x-2)(x-4) & (x \in [2,3]) \end{cases}$

习　题　六

1. $x_1 = 2.3888, x_2 = 0.4456$.

2. $\varphi_1(x) = 7.461x + 3.922$.

   $\varphi_2(x) = 0.351x^2 + 6.117x + 5.161$.

3. $y = 0.973 + 0.050x^2$.

4. $v_0 = 10.658, a = 4.627$.

5. $y = 95.3524 + 2.2337x$.

6. $I = 5.629e^{-2.889t}$.

7. $I = 11.4375e^{0.2912V}$.

8. $y = 2.4864 + 1.4016\ln x$.

9. $y = \dfrac{50}{264 - 39x}$. 提示：对 $y = \varphi(x)$ 取倒数，将待求系数线性化.

习　题　七

1. 0.683 94，0.632 33，$|R_1[f]| \leqslant 0.08333$，$|R_2[f]| \leqslant 0.00035$.

2. 5.032 92.

3. 提示：用 $f(x)$ 的泰勒展开式.

4. 提示：考虑截断误差.

5. (1) $A_{-1} = A_1 = \dfrac{1}{3}h, A_0 = \dfrac{4}{3}h$；3 次代数精确度.

   (2) $\begin{cases} x_1 = 0.289897948 \\ x_2 = -0.526598632 \end{cases}$ 或 $\begin{cases} x_1 = -0.689897948 \\ x_2 = 0.126598632 \end{cases}$

   2 次代数精确度.

   (3) $a = \dfrac{1}{12}$，3 次代数精确度.

   (4) $A_0 = A_2 = \dfrac{2}{3}, A_1 = -\dfrac{1}{3}$，3 次代数精确度.

7. 1.114 204，1.114 145.

8. (1) 0.660 509，0.664 100；

(2)0.886 319,0.836 214.

9.672.

11.0.713 271.

12.9688 450.

13.0.693 147 19.

14.0.284 25.

15.(1)0.693 147 18;

(2)0.693 121 69,0.693 147 16;

(3)0.693 142 29.

习　题　八

1.欧拉法：$y_0 = 1, y(0.1) \approx 0.9, y(0.2) \approx 0.82,$

$y(0.3) \approx 0.756\ 76, y(0.4) \approx 0.708\ 491\ 4,$

$y(0.5) = 0.674\ 295\ 4;$

欧拉预估-校正法：$y_0 = 1, y(0.1) \approx 0.91, y(0.2) \approx 0.836\ 800\ 1, y(0.3) \approx 0.778\ 583\ 5, y(0.4) \approx 0.734\ 350\ 1, y(0.5) \approx 0.703\ 636\ 3.$

2.梯形法：

$y(0.1) = 1.110\ 526,$

$y(0.2) = 1.243\ 213,$

$y(0.3) = 1.400\ 393,$

$y(0.4) = 1.584\ 645,$

$y(0.5) = 1.798\ 818,$

$y(0.6) = 2.035\ 536,$

$y(0.7) = 2.318\ 224,$

$y(0.8) = 2.651\ 721,$

$y(0.9) = 3.020\ 323,$

$y(1.0) = 3.438\ 252.$

欧拉预估-校正法：

$y(0.1) \approx 1.11,$　$y(0.2) \approx 1.242\ 05,$　$y(0.3) \approx 1.398\ 465,$

$y(0.4) \approx 1.581\ 804,$　$y(0.5) \approx 1.794\ 894,$　$y(0.6) \approx 2.040\ 858,$

$y(0.7) \approx 2.323\ 148$， $y(0.8) \approx 2.645\ 578$， $y(0.9) \approx 3.012\ 364$，

$y(1.0) \approx 3.428\ 162$.

精确解：

$y(0.1) \approx 1.110\ 342$， $y(0.2) \approx 1.242\ 805$， $y(0.3) \approx 1.399\ 718$，

$y(0.4) \approx 1.583\ 650$， $y(0.5) \approx 1.797\ 442$， $y(0.6) \approx 2.044\ 238$，

$y(0.7) \approx 2.327\ 505$， $y(0.8) \approx 2.651\ 082$， $y(0.9) \approx 3.019\ 207$，

$y(1.0) \approx 3.436\ 563$.

3. 欧拉法： $y_n = \frac{a}{2}x_n x_{n-1} + bx_n, y(x_n) - y_n = \frac{1}{2}ahx_n$；

梯形法： $y_n = \frac{1}{2}ax_n^2 + bx_n, y(x_n) - y_n = 0$.

4. $y(0.2) \approx 2.391\ 271$， $y(0.4) \approx 2.767\ 035$， $y(0.6) \approx 3.130\ 563$，

$y(0.8) \approx 3.484\ 109$， $y(1.0) \approx 3.829\ 313$.

5. $y(0.2) \approx 2.390\ 891$， $y(0.4) \approx 2.766\ 432$， $y(0.6) \approx 3.129\ 822$，

$y(0.8) \approx 3.483\ 282$， $y(1.0) \approx 3.828\ 427$.

6. $y(0.1) \approx 0.905\ 333\ 3$， $y(0.2) \approx 0.821\ 610\ 0$，

$y(0.3) \approx 0.749\ 690\ 4$， $y(0.4) \approx 0.690\ 353\ 1$，

$y(0.5) \approx 0.644\ 302\ 9$， $y(0.6) \approx 0.612\ 177\ 4$，

$y(0.7) \approx 0.594\ 553\ 9$， $y(0.8) \approx 0.591\ 954\ 6$，

$y(0.9) \approx 0.648\ 523$， $y(1.0) \approx 0.633\ 674\ 6$.

7. 用四阶 R－K 法作出发值的计算

$y(0.1) \approx 5.170\ 834 \times 10^{-3}$， $y(0.2) \approx 2.140\ 257 \times 10^{-2}$，

$y(0.3) \approx 4.985\ 850 \times 10^{-2}$， $y(0.4) \approx 9.182\ 011 \times 10^{-2}$，

$y(0.5) \approx 1.487\ 110 \times 10^{-1}$， $y(0.6) \approx 2.221\ 021 \times 10^{-1}$，

$y(0.7) \approx 3.137\ 283 \times 10^{-1}$， $y(0.8) \approx 4.255\ 072 \times 10^{-1}$，

$y(0.9) \approx 5.595\ 585 \times 10^{-1}$， $y(1.0) \approx 7.182\ 244 \times 10^{-1}$.

9. 提示：用泰勒展开式推导.

10. $a = \frac{3}{2}, b = -\frac{1}{2}$.

11. $y_{n+1} = y_n + \frac{h}{2}[3f(x_n, y_n) - f(x_{n-1}, y_{n-1})], R_n = \frac{5}{12}h^3 y'''(\xi_n)$.

12. $y(0.1) \approx 0.801\ 5$， $z(0.1) \approx 2.046\ 951$；

$y(0.2) \approx 0.604\,659$, $z(0.2) \approx 2.088\,217$;

$y(0.3) \approx 0.406\,076$, $z(0.3) \approx 2.124\,127$;

$y(0.4) \approx 0.202\,209$, $z(0.4) \approx 2.154\,788$;

$y(0.5) \approx -0.010\,753$, $z(0.5) \approx 2.180\,097$.

习 题 九

1. $u_{0,1} = 0$, $u_{1,1} = 0.586\,667$, $u_{2,1} = 0.906\,667$,

$u_{3,1} = 0.906\,667$, $u_{4,1} = 0.586\,667$, $u_{5,1} = 0$,

$u_{0,2} = 0$, $u_{1,2} = 0.542\,222$, $u_{2,2} = 0.853\,333$,

$u_{3,2} = 0.853\,333$, $u_{4,2} = 0.542\,222$, $u_{5,2} = 0$.

2. $u_{0,1} = 0$, $u_{1,1} = \frac{4}{9}$, $u_{2,1} = \frac{4}{9}$, $u_{3,1} = 0$,

$u_{0,2} = 0$, $u_{1,2} = \frac{2}{9}$, $u_{2,2} = \frac{2}{9}$, $u_{3,2} = 0$.

3. $$\begin{cases} -u_{i-1,j-1} + 14u_{i,j+1} - u_{i+1,j+1} = u_{i-1,j} + 10u_{i,j} + u_{i+1,j} \\ \qquad (i = 1,2,3,4; j = 0,1) \\ u_{0,j} = u_{5,j} = 0 \quad (j = 0,1,2) \\ u_{i,0} = 0.8i(1 - 0.2i) \quad (i = 1,2,3,4) \end{cases}$$

4. $$\begin{cases} u_{i,j+1} = \lambda^2 + 2(1-\lambda^2)u_{i,j} + \lambda^2 u_{i-1,j} - u_{i,j+1} \\ u_{i,0} = \varphi(ih),\ u_{i,1} = u_{i,0} \end{cases}$$

式中 $\lambda = \frac{\tau}{4}$.

5. $u_{0,1} = 0$, $u_{1,1} = 0.620\,0$, $u_{2,1} = 0.999\,2$, $u_{3,1} = 0.999\,2$,

$u_{4,1} = 0.620\,0$, $u_{5,1} = 0$,

$u_{0,2} = 0$, $u_{1,2} = 0.411\,2$, $u_{2,2} = 0.668\,0$, $u_{3,2} = 0.668\,0$,

$u_{4,2} = 0.411\,2$, $u_{5,2} = 0$,

$u_{0,3} = 0$, $u_{1,3} = 0.048\,0$, $u_{2,3} = 0.080\,0$, $u_{3,3} = 0.080\,0$,

$u_{4,3} = 0.048\,0$, $u_{5,3} = 0$.

$$6.\ \begin{pmatrix} -4 & 1 & 1 & 0 \\ 1 & -4 & 0 & 1 \\ 1 & 0 & -4 & 1 \\ 0 & 1 & 1 & -4 \end{pmatrix} \begin{pmatrix} u_{11} \\ u_{21} \\ u_{12} \\ u_{22} \end{pmatrix} = \begin{pmatrix} \dfrac{-52}{27} \\ \dfrac{-29}{9} \\ \dfrac{-17}{9} \\ \dfrac{-86}{27} \end{pmatrix}$$

$(u_{1,1}, u_{2,1}, u_{1,2}, u_{2,2})^{T} = (-1.120\,6, -1.444\,5, -1.111\,1, -1.435\,2)^{T}$.

参考文献

[1] 李荣华,冯果忱.微分方程数值解法.北京:人民教育出版社,1980.

[2] 胡祖炽,林源渠.数值分析.北京:高等教育出版社,1986.

[3] Lambert J D. Computational methods in ODEs. New York: Wiley, 1973.

[4] Gear C W.常微分方程初值问题的数值解法.费景高,等,译.北京:科学出版社,1971.

[5] 武汉大学,山东大学计算数学教研室.计算方法.北京:人民教育出版社,1979.

[6] 聂铁军,侯谊,郑介庸.数值计算方法.西安:西北工业大学出版社,1990.

[7] 李庆扬,王能超,易大义.数值分析.武汉:华中理工大学出版社,1981.

[8] 邓建中,葛仁杰,程正兴.计算方法.西安:西安交通大学出版社,1985.

[9] 郑苏民.数值分析.昆明:云南大学出版社,1990.

[10] 李岳生,黄友谦.数值逼近.北京:人民教育出版社,1978.

[11] 徐萃薇.计算方法引论.北京:高等教育出版社,1985.

[12] 北京大学、吉林大学、南京大学计算数学教研组.计算方法.北京:人民教育出版社,1961.

[13] 高望东,刘淑珍.数值计算方法.大连:大连理工大学出版社,1992.

[14] 西北工业大学应用数学系线性代数教学组.线性代数.西安:西北工业大学出版社,1998.